Axure RP 与APP原型设计完全学习教程

李鹏宇、陈艳华 编著

中国青年出版社

图书在版编目（CIP）数据

Axure RP与APP原型设计完全学习教程／李鹏宇，陈艳华编著
. 一 北京：中国青年出版社，2020. 6
ISBN 978-7-5153-5999-1

I. ①A… II. ①李… ②陈… III. ①网页制作工具 IV.①TP393.092.2

中国版本图书馆CIP数据核字（2020）第064087号

策划编辑 张 鹏
责任编辑 张 军
封面设计 彭 涛

Axure RP与APP原型设计完全学习教程
李鹏宇、陈艳华/编著

出版发行：中国青年出版社
地　　址：北京市东四十二条21号
邮政编码：100708
电　　话：（010）59231565
传　　真：（010）59231381
企　　划：北京中青雄狮数码传媒科技有限公司
印　　刷：山东百润本色印刷有限公司
开　　本：787 x 1092 1/16
印　　张：14
版　　次：2020年6月北京第1版
印　　次：2020年6月第1次印刷
书　　号：ISBN 978-7-5153-5999-1
定　　价：59.80元（附赠本书配套实例文件和语音视频教学等丰富资源）

本书如有印装质量等问题，请与本社联系
电话：（010）59231565
读者来信：reader@cypmedia.com
投稿邮箱：author@cypmedia.com
如有其他问题请访问我们的网站：http://www.cypmedia.com

PREFACE

前言

原型设计是互联网时代产品诞生流程中不可或缺的一个环节。原型配合需求文档，能够更清晰、准确地对需求进行描述，将文字与原型界面相结合，更好地对使用流程、交互形式、规则逻辑等进行表述。同时，进行原型绘制时，产品需求人员也可以更深入地理解需求，发现整体、流程、细节方面的不足，从而进行调整。项目投资方也能据此直接了解到产品的核心功能点及核心竞争力，提前给目标用户群展示后也能够较早地获得用户反馈，对整个产品的设计及完成具有重要的作用。

Axure是一款快速原型设计工具，能让产品设计人员快速、高效地创建应用软件或Web网站的线框图、流程图、原型和规格说明文档，并且内置大量常用交互事件和函数，有广泛可用的第三方元件库，是目前应用最广的原型绘制软件。学习Axure PR和App原型制作对产品设计从业人员来说至关重要。

此外，目前还有一些其他备受认可的交互设计软件，包括面向个人和企业的云端原型设计与协同工具——墨刀，集设计、原型、开发为一体的设计软件FramerX，但Axure仍因其强大的功能、团队协作的设置、丰富的使用技巧等得到了产品设计相关从业人员的认可，一度成为产品经理等职位必会的入职要求。从实用角度分析，Axure是最基础的原型设计软件，掌握了Axure，其他类似软件也极易上手，具体使用哪一款，可根据实际情况进行选择。

原型设计过程中要不忘初心，软件的学习是为了更好地帮助我们实现不同保真原型图的设计，满足需求是设计的第一目的。切不可因为掌握了软件的使用技巧进行炫技，将原型设计得过分复杂，应牢记原型设计原则和移动互联网原型设计原则，用最合适的方式展示产品的功能。

本书共分为9章，其中第1章是Axure原型设计概述，第2章到第4章是Axure基本操作及使用技巧，第5章到第7章介绍Axure RP特有的元件库创建、团队协作及项目输出，第8章和第9章是网页及App的实操案例。下面以列表形式简单介绍一下每章的内容。

章节	内容
Chapter 01	介绍了Axure RP的主要功能，以及如何安装和启动，并通过引入原型设计的重要性介绍不同原型设计关注的重点，并简要介绍了软件的学习路径。
Chapter 02	详细介绍了Axure RP的工作环境，主要包括页面管理、检视页面及概要面板的使用要素，元件的编辑与使用、页面编辑、钢笔工具的使用等内容。
Chapter 03	介绍了Axure RP的使用技巧，从被广泛认可的原型设计原则入手，讲述了如何使用流程图表、将Photoshop和Flash结合使用，以及元件的使用技巧。
Chapter 04	主要介绍了Axure RP中的交互事件、位置和动作，从触发事件，到用例编辑，以及一些常用的交互软件，结合案例完成交互设计，这是产品设计的重要一环。
Chapter 05	介绍了元件库、母版的使用及动态面板的创建。在Axure中，不仅可以使用默认的元件库，还可以自定义自己的元件库，学会母版和动态面板将大大减轻重复工作。

（续表）

章节	内容
Chapter 06	介绍了Axure不同的项目输出方式和格式，主要包括HTML文件、Word生成器、CSV报告以及打印生成器四种，经常使用的是在浏览器中进行项目预览。
Chapter 07	简要介绍了Axure Share操作平台以及如何利用Axure RP创建、获取、修改团队项目，实现团队协作、共同完成。
Chapter 08	案例实操——百度首页，利用Axure RP进行网页首页的制作，主要包括登录、注册，以及各种下拉菜单等。
Chapter 09	案例实操——微信APP，利用Axure RP制作微信界面，实现微信小功能、对多种界面进行切换等。

纸上得来终觉浅。书本教程、学习视频都是为了全方位地展示如何使用以及使用好Axure。但对每个读者包括作者在内，从“学会Axure”到“做好原型设计”，还需要经历很多次实践操作，不管是案例，还是真实的项目制作，我们都应该认真对待，并从中总结经验，不断提高。只有这样，我们才能成为一名优秀的原型设计人员，成为一名好的产品设计师。

本书由哈尔滨铁道职业技术学院的李鹏宇和华北理工大学的王彬老师主编，其中第3、4、5、6、7、8、9章由李鹏宇老师编写，第1、2章由王彬老师编写，参与编写的还有陈艳华老师，在此一并向他们表示感谢。由于作者水平有限，Axure功能强大，章节设置可能没有完全实现它的所有功能，且书中细节难免有一些不足之处，欢迎同行和读者批评指正，多多交流，共同进步。

编　者

CONTENTS

目录

Chapter 03 掌握Axure RP的使用技巧

Chapter 04 交互事件

Chapter 08 百度案例介绍

Chapter 09 微信案例介绍

Chapter 01 Axure原型设计概述

原型是产品前期用来直观表达产品框架、界面元素、使用流程、业务逻辑的模型。原型制作是很多产品从0到1过程中必不可少的一个环节。高效美观地制作原型是每个产品经理、产品平面设计人员的必修课。Axure是面向网络、移动和桌面应用的线框，能快速制作原型、文档和规范软件工具，并且内置大量常用交互事件和函数，有广泛可用的第三方元件库，是目前应用最为广泛的原型绘制软件。

1.1 Axure RP介绍

1.1.1 当前版本

Axure RP是专业的快速原型设计工具，其中Axure代表美国Axure公司，RP是Rapid Prototyping的缩写。Axure RP目前已更新到9.0版本，但 8.0仍然是用户群最多、最受大家认可的版本。8.0有三个版本，但都包含在同一个软件里，通过不同的授权码进行区分，分别是专业版、团队版和企业版，不同的版本在输出和团队协作上略有差异。

专业版：所有原型设计功能、文档输出功能、官方Axshare。

团队版：所有原型设计功能、文档输出功能、官方Axshare、团队协作功能，界面如下图所示。

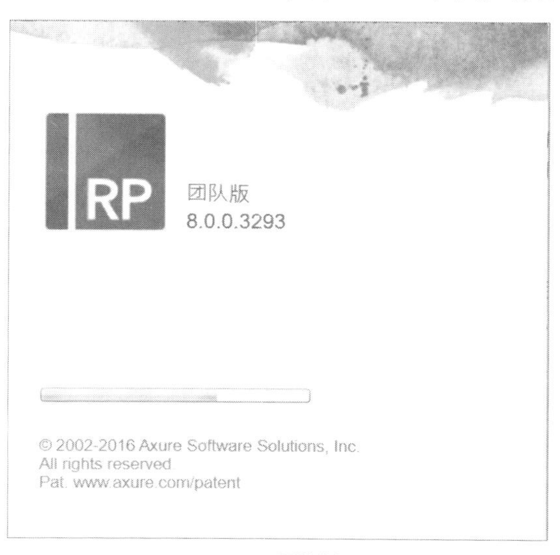

Axure团队版

企业版：所有原型设计功能、文档输出功能、官方Axshare、团队协作功能、本地部署版Axshare。

1.1.2 主要功能

Axure RP是一款快速原型设计工具，能让产品设计人员快速、高效地创建应用软件或Web网站的线框图、流程图、原型和规格说明文档。其工作环境可以进行可视化拖拉操作，无需编程就可以在线框图中定义简单链接和高级互换。

元件库的自定义方便调用项目特有的图案，团队协作功能便于整个团队共同完成设计，一键生成需求文档大大减少了产品经理的工作量，多种预览格式满足不同人群的需要。

通过原型，可以准确、清晰、直观地展现产品意图，指导界面设计人员、功能研发人员、测试人员更好地理解产品需求。原型配合需求文档，能够更清晰、准确地对需求进行描述，将文字与原型界面相结合，更好地对使用流程、交互形式、规则逻辑等进行表述。同时，进行原型绘制时，产品需求人员也可以更深入地理解需求，发现整体、流程、细节方面的不足，从而进行调整。项目投资方也能据此直接了解到产品的核心功能点及核心竞争力，提前给目标用户群展示后也能够较早地获得用户反馈，对整个产品的设计及完成起到重要的作用。Axure主要功能如下图所示。

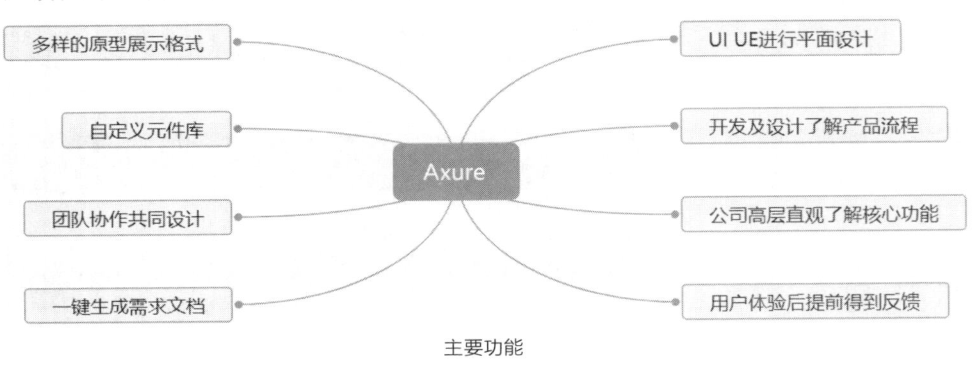

主要功能

1.2 Axure RP的安装与启动

Axure的安装和启动与其他电脑客户端的软件相同，需要准备好安装包，安装完成后根据需要进行汉化，并进行用户注册来启动软件。

1.2.1 Axure RP 8.0的安装

可在 Axure 官网下载安装包（官网地址：https://www.axure.com/release-history/rp8），进入页面后，按所使用的操作系统选择下载。Axure RP官网界面如下图所示。

Axure下载

❶ Windows系统

Windows版本需双击exe应用程序文件，选择安装目录，根据给出的提示勾选“同意用户协议”等信息，依次单击“Next”按钮进行安装，如下左图所示。

最后单击“Finish”按钮，完成程序安装，如下右图所示。

Axure安装

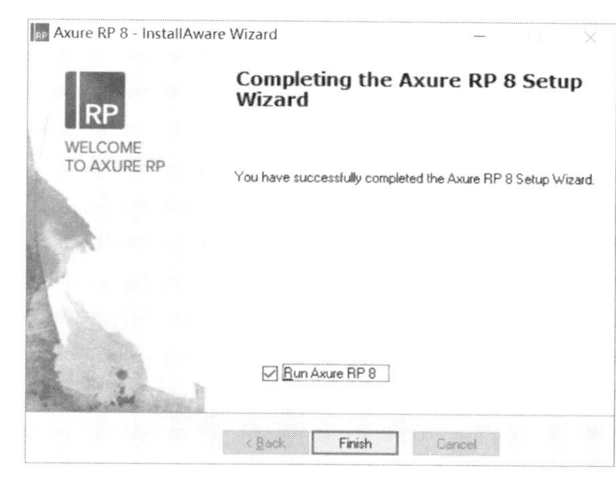

完成安装

其中，Windows系统将解压后的lang文件夹添加到软件的安装目录中。以Windows 7为例（×××为版本号），32位系统中的安装目录一般为C:\Program Files\Axure\Axure RP ×××，64位系统的安装目录一般为C:\Program Files (x86)\Axure\Axure RP ×××，如下左图所示。

Axure默认显示的语言是英语，如需转换成中文，则要安装汉化包。从网上下载lang压缩包后解压，将lang文件夹放在Axure的根目录中，然后再次打开Axure，即可汉化成功，如下右图所示。

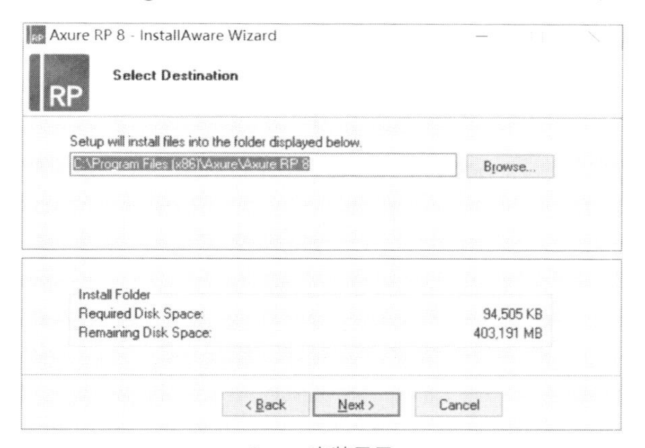

Axure安装目录

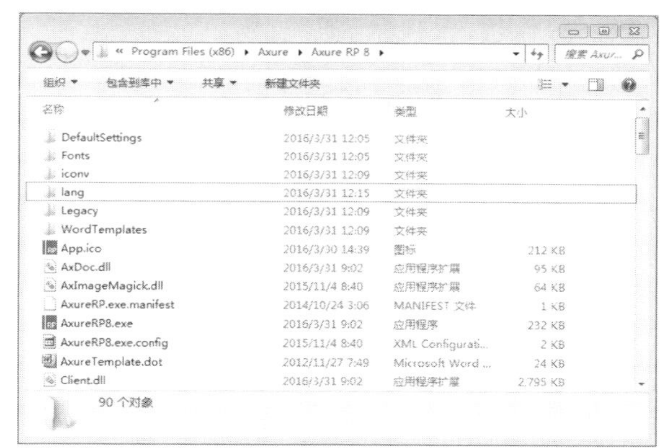

Windows汉化

❷IOS系统

Mac版本的软件包下载完成后，将安装包拖到应用程序即安装成功，如下图所示。

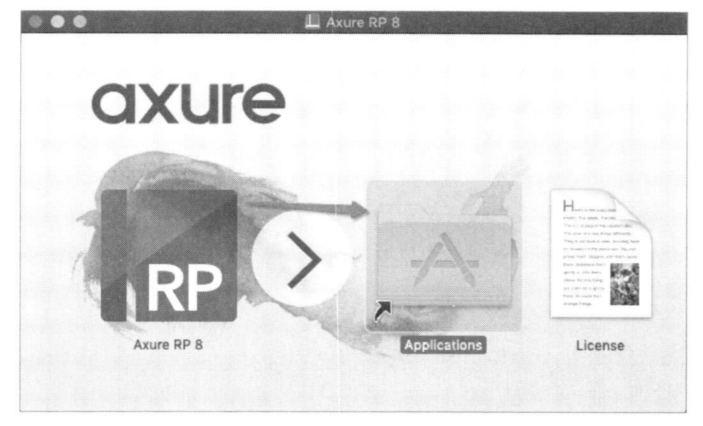

Axure安装

Mac系统中，在“应用程序”文件夹里找到Axure RP 8.app程序，接着右键单击，在快捷菜单中选择“显示包内容”，然后依次打开Contents>Resources文件夹，将lang文件夹复制到这个目录中即可，如下图所示。

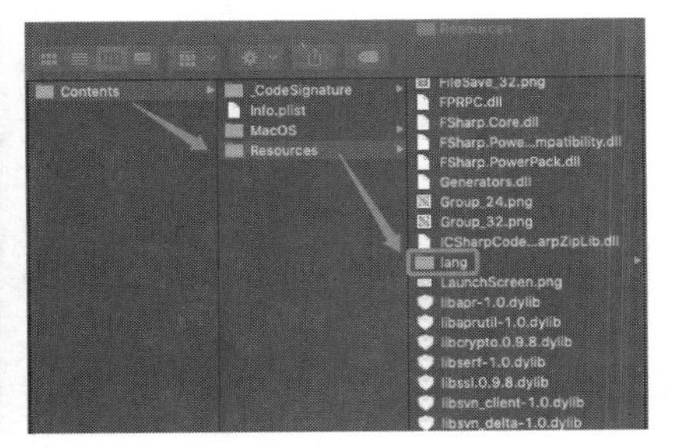

Mac汉化

1.2.2 Axure RP 8.0的启动

双击Axure快捷方式图标打开，单击新建文件即进入主页面，如下图所示。

Axure RP主页面

在工具栏中找到“帮助”选项卡，然后单击“管理授权...”，在弹出的“管理授权”页面输入被授权人和授权密钥，然后单击“提交”按钮，不同的授权码对应的Axure版本有所区别，如下左图所示。

然后单击右上角登录按钮进行注册，在进行团队协作中建议不要使用QQ邮箱注册，因为QQ邮箱的响应速度较慢，如下右图所示。

完成授权和登录设置之后就可以正式开始原型图制作了。

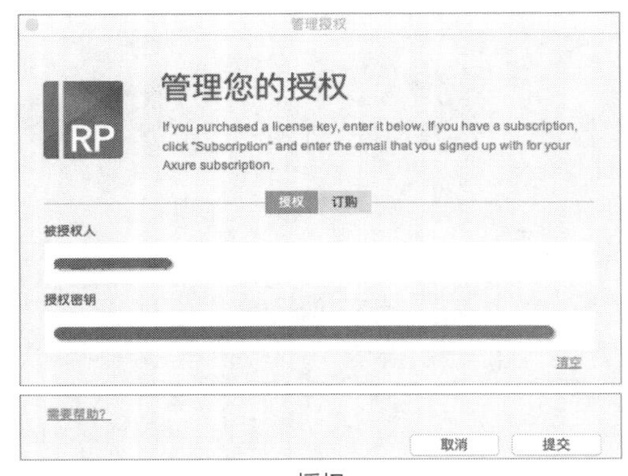

授权

登录

1.3 原型设计的重要性

Axure RP是专业的快速原型设计工具，它可以让设计师根据需求设计功能和界面来快速地创建应用软件的线框图、流程图、原型和规格说明文档，并且同时支持多人协作和版本控制管理。

常用的原型设计工具还有墨刀，它是面向个人和企业的云端原型设计与协同工具，通过浏览器即可进行原型设计，支持云端保存、实时预览、一键分享及多人协作功能；FramerX 是集设计、原型、开发为一体的设计软件，对交互设计和动效有很强的支持能力，并且可以自动生成 React 代码，提高设计、交互和开发团队的协作效率。墨刀原型设计界面如下图所示。

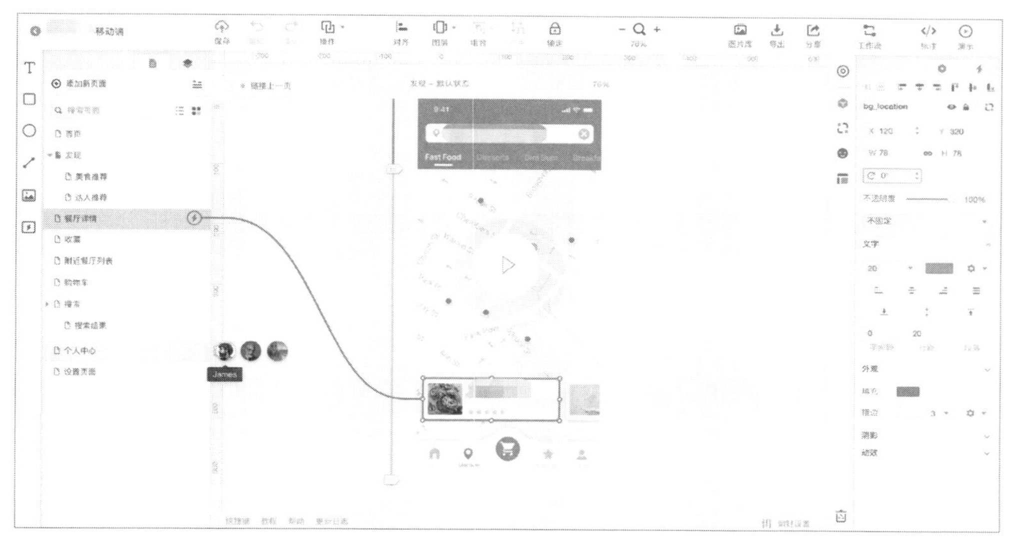

墨刀原型设计

原型图一般分为低保真原型图和高保真原型图，低保真原型利用线框图构建出软件的大致结构，利用交互效果来表达用户的实际操作方式，低保真原型能在有限的时间内完整清晰地表达出软件的实际功能。低保真原型效果图如下所示。

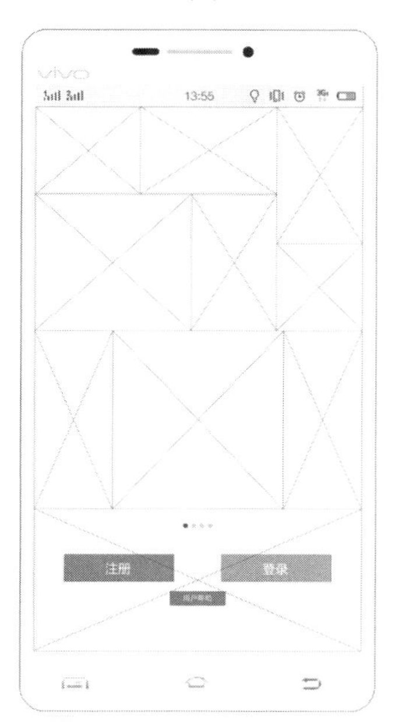

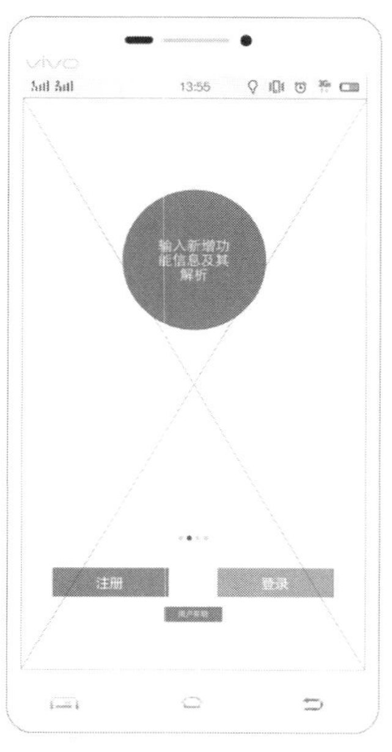

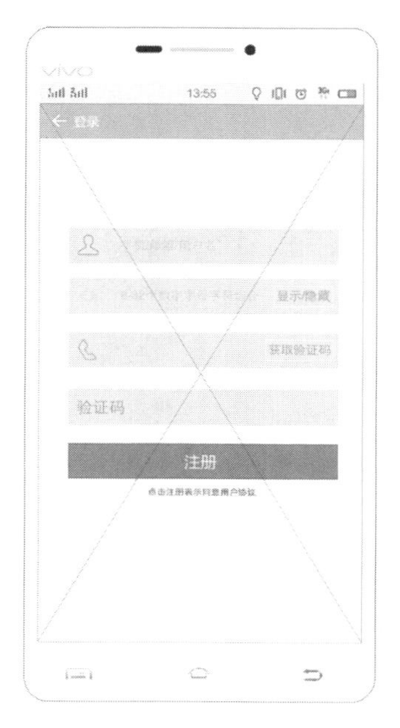

低保真原型图

高保真原型图做出的效果与实际效果相差无几。团队内部只需进行需求评审及线框图原型即可，确保线框图能如实、全面地反映页面元素，对需要重点和突出显示的信息进行标注。面向领导、投资人、客户的产品演示，尽量使用保真程度高的原型图，这种场合的原型演示更侧重对产品理念、定位、品质的表达，高保真的原型图会加分，如下图所示。

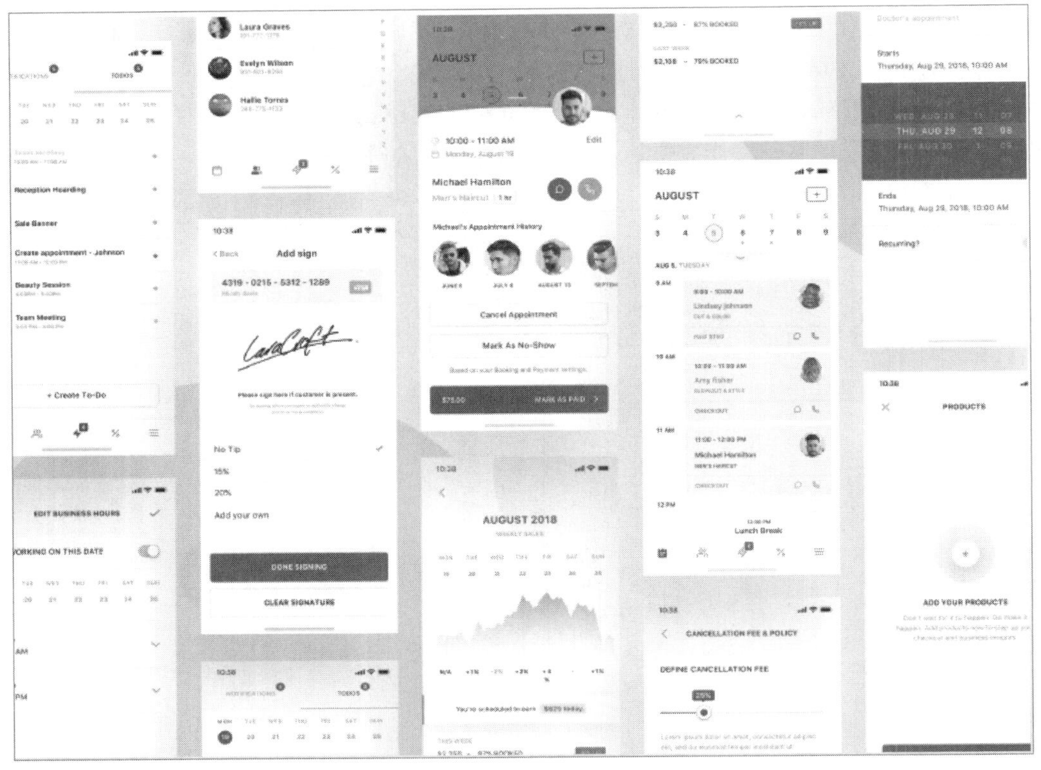

高保真原型图

在实际工作中，我们既要掌握普通线框图的原型绘制方法，也要掌握高保真、可交互的原型图绘制方法。原型并不是保真程度越高越好，高度设计的原型对色彩、布局已有规划，可能会干扰视觉设计人员的工作。如下图所示为设计人员的手绘原型稿。

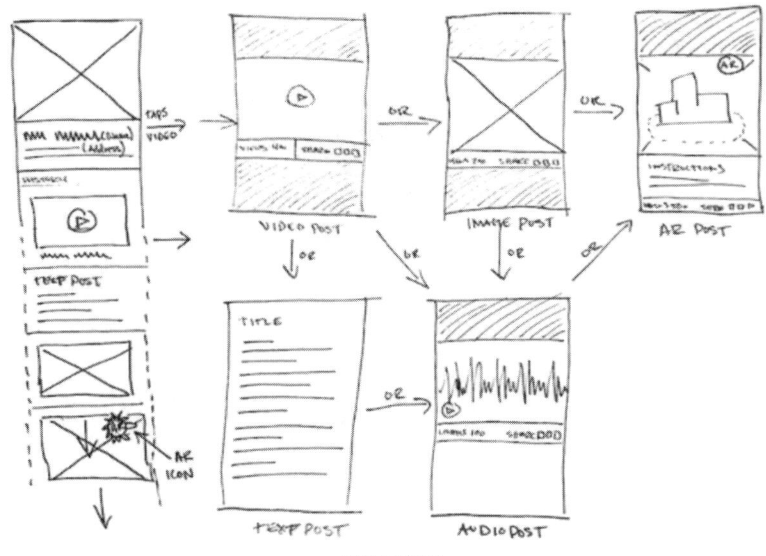

手绘原型稿

1.4 学习路径

Axure本身是一种工具，极易上手，但是其功能强大，要做出高保真原型图需要掌握很多特殊用法，将Axure的学习与实际项目相结合，可以帮助大家熟能生巧，有事半功倍的效果。

本教程从浅入深，先介绍Axure RP的工作环境，它的主界面上的各种工具，这是学习Axure的基础。继而从流程图入手讲述软件的使用技巧和交互，交互是原型设计的灵魂所在。掌握以上内容即可胜任一般的原型图设计，但是要高效地完成设计还需要了解元件库、母版的使用及动态面板的创建，学会将成果输出并进行展示。

大型项目需要团队协作共同完成制作，在第7章会讲述如何利用Axshare和团队协作功能完成团队项目。最后还有两个实操项目帮助大家快速入门，尽快成为优秀的Axure使用者。

下面我们梳理一下本教程中学习Axure的大致步骤。

Step 01 安装Axure，了解Axure主要的功能及常用的操作。

Step 02 熟悉Axure的工作环境，了解工作界面，包括页面区、元件区、母版面板、页面编辑、检视面板等，并掌握基本操作。

Step 03 了解Axure中常用的元件，如矩形、输入框、图形、文字标签等，以及这些元件的样式和属性。此时要多动手操作，例如制作一个简单的流程图，以便熟悉这些元件的操作。

Step 04 学习交互，了解常用触发事件和触发动作，如单击、移动、隐藏、显示等，还可以了解一下简单的函数和变量，仍然要多实践。

Step 05 学习一些复杂的元件，比如动态面板、中继器，了解如何用，有哪些属性，如何做交互。

Step 06 将上面学习的知识串联汇总，制作一个比较复杂的原型，并进行项目输出。

Chapter 02 Axure RP的工作环境

前面我们初识了Axure RP的用途及优点，接下来我们进入正式的学习。Axure RP和学习其他工具软件一样，需要我们先了解Axure RP的工作环境，主要是工作界面、元件的编辑与使用、页面编辑、钢笔工具的使用以及各种面板的功能等。熟练掌握以上内容有利于我们后面的学习。

2.1 工作界面

工作界面是我们打开任何一款办公软件首先要面对的第一项任务，Axure RP也不例外。接下来我们就来了解一下Axure RP的工作界面。

2.1.1 了解工作界面

打开Axure RP，首先看到的是欢迎页面。开始界面和欢迎界面如下面图所示。

在欢迎页面可以新建文件、打开文件以及查看练习资料等。这里我们对Axure RP已进行了汉化，因为版权等原因汉化过程请读者自行到网上查找。工作界面如下面图所示。

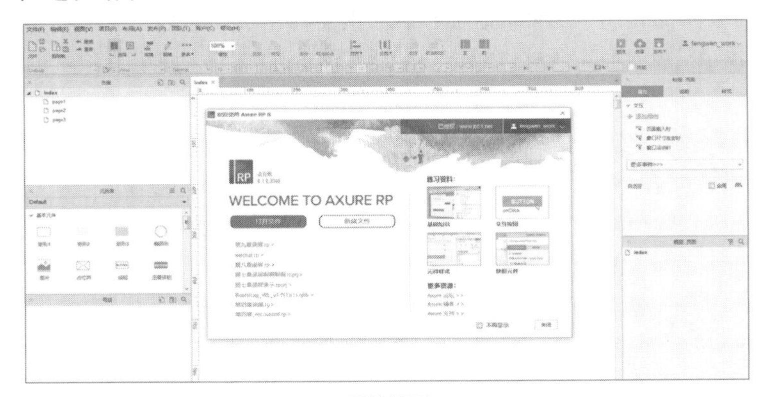

开始界面

欢迎界面

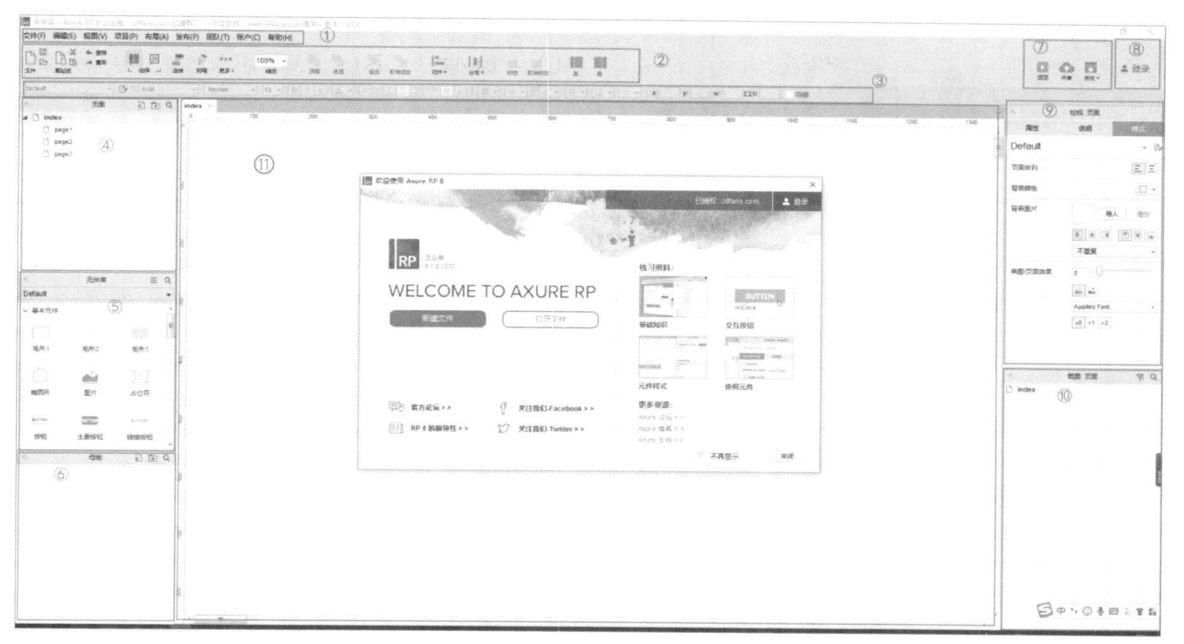

工作界面

在打开的窗口中最上面是标题栏，从左往右依次为文件名称、Axure RP的版本型号、授权人、中文支持方及版本号。标题栏如下图所示。

双击标题栏可以将Axure缩放成小窗口的形式，用鼠标左键再次双击标题栏又可以最大化全屏显示。小窗口显示如下图所示。

RP 未命名 - Axure RP 8 企业版：zdfans.com 已授权 <中文支持：www.iaxure.com提供> 版本：V1.6

标题栏

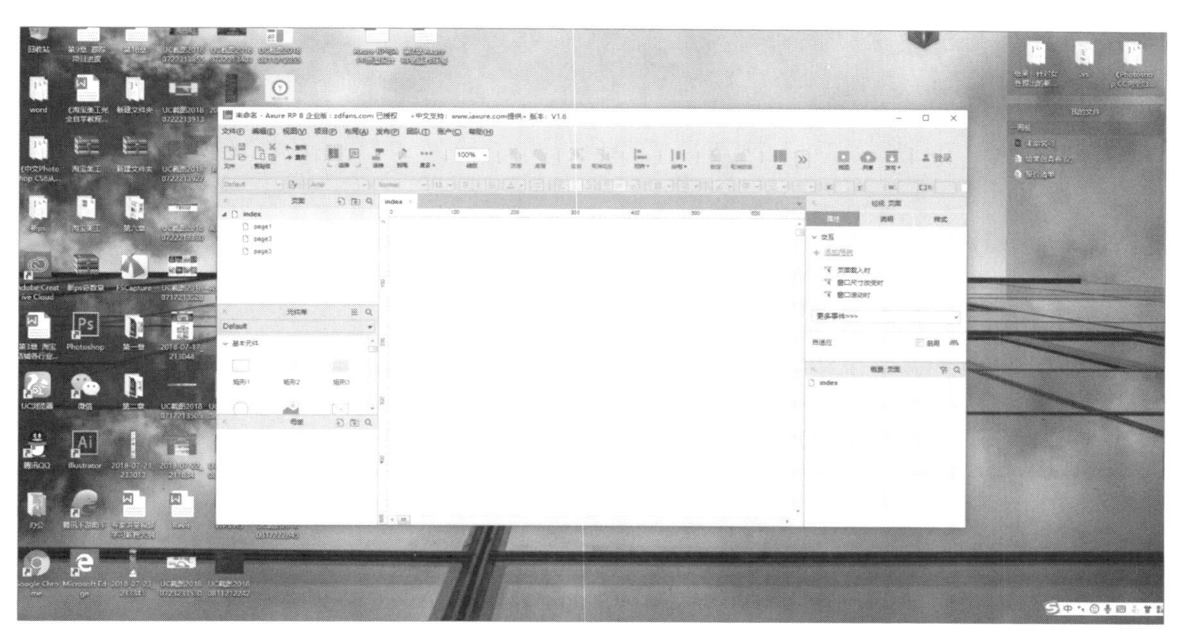

小窗口形式

接下来我们按照上面“工作界面”图中的序号标注讲解工作界面中各种菜单、工具、面板等的功能和作用。

❶菜单栏

包括文件、编辑、视图、项目、布局、发布、团队、账户、帮助等选项，用鼠标单击菜单项会展开相应的下拉菜单。可以根据相应的功能进行不同的操作，比如“文件”菜单中有新建、打开等选项，即可进行新建文件与打开文件等操作。“文件”菜单如图右所示。

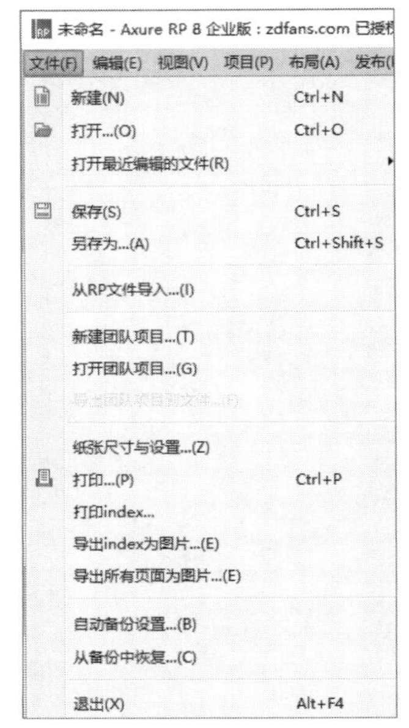

文件下拉菜单

❷❸工具栏

②区里面是制作原型的时候常用的一些工具，如钢笔工具等都在这里面。这里重点介绍一下开关左侧工具栏选项与开关右侧工具栏选项，单击开关左侧工具栏选项可以隐藏和显示左侧工具栏窗口，同理单击开关右侧工具栏选项可以隐藏和显示右侧工具栏窗口。如下面的“开关左右侧工具栏”和“左侧面板隐藏”图所示。

③区类似Word文档里面的文本选项卡中的内容，是一些细节化的属性，比如文字的属性（文字大小、字体、字号等）、段落的属性、长宽高等。

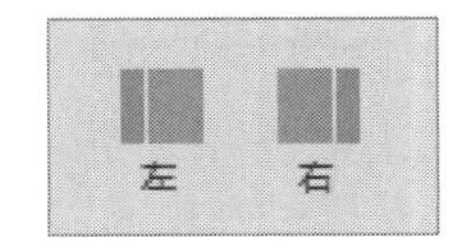

开关左右侧工具栏

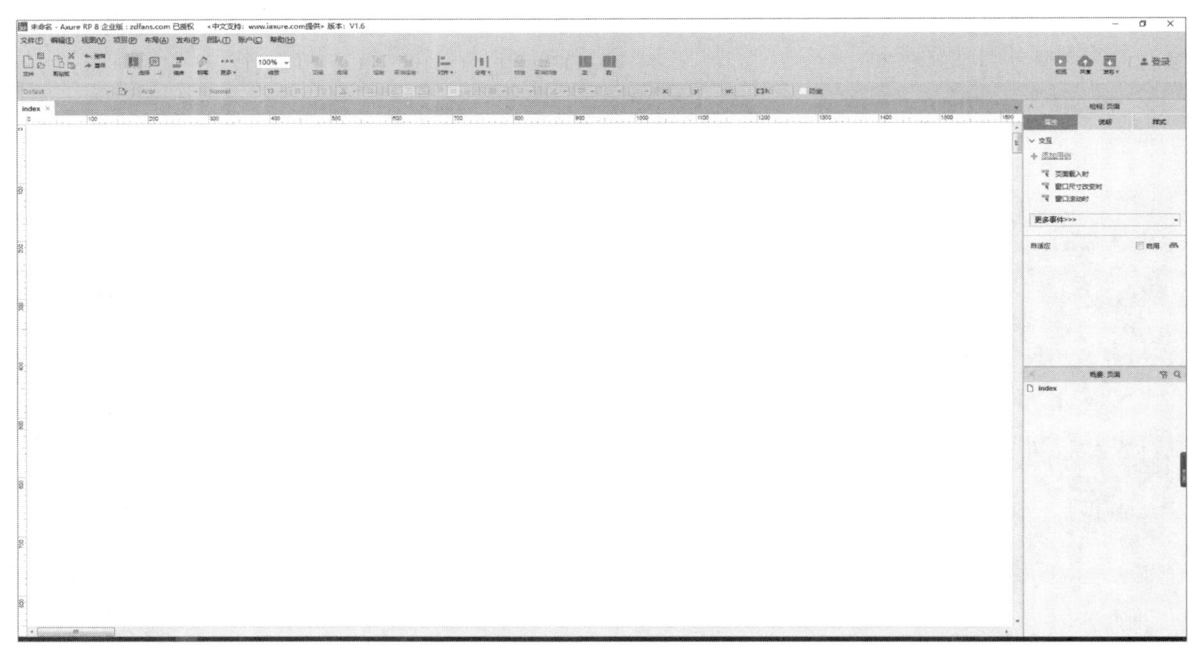
左侧面板隐藏

❹页面管理（或站点地图）面板

在该面板中会显示页面的网络组织层次结构，如下左图所示。

❺元件管理面板

存储控件的地方，这里面有很多的控件，如线框图的控件、画流程的控件、一些图标的元件等，如下右图所示。也可以下载Axure云端的控件和加载自己的控件，控件也就是我们所说的元件。

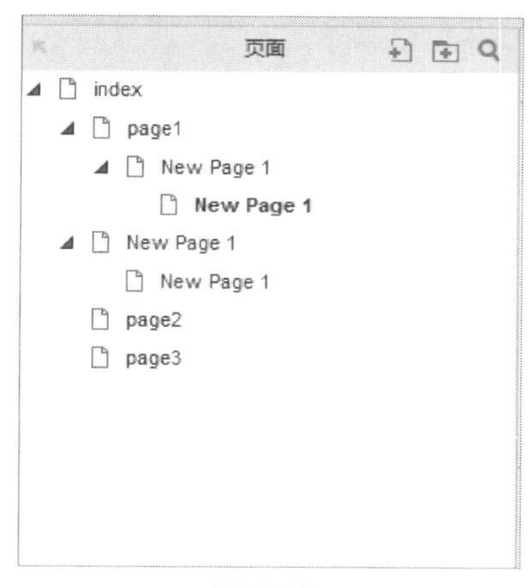

页面面板

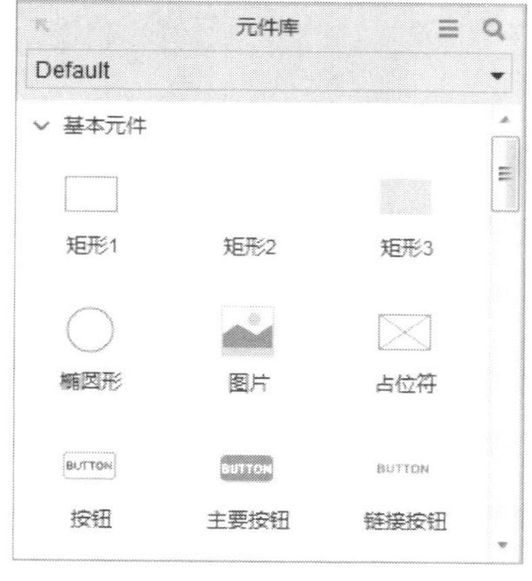

元件库

❻ 母版管理面板

可以重复使用的一种特殊页面存储的地方。可以进行模块的添加、删除、重命名和组织模块分类层次等。

❼ 发布快捷工具选项区

这里是发布原型的快捷选项功能区的一部分，可以进行原型的预览、共享和预发布等。预览是以网页的形式在浏览器中预览。

❽ 账户登录

可以登录自己的账户。

❾ 检视面板

页面管理面板，它由属性、说明、样式三部分组成，如下左图所示。在页面工作区中单击目标时可以设置相关选项，后面会详细讲解。

❿ 概要管理面板

这里是工作区内已有控件的概述，当光标靠近某控件或概要名称时会显示缩略图，如下右图所示。在后续庞大的App原型制作的时候会经常使用。

检视面板

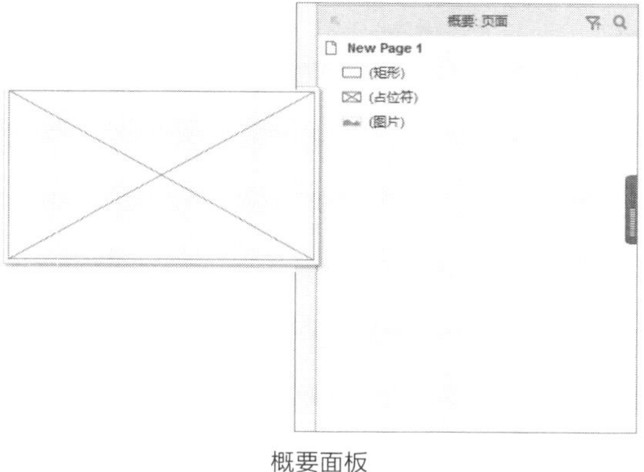

概要面板

⓫ 页面工作区

这里是进行页面设计的主要区域，在这个区域里可以设计线框图、流程图、自定义框图等，也是进行App原型设计的主要工作区。

2.1.2 自定义工作界面

在使用Axure的过程中，会因为个人喜好和需求自定义工作界面，接下来我们了解一下自定义工作界面。单击“视图”菜单按钮，在弹出的下拉菜单中选择“工具栏”>“基本工具”选项，即可隐藏功能区的内容，如下面的图所示。

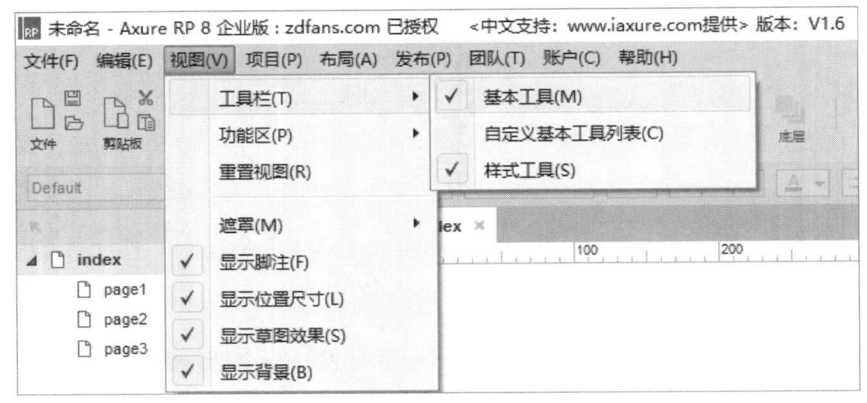

“视图”菜单

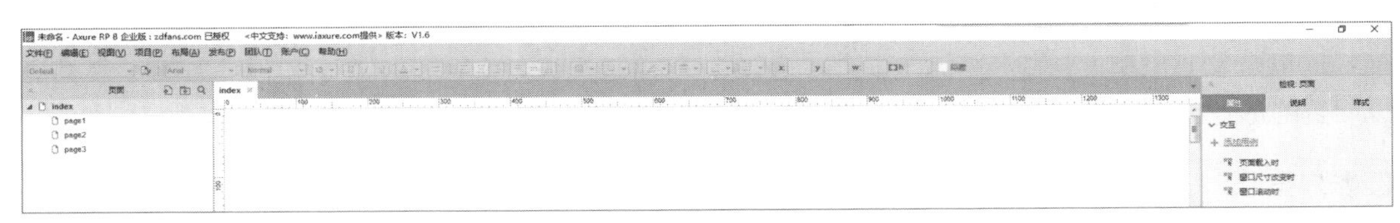
隐藏功能区

重复上述操作，功能区再次显现，隐藏时选项前面的✓也是隐藏的，显示的时候✓也会显示，所以我们也可以通过观察✓来判断某面板是否被隐藏。

我们也可以自定义基本工具列表。单击菜单栏中的“视图”菜单按钮，在弹出的下拉菜单中选择“工具栏”>“自定义基本工具列表”选项，弹出自定义基本工具窗口，同样有对勾的是已显示的工具，没对勾的是未被显示的基本工具，如下图所示。

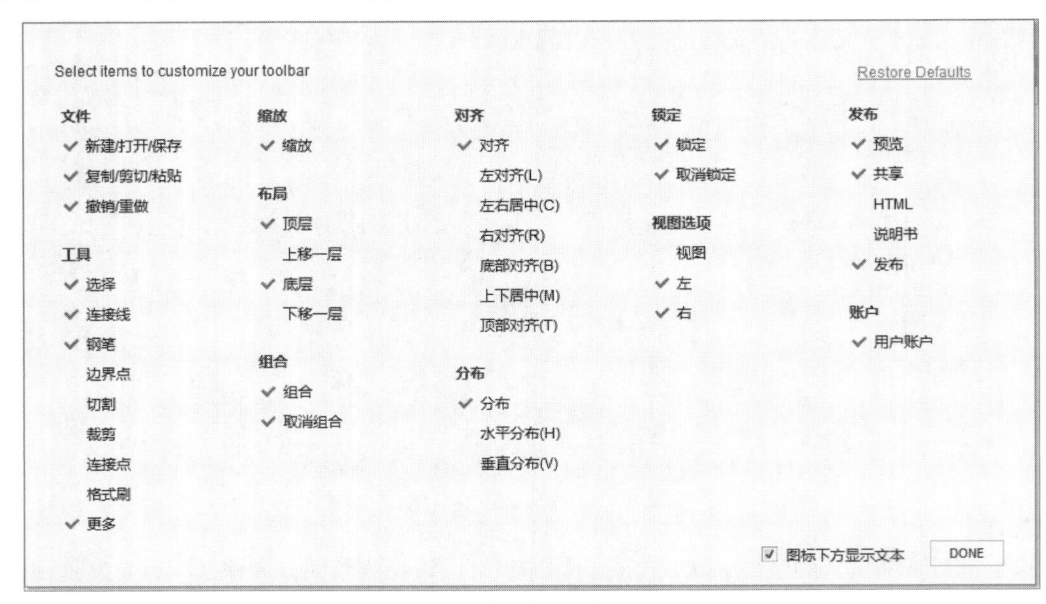

自定义基本工具窗口

在面板框中会有一个小箭头图标，如下左图所示，当单击的时候会将这部分面板弹出为一个可以移动的窗口，如下右图所示。再次单击又会回到之前的状态。

面板样式

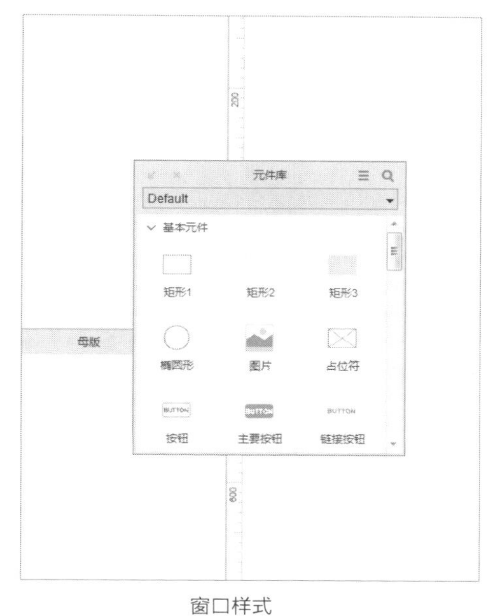

窗口样式

我们可以按照上述方法结合自己的想法定义适合自己的工作界面。

2.2 页面管理面板

前面已经简单了解了页面管理面板的用途，接下来我们详细讲解页面管理面板的使用。

- **添加文件夹：**最快捷的方式是单击页面管理面板右上方的按钮，便可以添加文件夹并为文件夹命名。也可以采用鼠标右键单击，在快捷菜单中执行“添加”>“文件夹”命令，如“添加文件夹”图所示。还可以使用快捷键“Ctrl+Shift+Return”添加文件夹，添加文件夹后如“添加文件夹后效果”图所示。选中目标页面按住鼠标左键不放，将其拖到新建的文件夹内，便会发现目标页面已经移到文件夹中了，如“移至文件夹下”图所示。

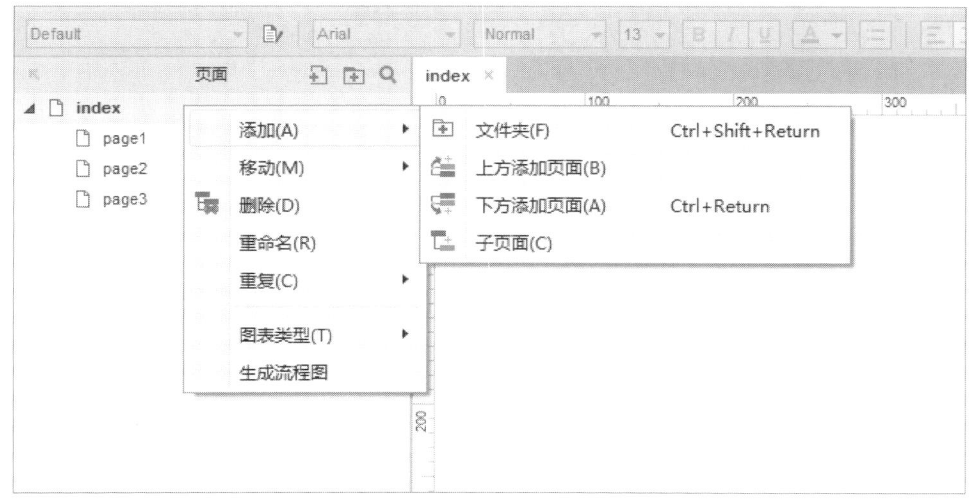

添加文件夹

添加文件夹后效果

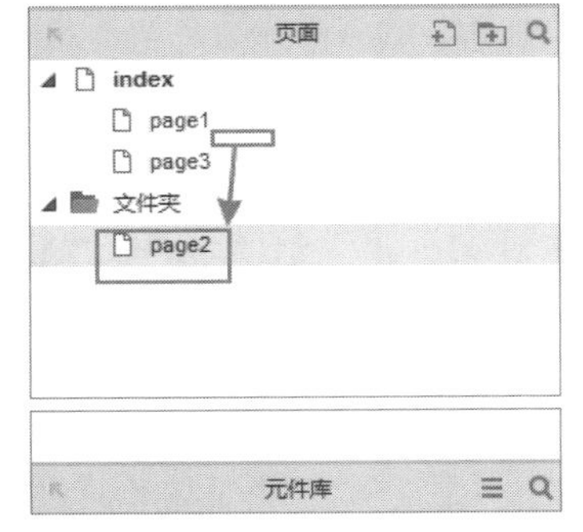

移至文件夹下

- **添加页面：** 最快捷的方式是单击页面管理面板右上方的按钮，便可以添加页面并为页面命名。也可以选中鼠标左键按住目标页面，并将其拖到相应位置来调整页面顺序。可以采用鼠标右键单击，在快捷菜单中执行“添加”>“上方添加页面”命令，如下左图所示，即可添加一个页面到目标页面上，如下右图所示。

上方添加页面

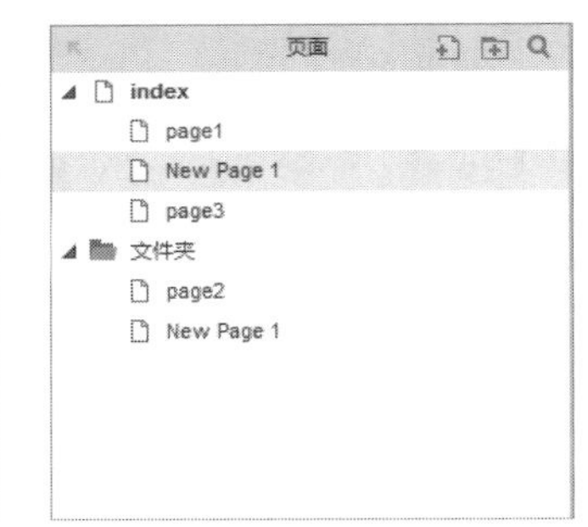

添加页面的效果

类似地也可以在下方添加页面以及子页面等。还可以使用快捷键“Ctrl+Return”在下方快速添加页面。

- **页面的顺序：** 原型产品的制作中还涉及到页面顺序调整。用鼠标右键单击目标页面弹出快捷菜单，执行“移动”>“上移”命令，选中的目标页面便会上移一层。同理执行“下移”命令，便会下移一层。也可以采用快捷键“Ctrl+↑”上移，“Ctrl+↓”下移。上移页面和下移页面效果如下面两图所示。

上移页面

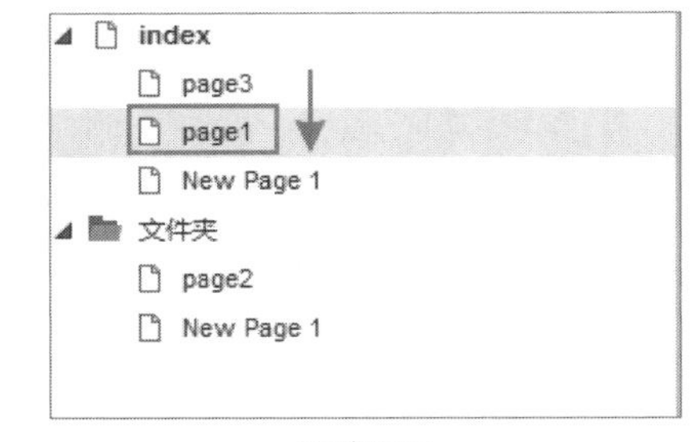

下移页面

> **提示：**
> 使用快捷键时需要先用光标单击目标页面将其选中，然后再按下快捷键进行相关操作。

- **父子级关系：** 页面还存在父子级的包含关系。选中目标页面，执行快捷菜单中的“移动” >“降级”命令，目标页面便会降一级。执行“升级”命令，便会升一级。也可采用快捷键“Ctrl+→”降级，“Ctrl+←”升级。降级页面和升级页面效果如下面两图所示。

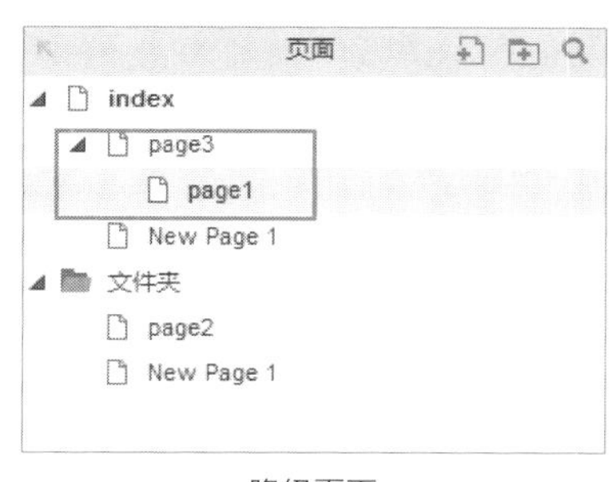

降级页面

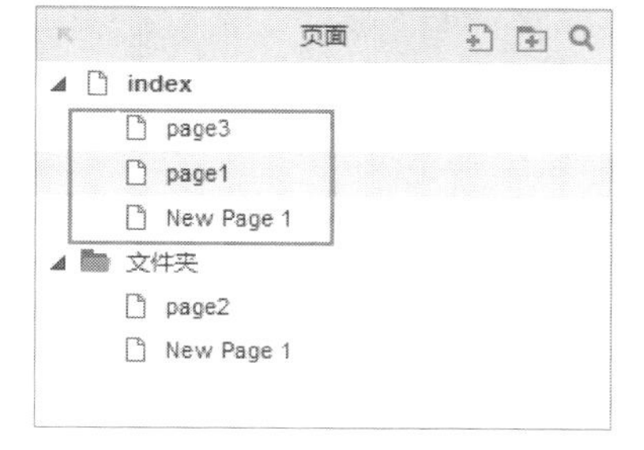

升级页面

- **删除页面**：用鼠标右键单击目标页面，在快捷菜单中选择“删除”选项即可删除页面。也可以使用Delete键，对其进行删除操作。
- **重命名**：重命名的方式和Windows桌面文件重命名一样，用鼠标右键单击目标页面或文件夹，在快捷菜单中选择“重命名”即可。
- **重复**：制作原型的时候经常会重复使用某一页面，这时可以使用“重复”命令提高工作效率。用鼠标右键单击目标页面，执行“重复”>“页面”命令，即可生成一个重复的目标页面，并自动以目标页面名称后加（1）的方式命名，如下面的左图所示。不仅可以重复页面，还可以重复分支，用鼠标右键单击分支，执行“重复”>“分支”命令，即可生成一个重复的分支结构，同样以原名称加（1）的方式命名，如下面的中图所示。
- **图表类型修改**：为了方便查看页面，Axure在页面名称前面设计了小图标，以便区分页面的类型。用鼠标右键单击目标页面，执行“图表类型”>“流程图”命令，页面前面的图标便会变成▭；执行“图表类型”>“页面”命令，页面前面的图标便会变成▯，如下面的右图所示。

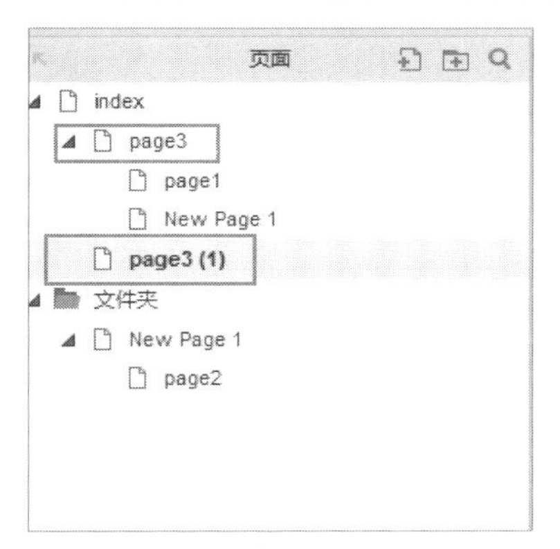

重复页面

重复分支

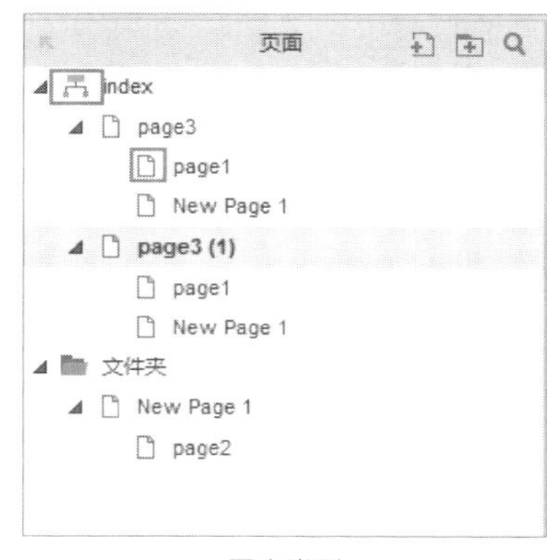

图表类型

- **生成流程图**：Axure提供了一个非常好的命令，可以将页面面板中的页面分支结构自动生成流程图。用鼠标右键单击目标分支页面，执行“生成流程图”命令，弹出如下左图所示的“生成流程图”窗口，单击“确定”按钮页面工作区中就会生成如下右图所示的流程图。

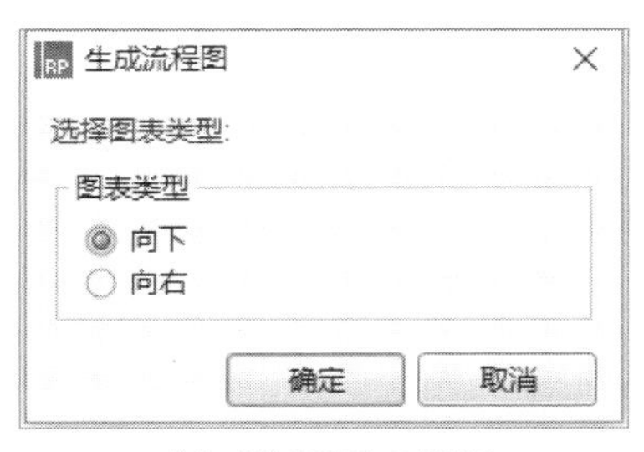

“生成流程图”对话框

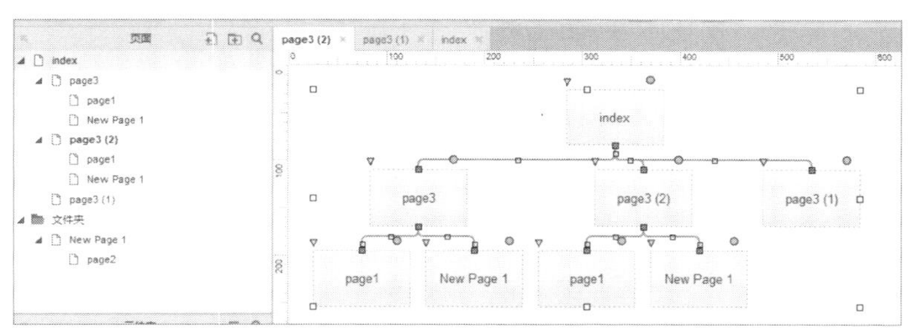

向下流程图

图表类型有两个选项即“向下”与“向右”，分别是表示图表的类型为上下顺序格式和左右顺序格式。如下左图所示，为向右类型格式的图表。

- **搜索页面：** Axure还提供了页面的搜索功能，单击页面面板右上方的🔍按钮，弹出搜索输入框，输入页面名称即可搜索页面了，如下右图所示。

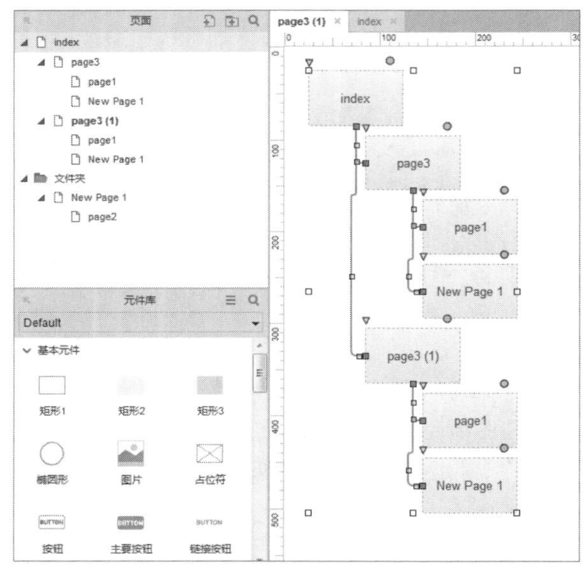

向右流程图

搜索页面

2.3 使用元件

元件是Axure RP的核心功能，熟悉每一个元件的功能是做原型的基础。本节就来讲解元件的功能及应用。

2.3.1 元件面板概述

元件面板是Axure的核心功能，在Axure中就是利用元件库中的元件，将其在工作界面中合理地堆积形成目标效果。下面先来了解一下元件面板的基本构件，如下左图所示（从左到右，从上到下依次是菜单选项、元件搜索选项、控件类型、控件）。在使用其中的元件时，只需将光标定位在目标元件上，然后按住鼠标左键将其拖到页面工作区适合的位置即可，如下右图所示。

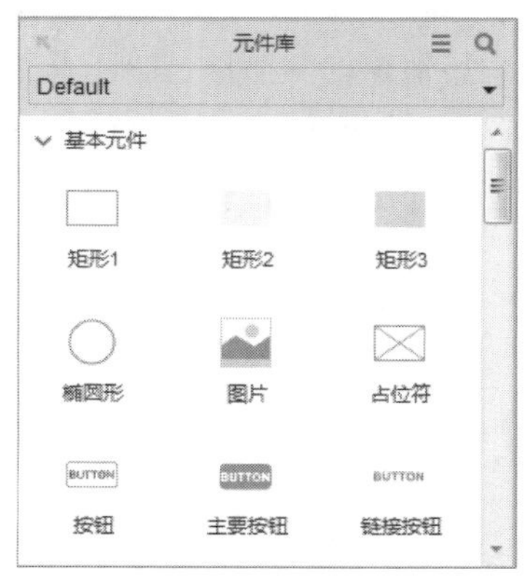

元件库

堆积形成的效果

2.3.2 默认元件

了解了元件的基本操作后，下面来看一下Default元件，即默认元件。Axure把Default元件分为基本元件、表格元件、菜单和表格、标记元件四类。Default元件界面如右图所示。

Default元件

基本元件： 是Axure中最常用的控件之一。例如将矩形1拖到页面工作区，这时从功能区就可以对矩形的样式进行设置，从左至右依次为填充颜色、阴影颜色、线条颜色、线宽、线段类型、箭头样式、元件在页面工作区坐标、长度、宽度、元件隐藏，如下左图所示。所有涉及到这些样式的元件都可以在这里编辑与修改，如修改属性获得的目标矩形，如下右图所示。

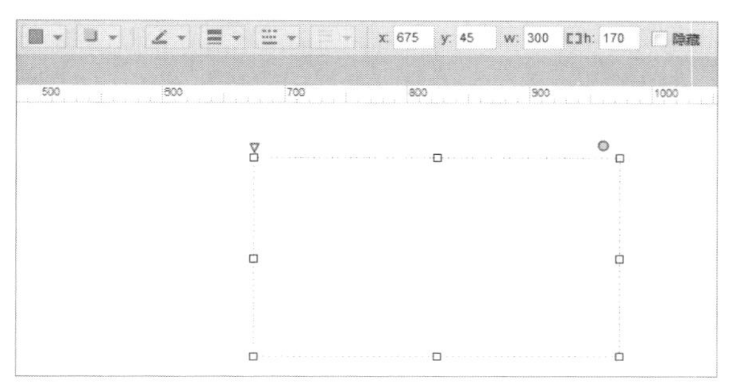

矩形1样式

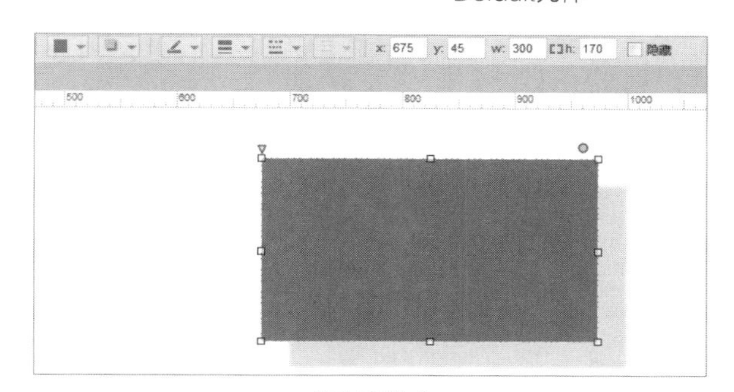

修改后样式

在矩形左上角有一个黄色的小三角，光标滑过时会出现竖箭头的形状，用鼠标左键按住并拖动竖箭头便可以调节矩形的圆角半径，如下图所示。

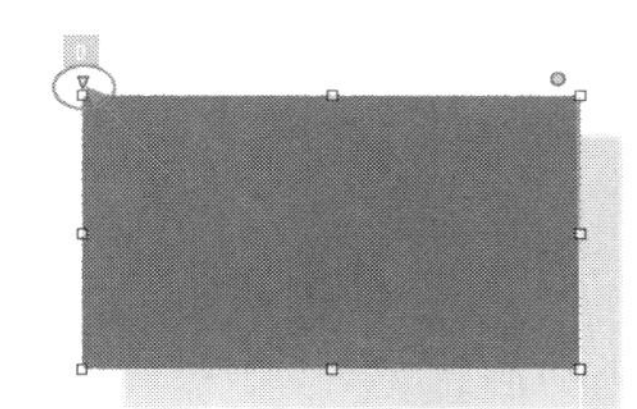

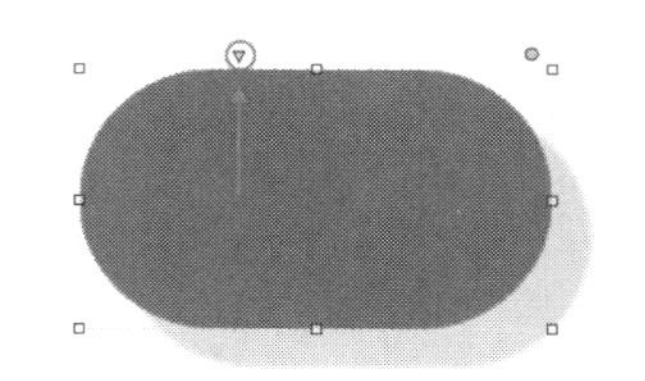

修改圆角前后对比效果

在工作界面中插入图片，用鼠标左键按住图片元件并拖到页面工作区内。双击图片元件，弹出“打开”对话框，选中目标文件后单击“打开”按钮，即可以插入图片，如下面两图所示。

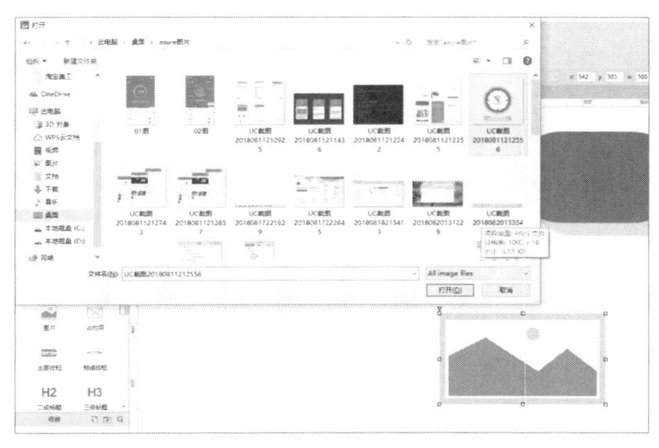

打开图片

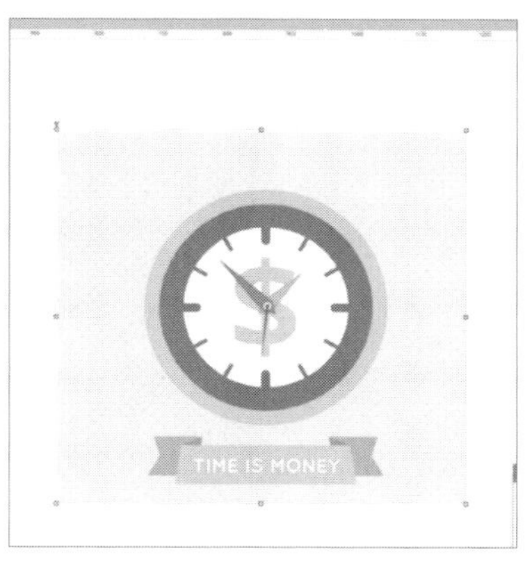

插入图片

占位符是用来暂时占位置的元件，如下左图所示。

学过Wed前端的都知道，标题分为一级标题、二级标题、三级标题、四级标题……字号逐渐缩小，如下右图所示。

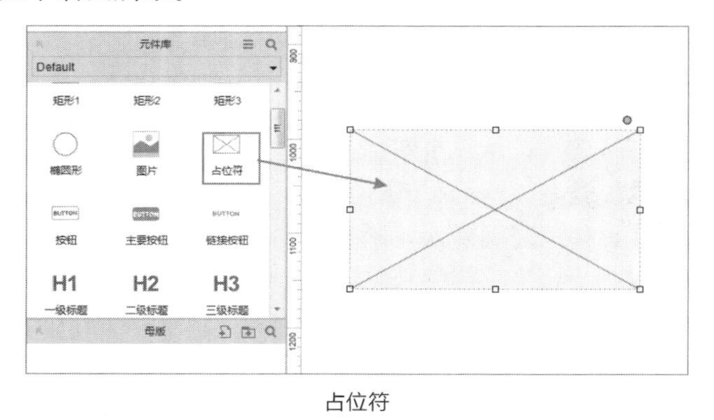

占位符

标题

文本标签和文本段落一样都可以添加文字，也都可以在Axure的功能区中进行属性的编辑，从左至右依次为文本段落样式、元件试管、字体、字体类型、字号、加粗、斜体、下划线、字体颜色、项目符号、左右对齐、上下对齐，如下图所示。

样式设置项

水平线、竖直线在制作原型的时候也经常用到，它的样式也可以在功能区中进行编辑。

表格元件：对于学过Wed的同学这些表格元件都不陌生，表格里的元件内容主要是用来收集用户填入的信息的。最常见的就是注册一个账号的时候，需要输入昵称，这里的昵称输入框就是文本框控件，只能输入一行文字。个性签名是多行文本框，可输入的内容相对文本框要多。居住地区使用的是下拉列表框，可以在弹出的下拉列表中选择内容。保密问题为列表框，选择密保问题的种类，即可单选，也可多选。复选框是可以多选的，单选框是不可以多选的。注册账号时经常看到这类的选框，如下图所示。

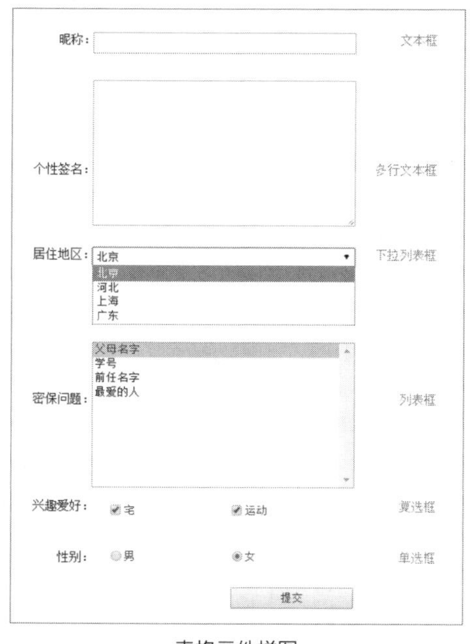

表格元件样图

提示：

文字重新编辑用鼠标左键双击，文字变为可编辑状态重新输入即可。编辑列表框中的内容时，用鼠标左键双击，弹出“编辑列表选项”窗口，进行设置即可，如下左图所示。相关设置从左至右依次为添加项、上移项、下移项、删除项、清空项，如下右图所示。编辑下拉列表框与编辑列表框基本相同。

编辑列表选项　　设置项

菜单和表格：菜单控件中是一些菜单的显示方式，有树状、水平、垂直三种。树状与Windows里的文件管理器菜单一样，可以逐层显示，如下图所示。

树状菜单

用鼠标右键单击“树”，弹出快捷菜单，即可对树状列表进行编辑，如下左图所示。选择“编辑树属性”，打开“树属性”对话框，可以对“树”属性进行编辑，如下右图所示，可以自定义展开/折叠的图标样式，并且可以隐藏图标。系统提供了“+/-”“三角形”两种图标。单击“导入”，可以添加自定义的图标；单击“清除”可以删除自定义的图标，勾选“显示图标”选项，图标会显示出来。

快捷菜单列表　　“树属性”对话框

提示：

图标的尺寸为9x9像素，如果超过这个尺寸会自动缩小。

还可以在菜单中添加/删除“树”的节点、上下移动“树”的项、设置交互样式等，如下左图所示。选择“交互样式”选项，弹出“交互样式设置”窗口，如下中图所示，可以设置光标在此节点上的交互效果，如鼠标悬停时字体加粗等，如下右图所示。

编辑树属性(E)
添加(A)
移动(M)
删除节点(D)
编辑图标(I)
交互样式...

菜单列表选项

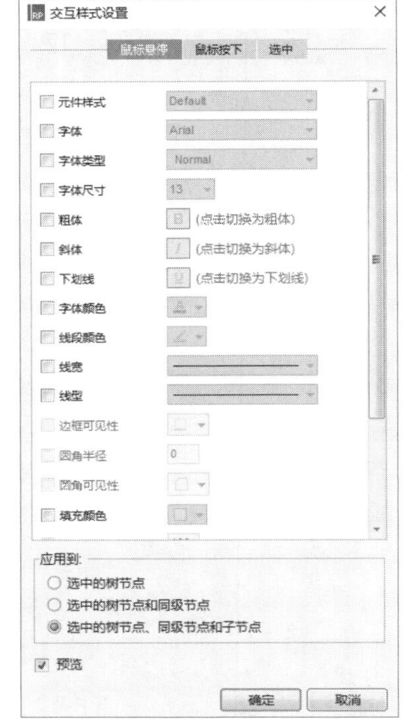

交互样式设置

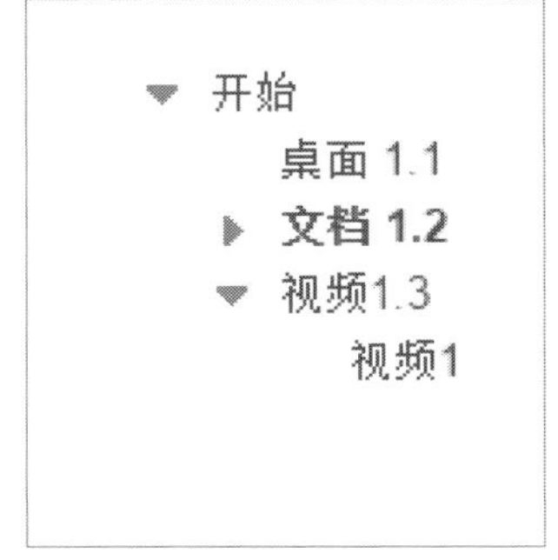

设置后的效果

水平菜单，在浏览某些官方网站时最常见的便是水平菜单。用鼠标右键单击，显示快捷菜单列表，如下左图所示。可以编辑菜单的填充，设置菜单填充边框的像素大小，应用到当前菜单或当前菜单和子菜单，如下中图所示。设置菜单填充后的效果如下右图所示。

想移动某个元件的时候，只需用鼠标左键按住目标元件并拖动，即可移动元件。如果想多选元件，在空白处按下鼠标左键并拖动，此时出现蓝色框，将要选中的目标元件都框到蓝框内，即可实现多选。或按住Ctrl键的同时，用鼠标左键逐一单击目标元件，也可实现多选元件。

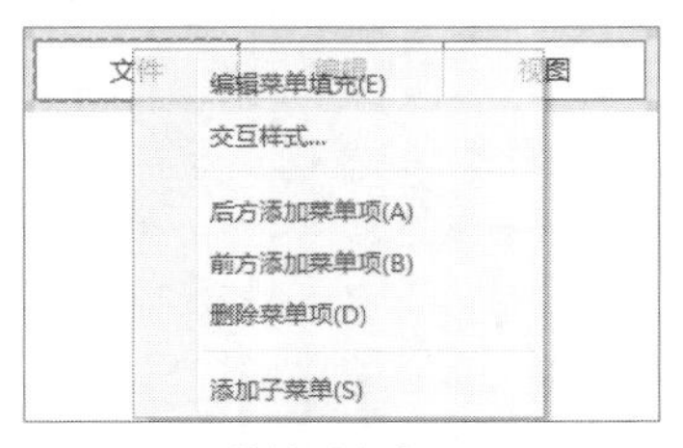

菜单列表选项

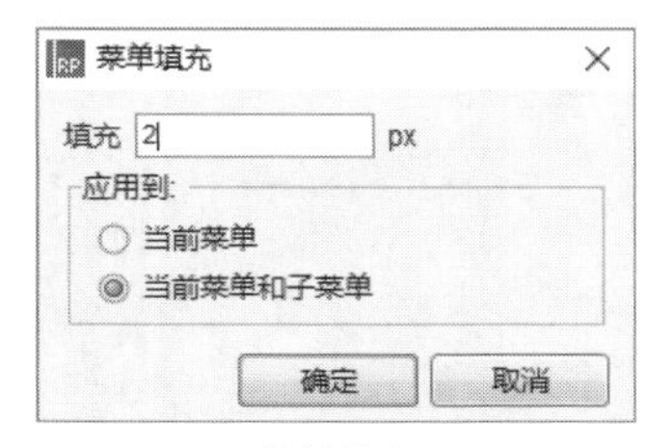

菜单填充

菜单填充后的效果

还可以在目标菜单项前/后方添加菜单项、删除菜单项、添加子菜单项。添加子菜单项的效果如下左图所示。也可以设置交互样式，设置方式与“树”的方式一样。

垂直菜单与水平菜单操作一样，它们区别在于一个是横向的菜单，一个是竖向的。

Axure的表格不像Excel表格那样强大，它只是数据的展现形式。可以通过鼠标右键单击，在快捷菜单中执行插入行、删除行、插入列、删除列等操作，如下右图所示。还可以设置表格的样式、对齐方式等。

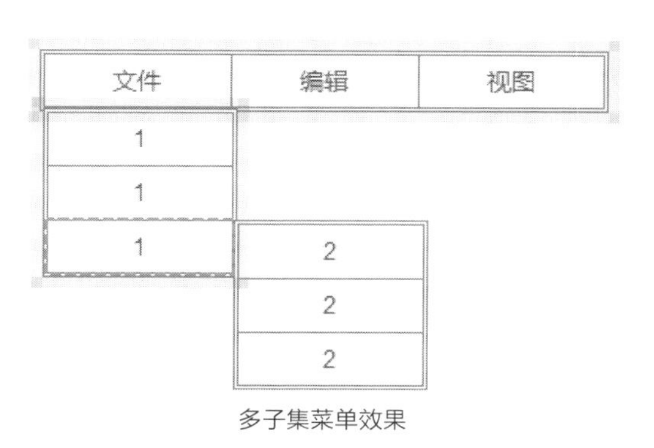

多子集菜单效果

表格设置菜单

2.4 调整元件的形状

Axure RP的元件可以改变形状，例如正方形可以变成圆形，也可以变为其他形状。做原型时需要不停地调整元件的形状，以达到预期效果。下面就来看一下调整元件形状的操作。

2.4.1 转换为自定义形状

选择矩形1元件，按住鼠标左键将其拖到页面工作区，矩形的右上角有一个小圆点，单击小圆点弹出菜单栏，选择最下方的“转换为自定义形状”。矩形四个角由之前的“正方形”转变为“菱形”。用鼠标左键按住其中一个菱形并拖动，即可自定义形状，如下图所示。所有右上方有小圆点的元件都可以转变为自定义形状。

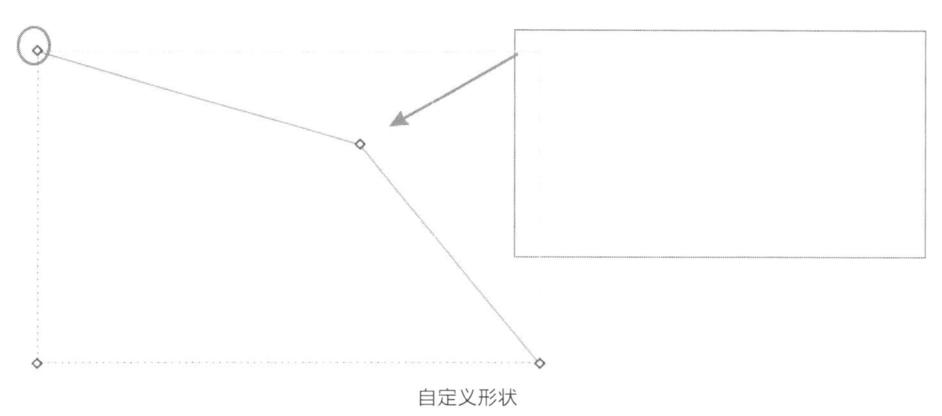

自定义形状

2.4.2 拖动三角形调整形状

选择按钮元件，按住鼠标左键将其拖到页面工作区，在按钮的左上方有一个黄色的小三角，用鼠标左键按住并拖动，即可调整按钮的切角半径，如下左图所示。用鼠标拖动时，鼠标上方会显示半径的值，半径为0时即为直角。所有左上方有小三角的元件都可以调整半径。可通过拖拽按钮边上的正方形控制大小、长宽等。

重新拖入按钮，将按钮拖拽为正方形，同时将小三角拖动到中间位置，按钮即变为圆形按钮，如下右图所示。当原按钮为长方形时，拖拽小三角到中间后即为椭圆按钮。

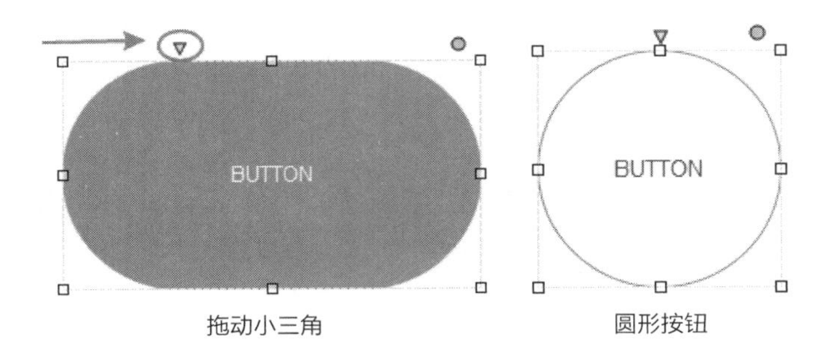

拖动小三角　　　　圆形按钮

2.4.3 调整为Axure RP自带的形状

Axure RP自带的图形有很多，如三角形、心形等。将占位符元件拖到工作界面，在占位符的右上角有一个小圆点，单击小圆点，弹出菜单列表，其中的所有图案即为Axure RP自带的图形，如下图所示。

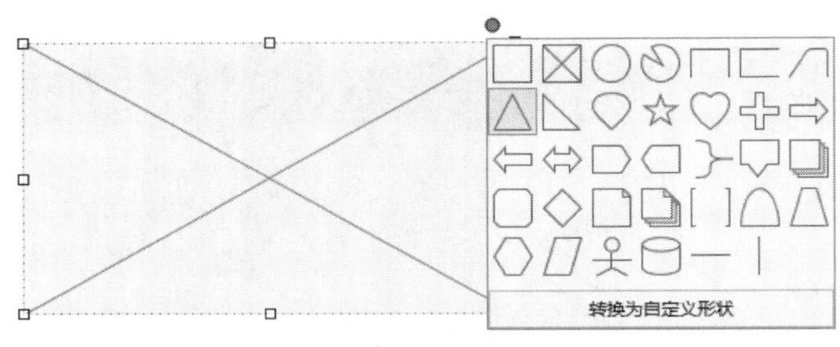

Axure RP自带图形

2.4.4 对元件的转换

可以将元件根据需要转换为动态面板与模板。用鼠标右键单击目标元件，弹出快捷菜单，最下方有两个转换项，如下左图所示。单击“转换为动态面板”选项，即完成动态面板的转化。单击“转换为母版”选项，弹出“转换为母版”窗口，可以设置新母版名称、拖放行为等，如下右图所示。输入母版名称后单击“确定”按钮，即可完成转换。

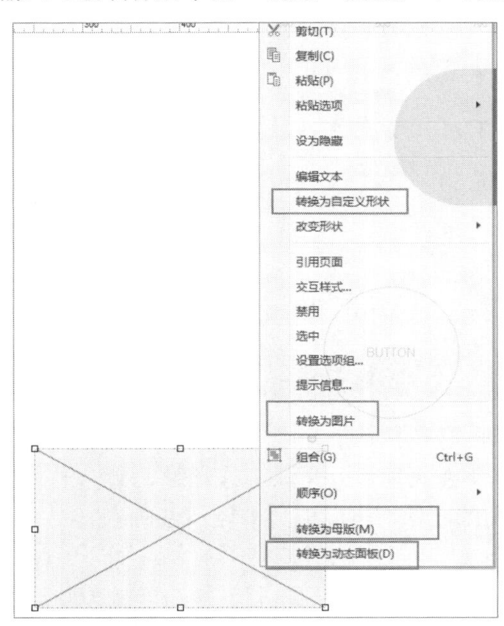

快捷菜单列表

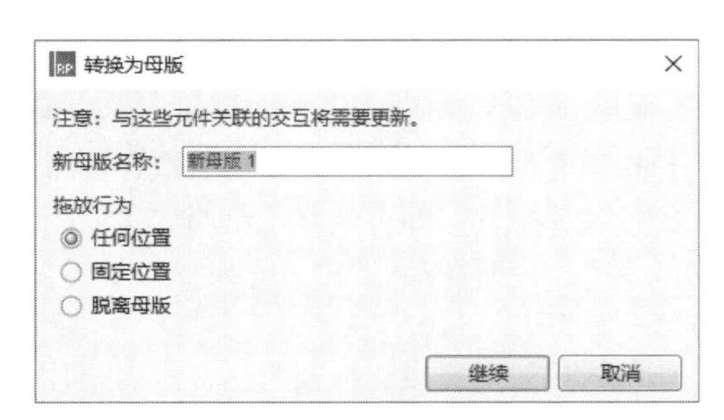

“转换为母版”窗口

2.5 钢笔工具

Axure中的钢笔工具可以绘制复杂、精细的图形以及路径，是一个使用频繁且非常重要的工具。

2.5.1 使用钢笔工具绘制图形

钢笔工具在Axure的功能区中，如下图所示。单击钢笔工具，此时再将光标移到页面工作区，光标下面会多出一个小加号。

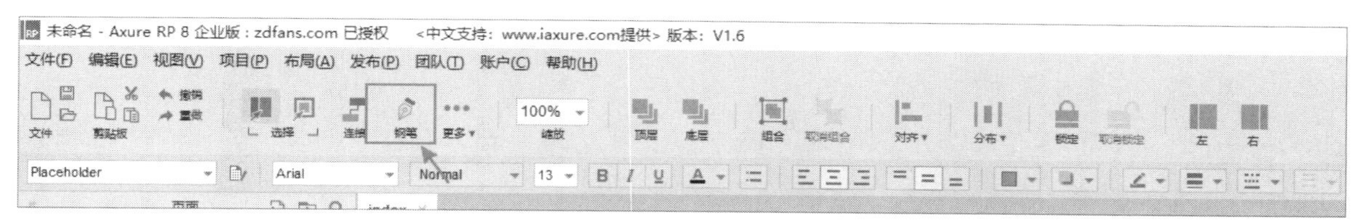

钢笔工具

单击页面工作区的任意区域，再次滑动光标时会有一条线跟随光标移动。再次单击任意位置，跟随光标的线会被固定在单击位置，移动光标会出现新的跟随线。按住鼠标左键并拖动，跟随光标的线会变弯曲。单击最开始的点线条会闭合，如下图所示。如果需要绘制不闭合的图案，在最后一个锚点双击即可完成绘制。

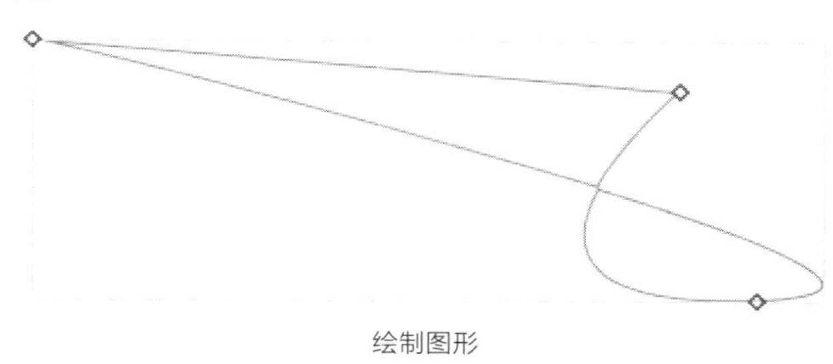

绘制图形

路径是钢笔绘图的基础，需要详细了解路径的各组成部分，下图标出了路径各部分的名称。

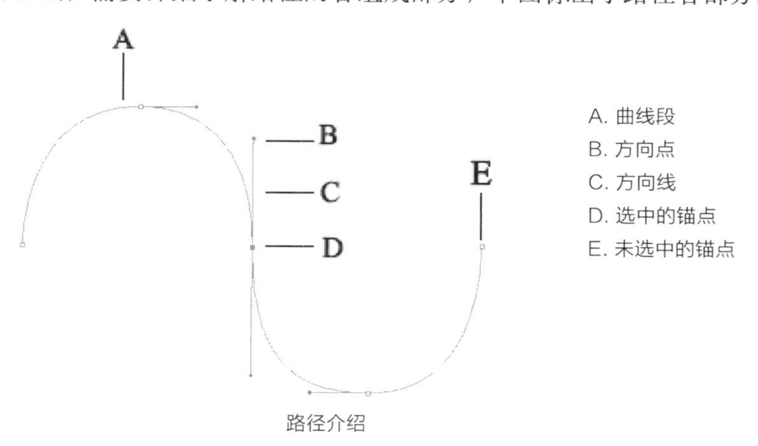

路径介绍

- **曲线段：** 曲线段是路径的一部分，路径是由直线段和曲线段组成的。
- **方向点：** 通过拖动方向点，改变方向线的角度和长度。
- **方向线：** 方向线的角度和长度固定了其同侧路径的弧度和长度。
- **锚点：** 路径由一个或多个直线段（或曲线段）组成，锚点是这些线段的端点。被选中的曲线段的锚点会显示方向线和方向点。

2.5.2 转换锚点类型

锚点分为两种，一种是平滑点，另外一种是角点，平滑点连接可以形成平滑的曲线，如下左图所示；角点连接形成直线，如下中图所示；或者形成转角曲线，如下右图所示。

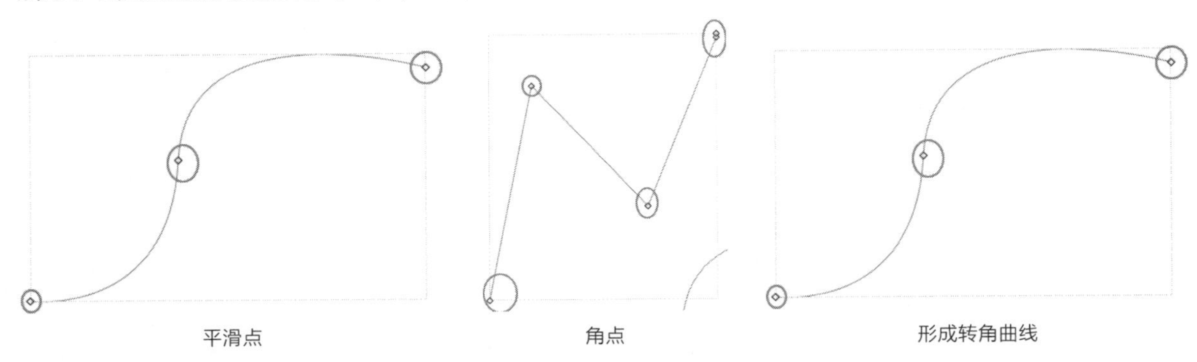

平滑点　　角点　　形成转角曲线

转换锚点类型也很的简单，用鼠标右键单击目标锚点，弹出快捷菜单，从中选择相应选项即可，如下图所示。也可以用鼠标左键双击锚点，实现曲线与直线切换。

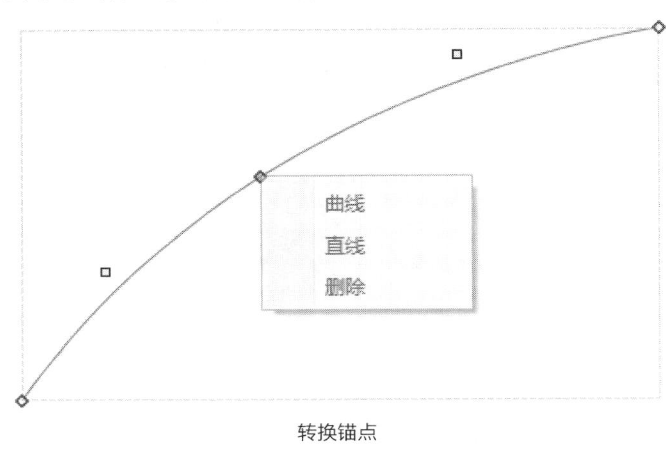

转换锚点

2.5.3 使用钢笔工具编辑图形

下面通过一个小案例来讲解钢笔工具的应用，实现将菱形图案编辑为心形图案。先利用钢笔工具大体绘制一个菱形图案，如步骤一图所示。然后用鼠标左键双击红圈的直线锚点，将其转换为曲线锚点，如步骤二图所示。再单击最上方的锚点，出现两个黄色小方框，按住Ctrl键的同时用鼠标左键将小方框拖动到如步骤三图所示的位置处。最后将最上方的锚点拖拽至如步骤四图所示的位置上，完成绘制。

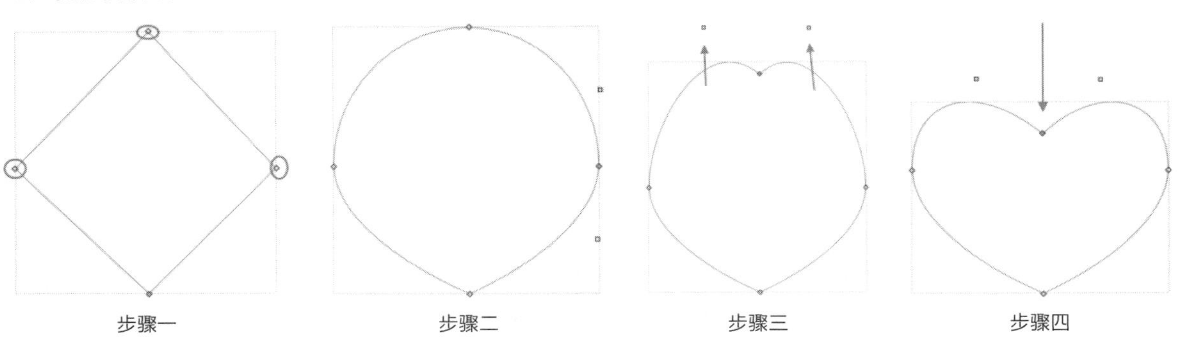

步骤一　　步骤二　　步骤三　　步骤四

案例 使用钢笔工具绘制眼睛

选择钢笔工具在页面工作区任意一点单击定位第一个锚点，再次单击定位第二个锚点，位置高于第一个锚点并横向拖拽。单击定位第三个锚点，与第一个锚点水平对齐。单击定位第四个锚点，与第二个锚点垂直并横向拖拽。单击第一个锚点闭合，完成绘制，如下左图所示。再次选择钢笔工具，单击第二个锚点作为起点。单击定位第六锚点，与第三个锚点平齐并纵向拖拽。单击第四个锚点，并纵向拖拽。单击定位第七个锚点，与第六个锚点平齐并纵向拖拽。最后再次单击第二个锚点闭合，完成绘制，如下右图所示。

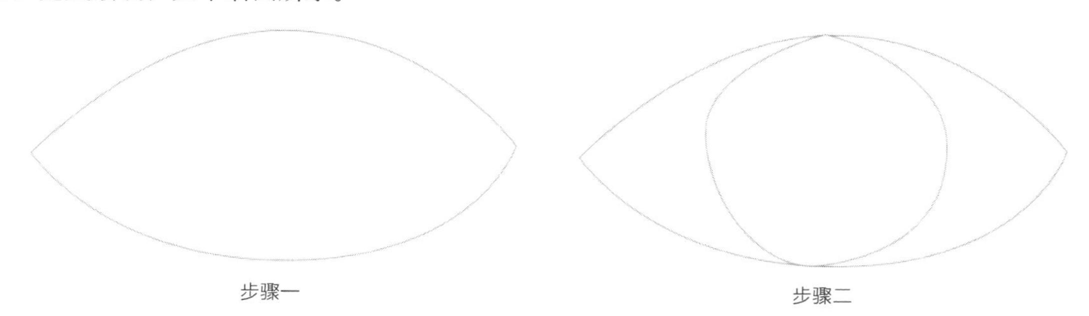

步骤一　　步骤二

2.6 母版面板

母版不是Axure所独有的功能，我们在编辑PPT的时候就会经常用到母版。母版就好比印章，将内容固定后可以重复使用。

向页面工作区中拖入几个元件，如下左图所示。全选该页面的内容，单击鼠标右键，弹出如下中图所示的快捷菜单，选择“转换为母版”，打开“转换为母版”对话框，设置新母版名称及母版的摆放位置，如下右图所示。

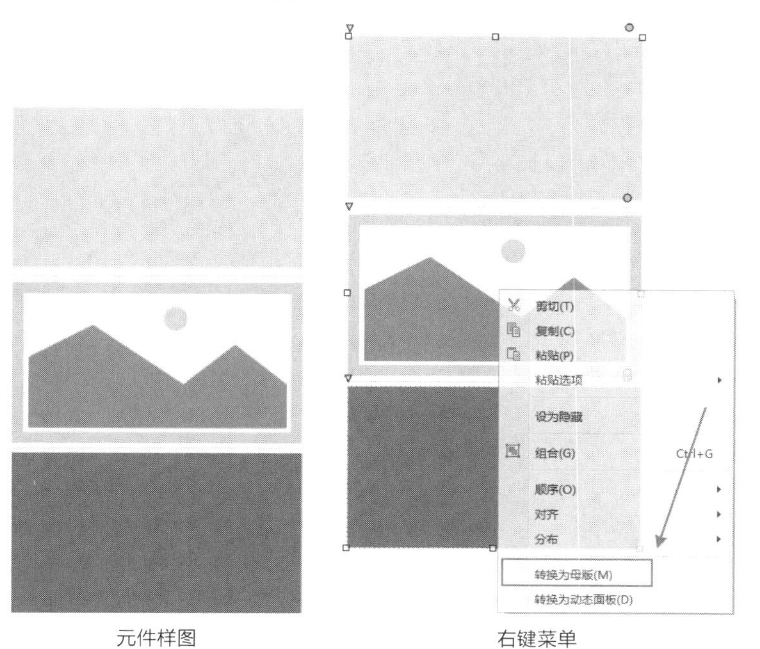

元件样图　　右键菜单

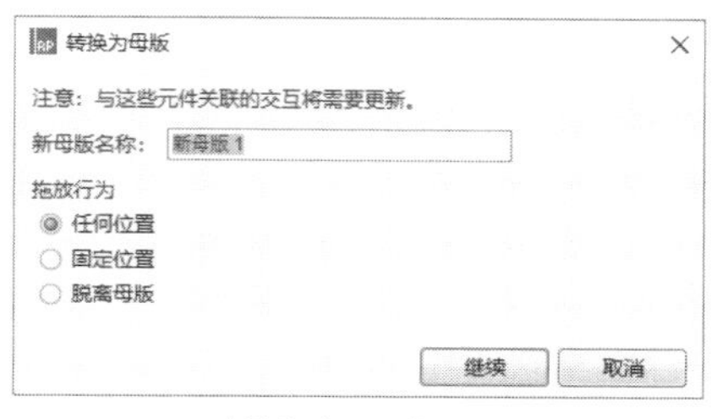

“转换为母版”窗口

如上右图所示配置完成后，单击“继续”按钮，这时菜单栏中“母版”下就会增加一个新的内容，如下左图所示。同时原来的元件变为暗红色，如下右图所示。

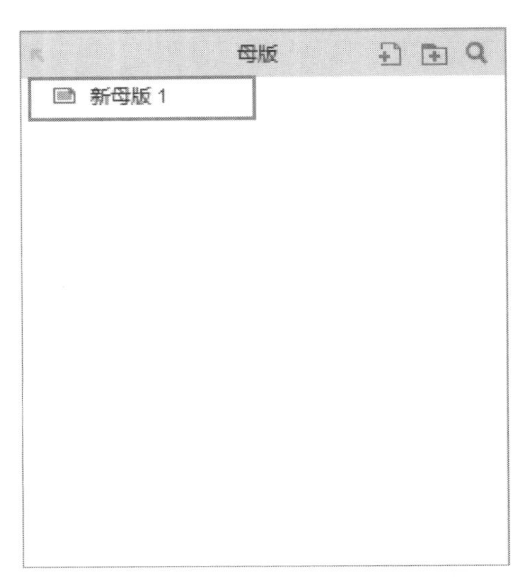

新转换的母版

母版

要在其他位置使用该页面的内容时，可以把该母版的内容当作一个元件直接拖到页面的指定位置即可，需要使用母版的时候直接拖到空白处即可，如下图所示。

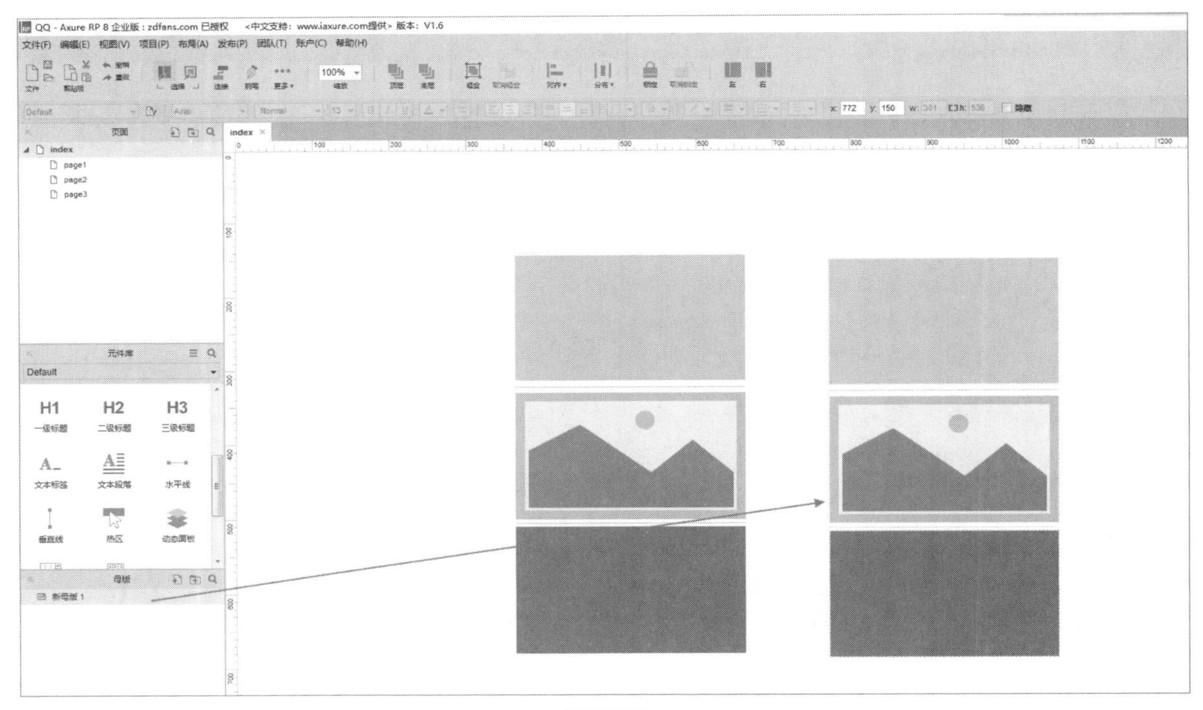

使用母版

如果要修改母版的内容，直接用鼠标左键双击，修改内容后所有用到母版的相应的内容就全部更新了，这样就不必逐一进行修改，可以简化操作。

母版的拖放行为有任意位置、固定位置、脱离母版三种类型。

- **任意位置：**普通的模版，就是一般的复用母版，是默认创建的行为，不能在页面中直接进行修改。
- **固定位置：**当把母版调用到页面时会放置底层并且锁定，经常用于创建head、 foot等明确定位的复用模版。
- **脱离母版：**这种母版类似于自创一个组件，在拖到页面后可以对其编辑修改，独立于母版。

2.7 页面工作区

页面工作区是编辑原型的地方，同时也是第一时间展现原型的地方。下面简单介绍一下页面工作区的工作环境。

2.7.1 自适应视图

自适应视图是指编辑多种分辨率的原型，在设备中查看时，系统会根据自身分辨率自动与分辨率相适合的原型进行匹配并显示出来。自适应视图可以通过“项目”菜单的“自适应视图”选项进行设置。在菜单中选择“自适应视图”后，会打开“自适应视图”窗口，在该窗口中进行相应设置即可，如下图所示。

设置自适应视图

继承是指当前视图的内容来源于某一视图，当原来视图添加内容时，当前视图内容会随之添加。而原视图删除或编辑内容时，不会影响当前视图中独有的或者已改变过的内容。

视图可以继承自其他视图，也可以继承自基本视图。例如智能手机视图继承于平板电脑视图，高分辨率视图继承于基本视图，低分辨率视图继承于高分辨率视图。

案例 添加自适应视图

执行“项目”>“自适应视图”命令，弹出“自适应视图”窗口，单击+按钮添加自适应视图，设置预设为平板模式、名称为平板横向、条件为“<=”、宽为1024、高为不限、继承于为平板横向（基本），如下左图所示。单击“确定”按钮添加完成，在页面工作区的右边会出现一条紫色的“线”表示视图边界，如下右图所示。

添加自适应视图

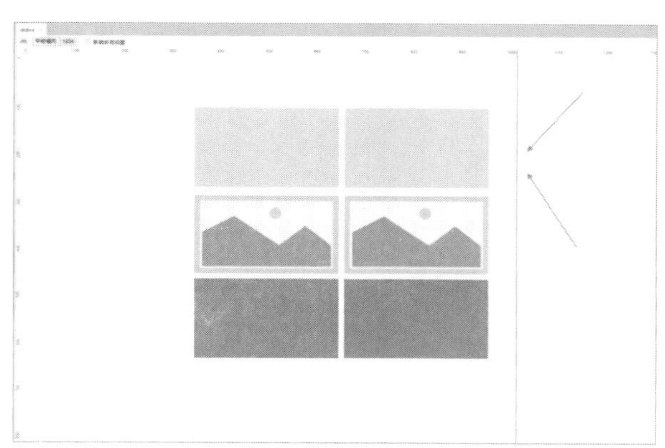

视图效果

2.7.2 标尺

标尺的作用是准确定位参考线，也可以用来度量元件的大小，确定元件的位置。如下图所示，红色框内为标尺。

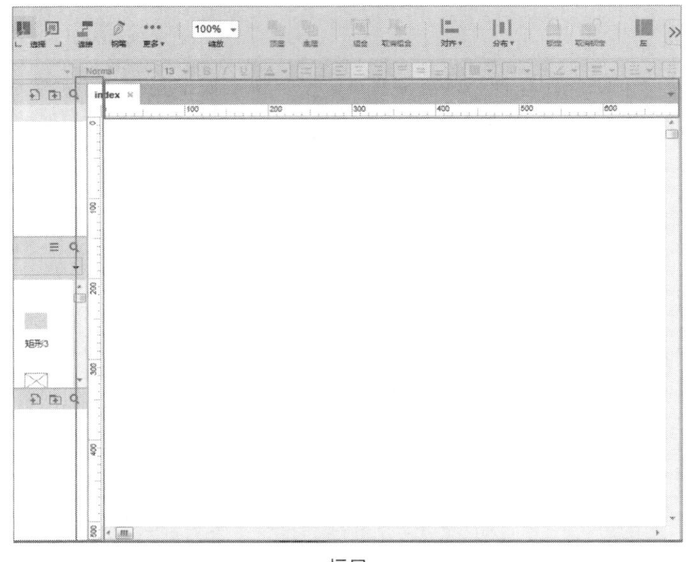

标尺

2.7.3 辅助线

辅助线可以帮助确定元件的位置，是通过与标尺的对应而建立的。另外，辅助线不会被预览，也就是不会在原型上显示，所以用户可以移动、删除、隐藏或锁定辅助线（执行“布局-栅格和辅助线-锁定辅助线”命令，科技锁定辅助线）。将光标移到水平标尺上，按住鼠标左键并向下拖动，可拖出水平辅助线，采用同样的方法也可以在垂直标尺上拖出垂直辅助线，如下图所示。

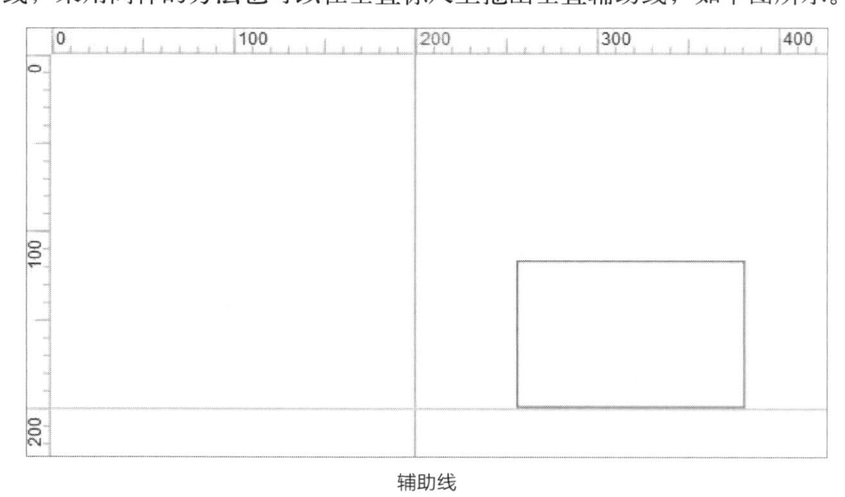

辅助线

如果要移动辅助线，将光标放在辅助线上，当光标变为状时，按住鼠标左键并拖动，即可移动辅助线。

利用上述方法创建的辅助线是页面辅助线，如果按住Ctrl键的同时重复上面的操作，再次创建的辅助线是默认为紫色的全局辅助线。如果是全局辅助线，那么在所有的页面中都会在同一位置看到这条辅助线。页面辅助线只存在于创建辅助线的页面中。

2.7.4 创建辅助线

有时候需要创建有一定规则的辅助线，如创建一个拥有12列的辅助线，并且列与列之间的宽度为60、间距宽度为20、边距为10，可以执行以下操作实现。

执行“布局”>“栅格和辅助线”>“创建辅助线”命令，弹出“创建辅助线”窗口，设置预设为960 Grild：12Column，如下左图所示。

然后设置列数、列宽、间距宽度、列边距、行数、行高、间距高度、行边距等，如下右图所示。所有参数设置完成后单击“确定”按钮，即可完成创建。效果如下图所示。

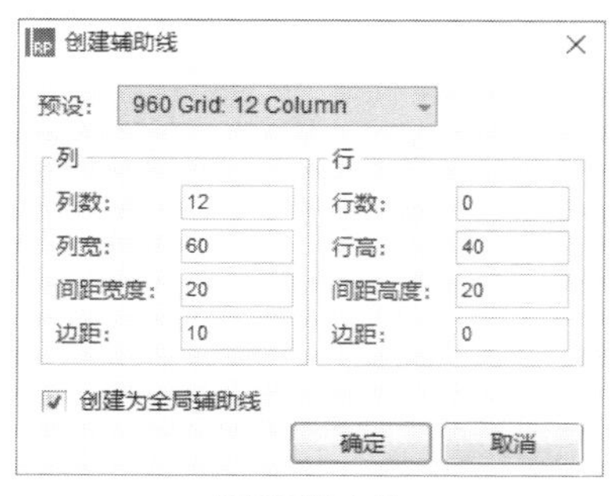

设置相关参数

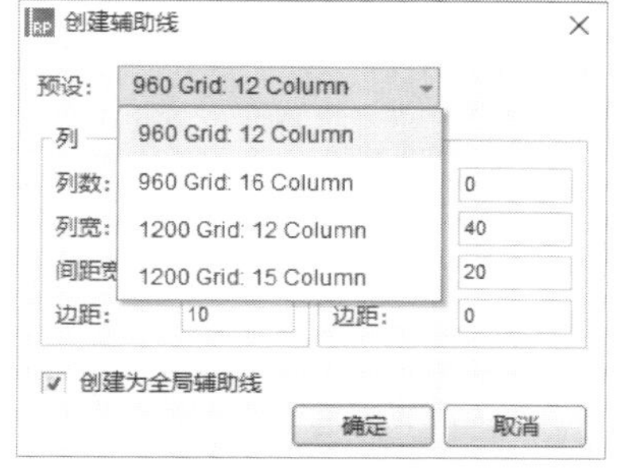

预设

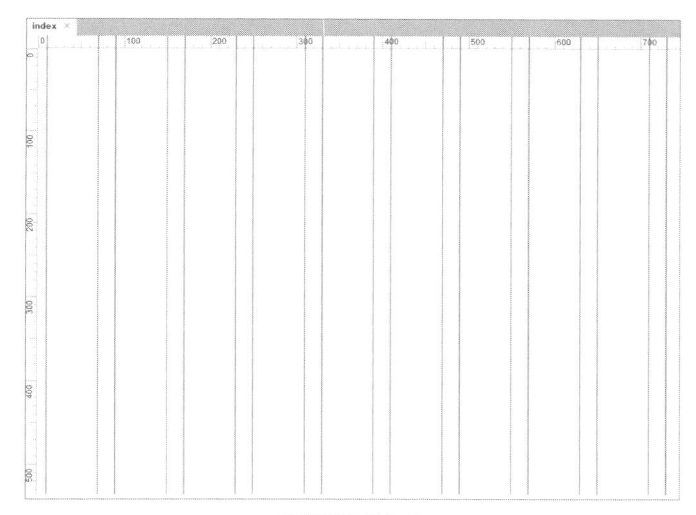

预设辅助线效果

2.7.5 设置辅助线

辅助线和Axure中的元件一样具备一定的属性。为了更好地使用Axure RP办公，Axure提供了设置辅助线的功能，可以自定义辅助线的属性，具体步骤如下。

执行“布局”>“栅格和辅助线”>“设置辅助线”命令，弹出“网格设置”窗口，如下左图所示。

可以在该窗口中设置全局辅助线、页面辅助线、自适应视图辅助线、打印辅助线、对齐辅助线、锁定辅助线、底层辅助线的显示与隐藏。另外还可以设置全局辅助线、页面辅助线、自适应视图辅助线、打印辅助线的样式等，如下右图所示。设置完成后单击“确定”按钮即可。

打印辅助线，就是将辅助线内的内容全部打印出来，而辅助线以外的内容不会被打印。锁定辅助线，表示辅助线不允许修改。对齐辅助线，表示元件靠近辅助线时会自动与辅助线对齐。底层显示辅助线，表示辅助线可以被元件遮挡，辅助线一直处在最底层的位置。始终在标尺中显示位置，是指辅助线在标尺的位置，即在标尺上显示数值。

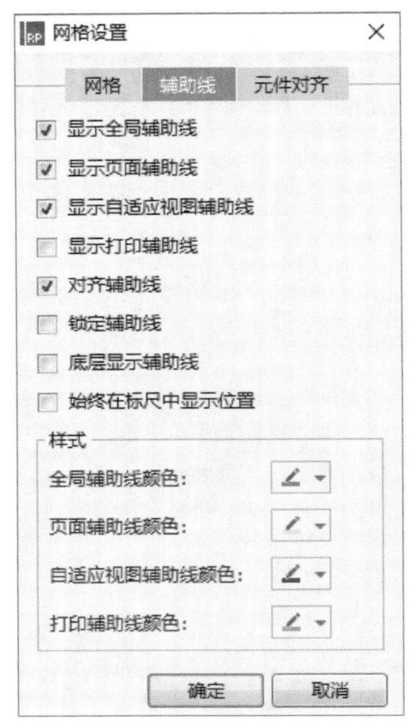

设置辅助线

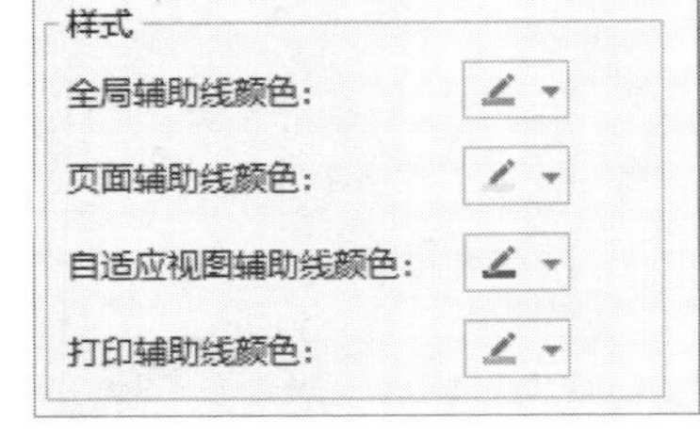

设置辅助线样式

2.7.6 使用网格

Axure默认的界面是不显示网格的。没有网格在制作原型的时候不方便对齐，所以建议将网格显示出来，便于组件对齐和布局。

执行“布局”>“栅格和辅助线”>“显示网格”命令，即可显示网格，或使用快捷键“Ctrl+ ’”也可显示网格。显示网格的效果如下左图所示。

和辅助线一样，可以根据需求设置网格的样式。执行“布局”>“栅格和辅助线”>“网格设置”命令，弹出“网格设置”窗口，可以在该窗口中设置网格的显示、网格的样式（交叉点或线的形式）、网格的间距与颜色，设置完成后单击“确定”按钮即可，如下右图所示。

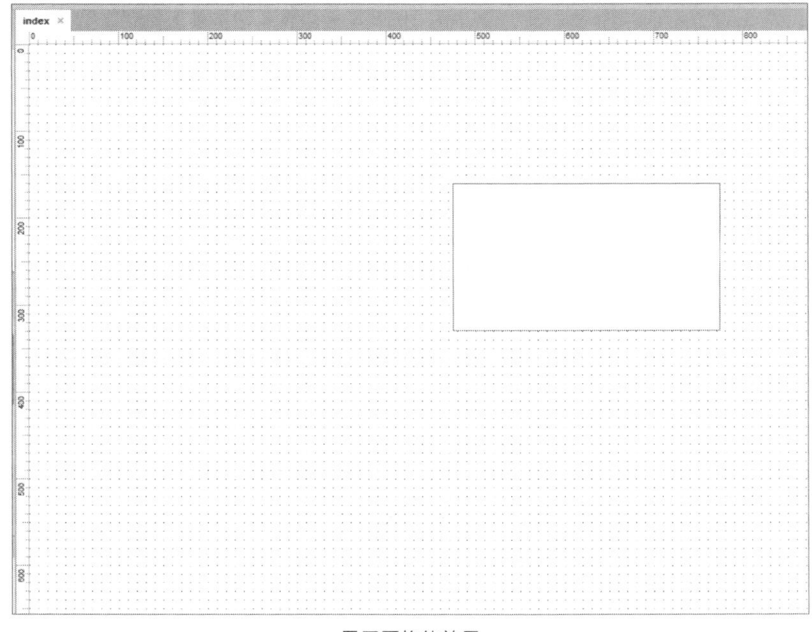

显示网格的效果

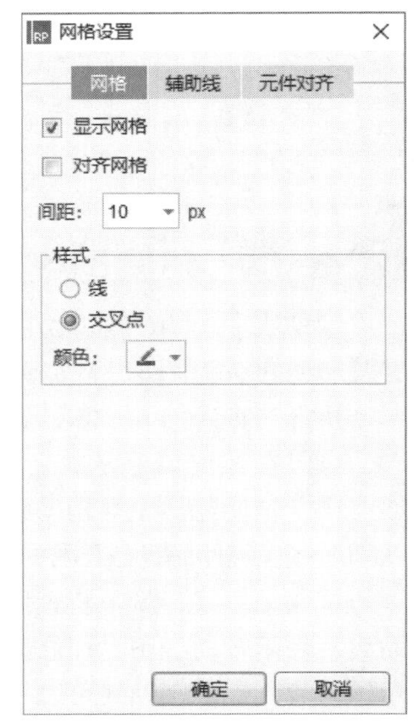

网格设置

2.8 检视面板

检视面板是检视页面与元件的面板。检视面板由三部分组成，分别是属性、说明与样式，可以在检视面板中修改相关信息，还可以通过这三部分检视页面与原型。下面重点说明属性与样式的功能与设置。

2.8.1 检视页面的属性标签

在页面工作区单击，在窗口右侧的检视：页面面板的属性标签下即可设置页面的属性，可以给页面添加交互，以及设置页面的自适应视图启用或关闭，如下面两图所示。

对于如何给页面添加交互，实现与页面相关的交互效果，将在本章章节的案例中进行讲解。

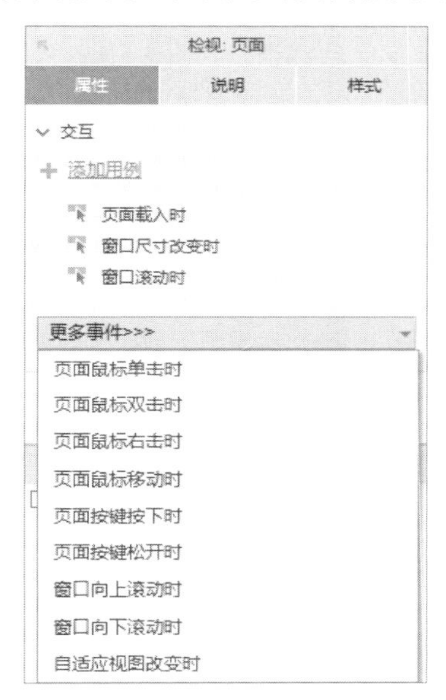

检视页面属性

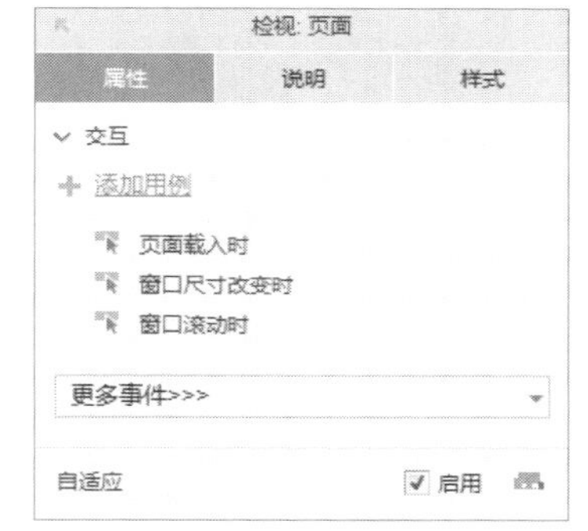

自适应启动

2.8.2 检视页面的样式标签

样式标签是目标元件样式的信息面板，可以进行查看与修改。单击检视面板中的“样式”标签，即可打开样式设置界面，如右图所示。各项设置介绍如下。

检视页面样式

- **选择页面样式方案：** 可以单击页面样式编辑的按钮，设置多种页面样式的方案，保存在页面样式列表中，然后在页面样式列表中选择使用。
- **页面排列：** 有两个选项，默认为居左显示，也可以更改为居中显示。一般在设计Web原型时，都会选择居中显示。这两个选项的效果只有在页面预览或生成后进行查看时才能看到相应的效果。
- **背景颜色：** 可以像给元件设置填充颜色一样给整个页面添加背景色。单击“导入”按钮，可以导入本地的图像文件，然后通过下面的对齐设置可以进行水平和垂直的对齐调整。如果图像需要重复，还可以进行重复的设置。重复效果里面有两个需要注意的选项就是填充和适应，填充是指根据图片的原始比例（宽：高）对应浏览器窗口的当前比例，当宽高比变大时，图片宽度与窗口宽度保持一致，而高度按原始比例进行缩放。当宽高比缩小时，图片高度与窗口高度保持一致，而宽度按原始比例进行缩放。例如，图片原始比例为16:9，当浏览器尺寸为1200×900时，宽高比变小，这时背景图片尺寸为1600×900；当浏览器尺寸为1200×600时，宽高比变大，这时背景图片尺寸为1200×675。

- **草图效果：** 拖动标尺能够让页面中的一些元件变成手绘草图效果，标尺越向右侧拖动草图效果则越明显。
- **页面颜色：** 能够设置页面的颜色效果，有两个选项，第一个是彩色效果，第二个是黑白效果。
- **字体系列：** 能够统一设置页面中的字体系列，如宋体或微软雅黑。
- **线段宽度：** 能够统一增加页面中元件边框以及线段的宽度。适应与填充相反，是指根据图片的原始比例（宽：高）对应浏览器窗口的当前比例，当宽高比变大时，图片高度与窗口高度保持一致，而宽度按原始比例进行缩放；当宽高比缩小时，图片宽度与窗口宽度保持一致，而高度按原始比例进行缩放。例如，图片原始比例为16:9，当浏览器尺寸为1200×900时，宽高比变小，这时背景图片尺寸为1200×675；当浏览器尺寸为1200×600时，宽高比变大，这时背景图片尺寸为1067×600。

2.8.3 检视元件的属性标签

单击元件，检视：（元件名）面板即切换为检视元件的属性标签。元件的属性包括给元件添加交互的设置、文本链接、交互样式、引用界面的启动与选中等，如下图所示。

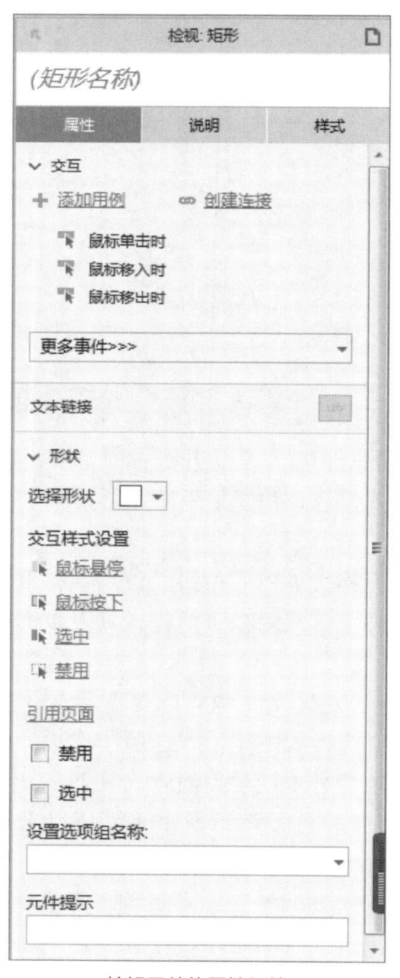

检视元件的属性标签

2.8.4 检视元件的样式标签

检视元件样式的标签中可以设置的内容与功能区最下面的内容几乎一样，如下左图所示。可以参照前面的内容理解元件的样式标签。

- **位置与尺寸：**设置元件在页面工作区的（x,y）坐标、长宽尺寸，⊡图标表示锁定长宽比。还可以调整元件的水平翻转、垂直翻转、自适应长宽等，如图所示下面调整按钮。
- **元件样式管理：**设置元件样式与管理元件样式。
- **填充信息：**设置元件填充的颜色信息。
- **阴影：**阴影分为外部阴影与内部阴影，可以设置阴影的偏移角度、模糊程度与阴影颜色，如下面的阴影设置图所示。
- **边框：**设置边框的样式、颜色、线宽、边框可见性以及箭头的样式，如下面的边框设置图所示。
- **圆角半径：**设置圆角半径的大小，以及控制某一个角是否为圆角，如下面的圆角选择图所示。单击某个角会在圆角与直角间转换。

检视元件的样式标签

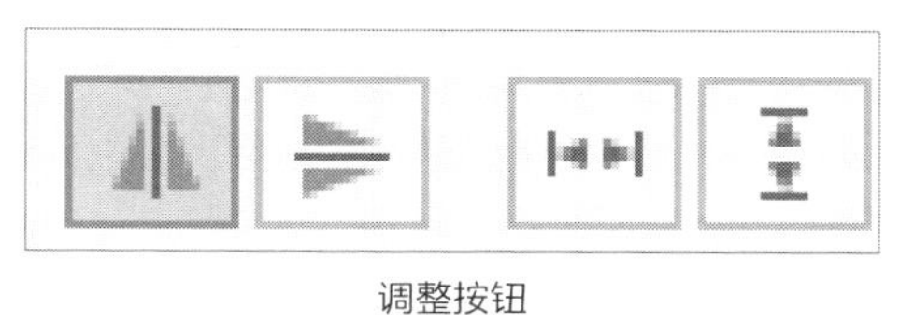

调整按钮

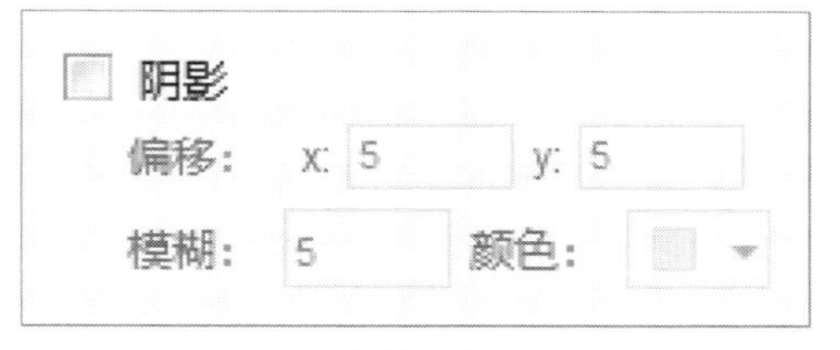

阴影设置

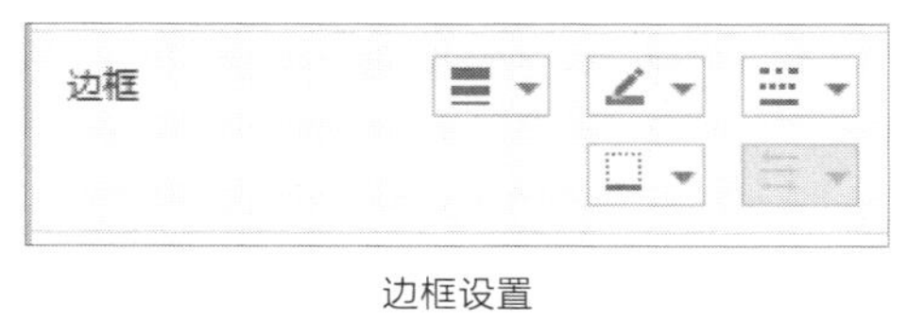

边框设置

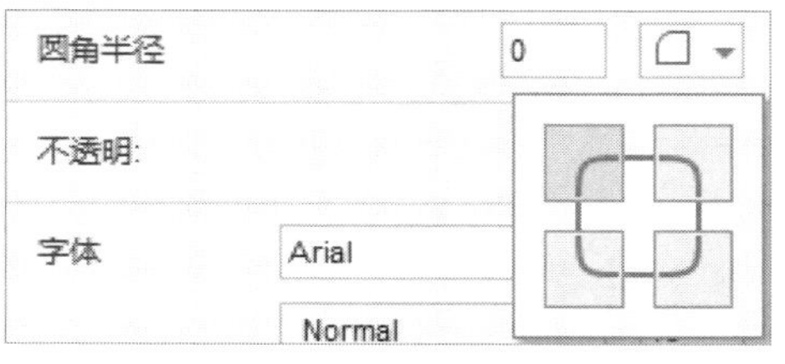

圆角选择

- **不透明度：**设置元件的不透明度。
- **行间距：**设置文本的行间距。
- **项目符号：**添加与取消元件的项目符号。
- **对齐方式：**设置文本的对齐方式。

案例 新建元件样式

Step 01 打开Axure RP，执行“文件”>“新建”命令，新建一个项目文件。在元件库中选中矩形1，按住鼠标左键将其拖到页面工作区内，如下图所示。

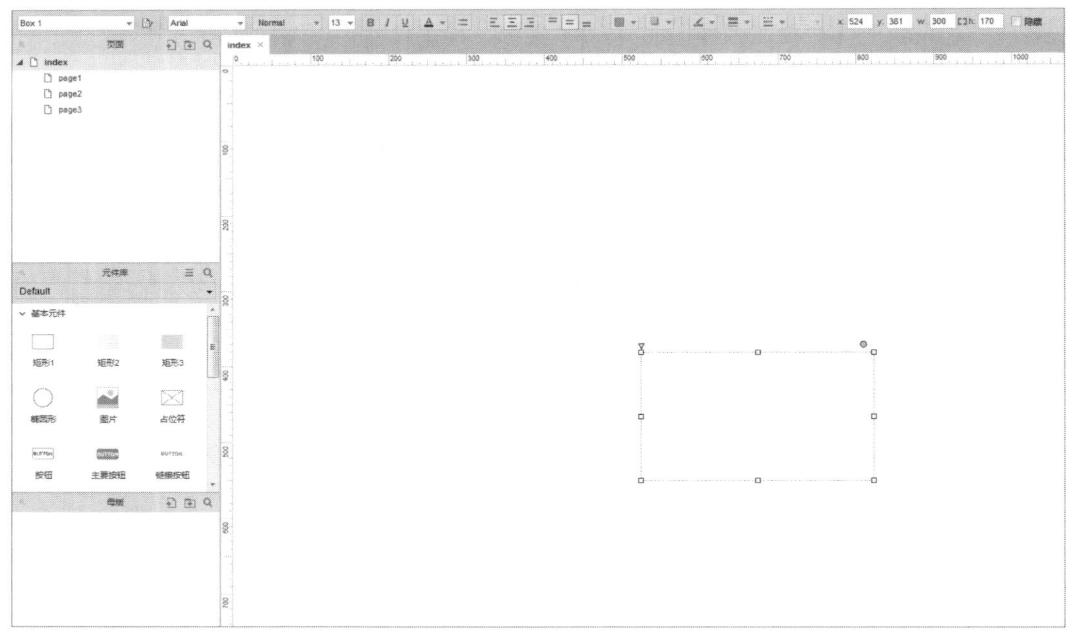

拖入矩形1

Step 02 单击右侧检视面板样式标签页面中的管理元件样式按钮，弹出“元件样式管理”对话框，如下左图所示。

Step 03 在“元件样式管理”对话框中单击添加按钮，添加新的样式，并命名为“新元件样式”；在样式属性中设置样式，如下右图所示。设置完成后单击“确定”按钮完成元件样式的创建。

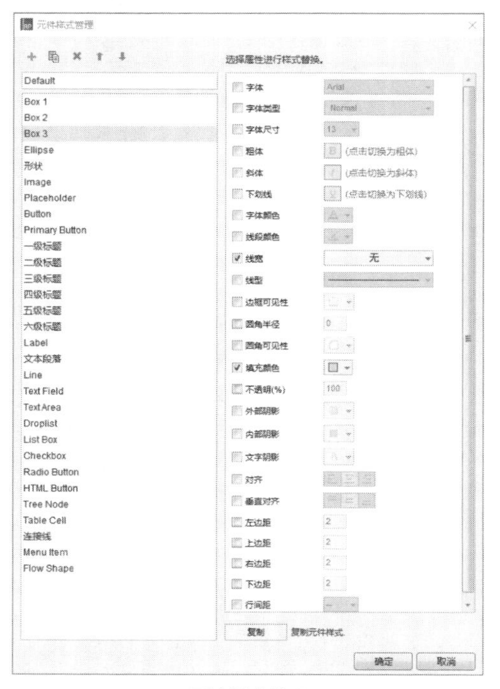

元件样式管理

新建元件

Step 04 在样式标签的元件样式下拉列表中即可看到新添加的元件样式，如下图所示。

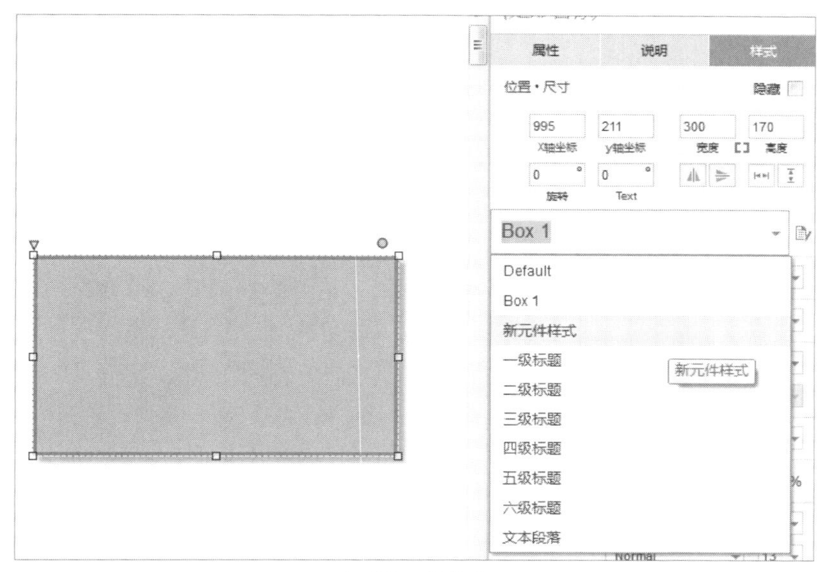

新建的元件样式

2.9 概要面板

在Axure RP中界面的右下角是概要面板，这个面板很常用，页面中所有的元素都能在这个列表中找到。单击概要面板中的元件，画布中也会同步选中，如下左图所示。

当页面中元件过多或互相遮挡的时候，通过概要面板能够方便选中元件。另外，在该面板中还可以为元件重命名，选中元件列表中的某项，再次单击该列表项元件名称则变为可编辑状态，输入新名即可。而直接双击某个列表项，如果是形状类元件，则可以直接编辑元件上的文字；如果是图片元件，则可以进行默认图片的导入。

概要面板中还提供了搜索和筛选的功能，可以通过输入元件名称搜索到元件，搜索过程与在元件库中搜索元件的步骤一样。也可以只显示满足筛选条件的元件，单击筛选按钮，弹出筛选列表，选择相关项进行筛选即可，如下右图所示。还可以设置排列顺序，可以选择顶层到底层排列顺序与底层到顶层的排列顺序。

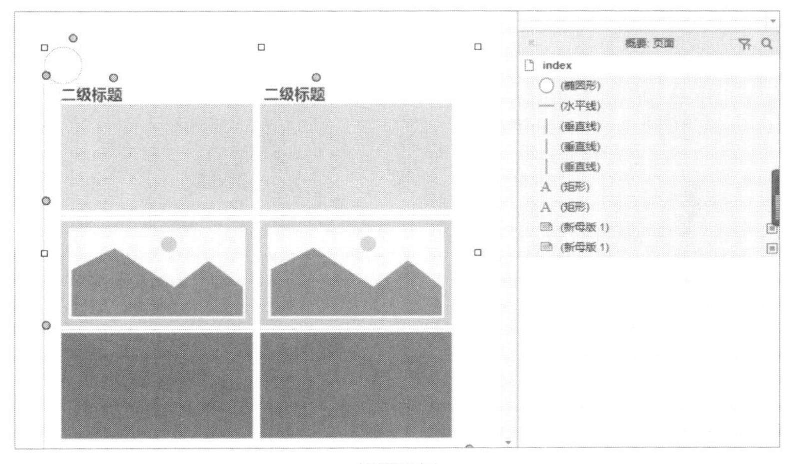

概要面板

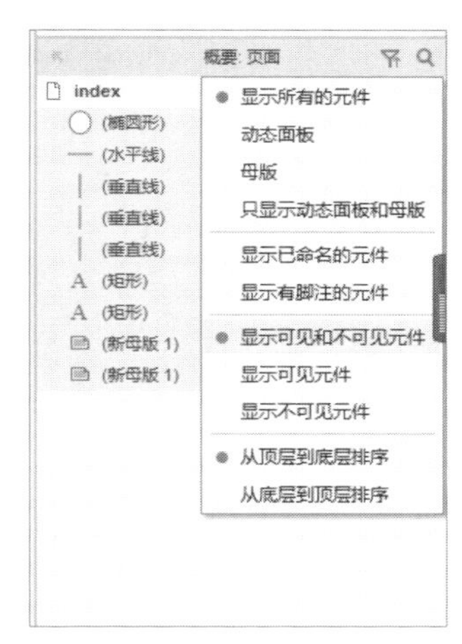

概要筛选

2.10 保存文件及文件格式

制作完成原型必然需要进行文件的保存，下面来了解一下文件的保存以及文件的格式的相关内容。

执行“文件”>“保存”命令，即可保存文件。第一次保存文件时会弹出“另存为”窗口，在“另存为”窗口中选择保存路径与文件名，然后单击“保存”即可，如下图所示。也可以使用快捷键：“Ctrl+S”保存文件。

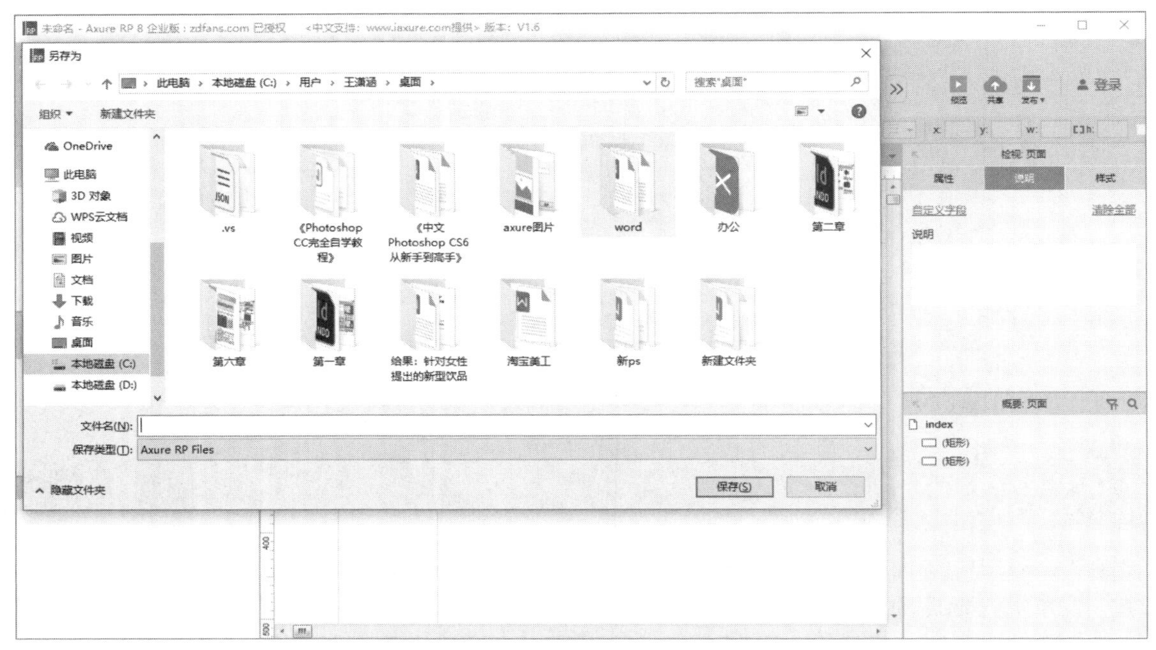

保存文件

2.11 导入RP元素

Step 01 打开Axure RP 8软件，执行“文件”>“从PR文件导入元素”命令，弹出“打开”窗口，如下图所示。

“打开”窗口

Step 02 选择练习RP文件，单击“打开”按钮，会出现“导入向导”对话框，勾选要导出的页面，本例单击全选按钮 ，然后单击Next按钮，如下图所示。

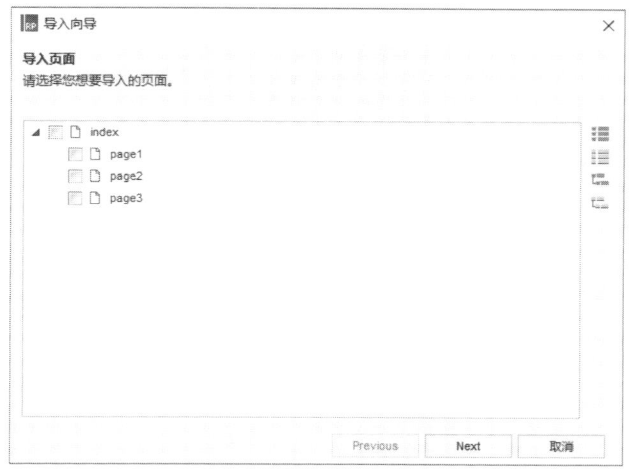

“导入向导”窗口

Step 03 按照提示根据需求选择导入的母版、载入的检查、载入的自适应视图、导入页面说明字段、导入的元件说明及自定义字段、导入的页面样式、导入的元件样式、导入的变量、导入的全局辅助线、导入的摘要等，如下面图所示。

导入母版

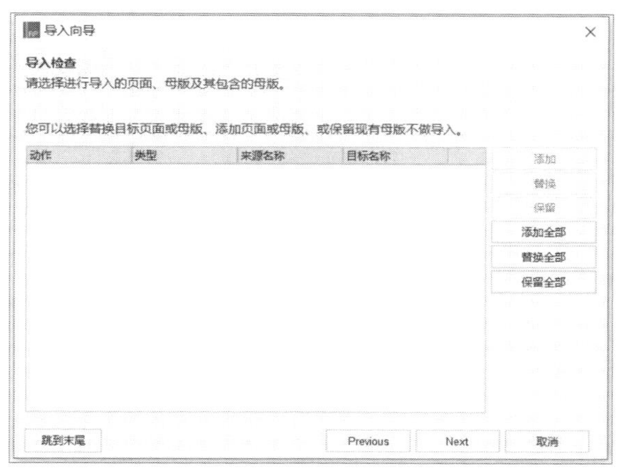

导入检查

导入自适应视图

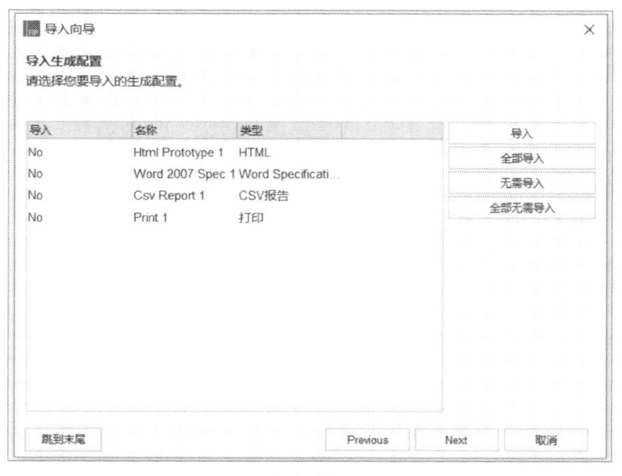

导入生成配置

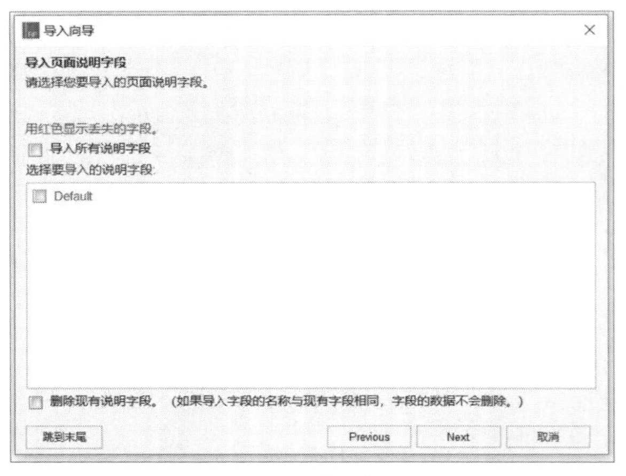

导入页面说明字段

导入元件说明

导入页面样式

导入元件样式

导入变量

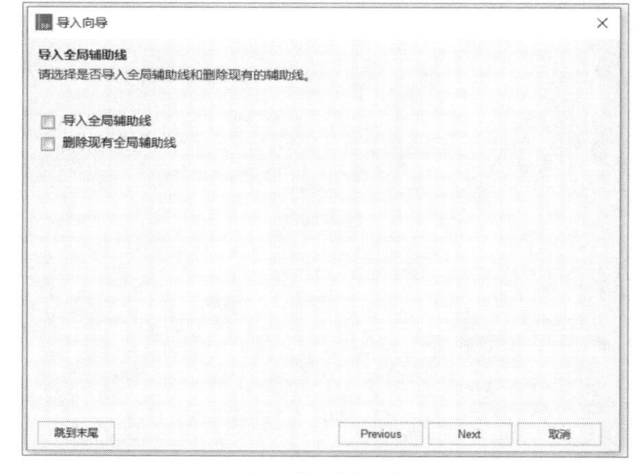

导入全局辅助线

提示：

导入文件的顺序可以通过单击上下按钮进行调整。

Step 04 按照提示单击 Next按钮，最后一步单击“完成”按钮，导入RP元素完成，如下图所示。

导入完成

案例 制作简易的登录与注册界面

Step 01 启动Axure RP 8.0，新建文件，重命名页面，如下左图所示。

Step 02 设置自适应视图。执行“项目”>“自定义视图”>“预设”>“手机纵向”命令，设置高为1280，宽为720，单击“确定”按钮，如下右图所示。

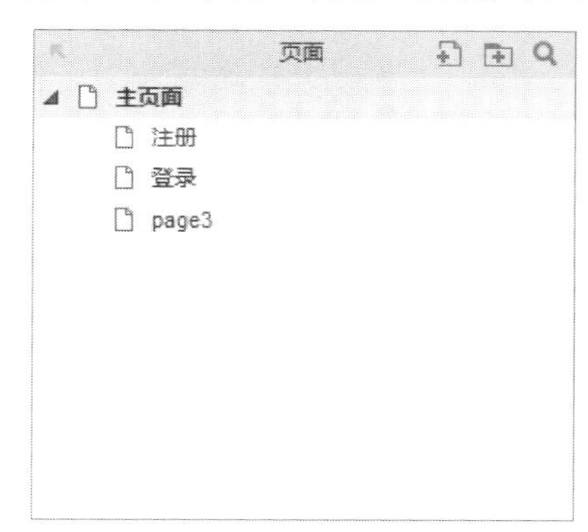

页面编辑

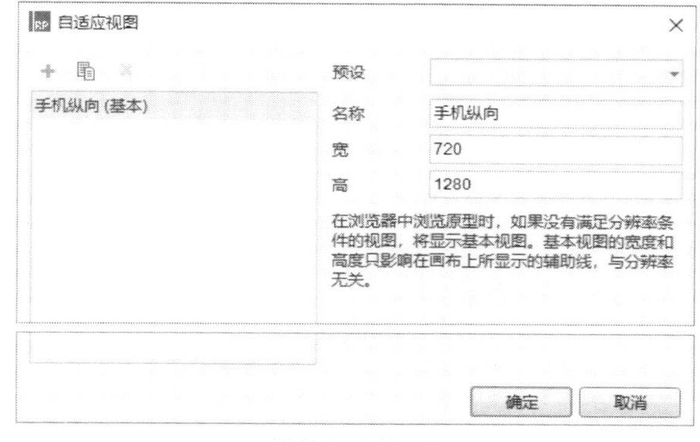

设置自适应视图

Step 03 设置页面属性启用自适应：单击页面工作区，按住Ctrl的同时滚动鼠标滚轮，调整页面至适合大小，如下图所示。

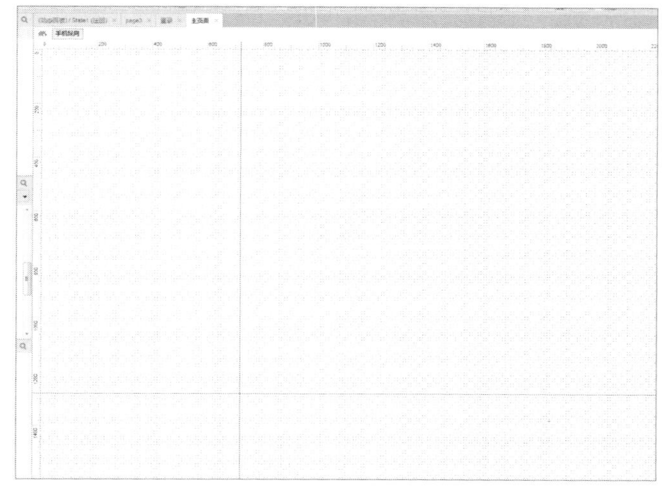
调整视图

Step 04 在主页添加图片元件、两个主要按钮元件。先导入图片，双击图片元件，在“打开”对话框中选择目标图片，然后单击“打开”按钮，即可插入图片。再调整图片覆盖整个显示视图，如下左图所示。

再添加两个按钮元件，调整按钮元件的圆角半径为20，并设置按钮的尺寸与位置：宽度为240，高度为70，X轴坐标为1603，Y轴坐标为1182，如下中图所示。

选中左侧按钮元件，设置其填充色为白色。然后重新编辑按钮元件的文字，白色按钮为“登录”，蓝色按钮为“注册”，如下右图所示。

导入图片并布满视图

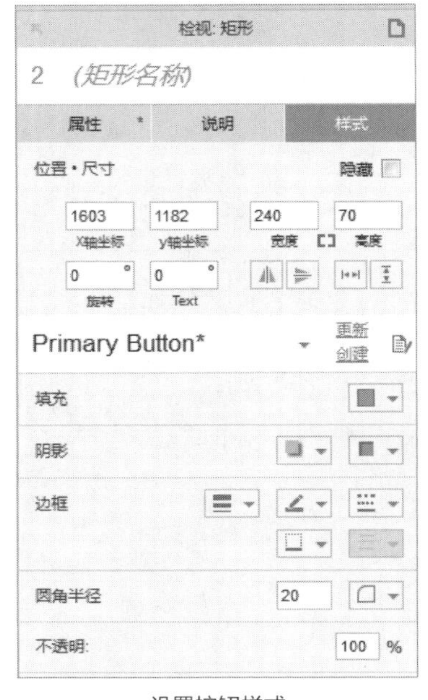

设置按钮样式

按钮样式

Step 05 设置单击按钮的交互效果。单击注册按钮，在检视面板的属性标签中，设置交互为“创建连接”>“注册页面”。按照同样的方法设置登录按钮连接至登录页面。

Step 06 双击页面面板中的注册页面，页面工作区跳转至注册页面。

Step 07 制作注册页面中的昵称、密码、确认密码文本框。首选在注册页面中添加文本框元件，然后

调整文本框样式，宽为538、高为44。设置文本框属性，提示文字为“昵称”。选中文本框元件按住Ctrl键的同时向下拖动文本框，复制两个文本框元件，将复制的文本框中提示文字分别设置为“密码”与“确认密码”，如下图所示。

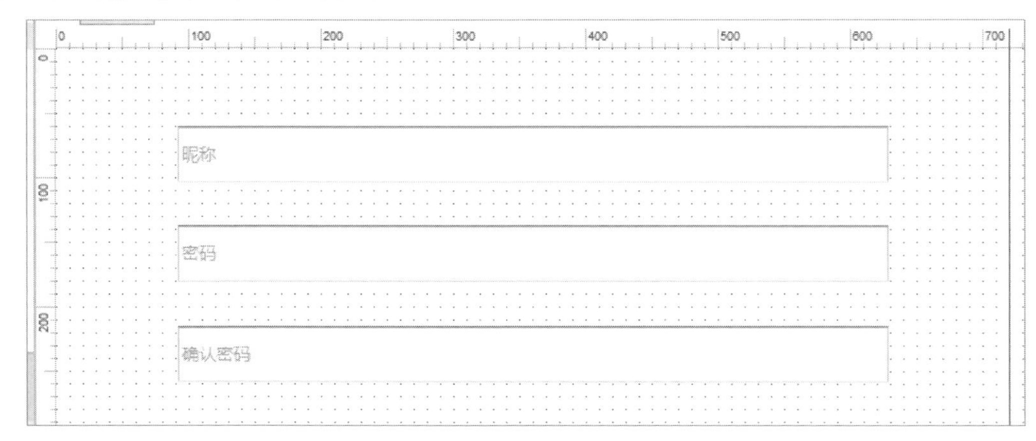

制作文本框

Step 08 制作注册页面中的性别单选项。添加两个单选按钮元件，编辑单选按钮内文字，分别为“男”和“女”。然后在单选按钮前添加文本标签，编辑文字为“性别：”，如下左图所示。

选中单选按钮，在检视面板的属性标签下设置单选按钮组名称为“性别”，如下右图所示。

性别单选项　　设置单选按钮组名称

Step 09 制作注册页面中的爱好复选框。添加两个复选按钮元件，编辑复选按钮内文字分别为“吃”和“玩”。然后在复选按钮前添加文本标签，编辑文字为“爱好：”，如下左图所示。

Step 10 制作注册页面中的个性签名多行文本框。添加多行文本框元件，在多行文本左上方添加文本标签，编辑文字为“个性签名：”，如下右图所示。

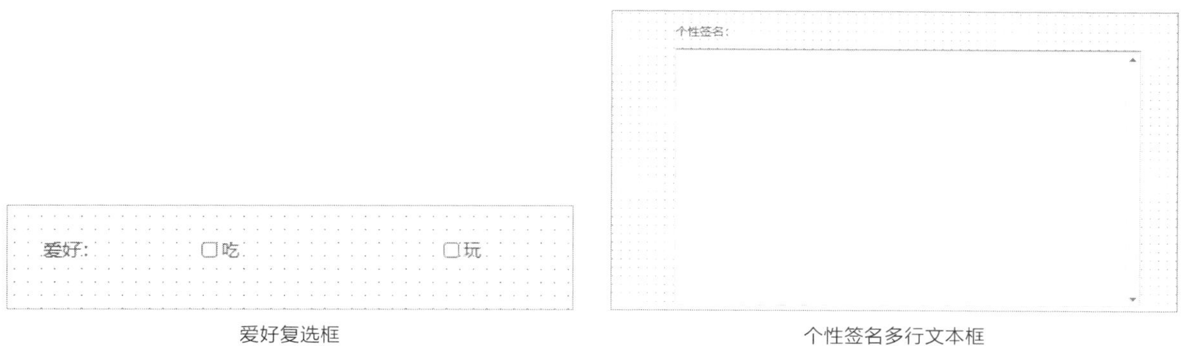

爱好复选框　　个性签名多行文本框

Step 11 制作注册页面中的家庭住址下拉列表框。添加下拉列表框元件，右键单击元件，选择“编辑列表项”，打开“编辑列表选项”对话框，单击添加按钮，添加下拉列表项，设置名称为“北京”。再次单击添加按钮，添加多个选项，完成后单击“确定”按钮，如下左图所示。

调整下拉列表框样式，宽为538、高为44，然后将其调至合适的位置。

Step 12 设置注册页面的验证码。添加文本框元件，调整文本框样式，宽为538、高为44，并调至适合的位置。

在文本框下添加动态面板元件。双击动态面板，弹出“管理动作”面板窗口，双击“Stare1”选项，页面工作区跳转至动态面板页面编辑页。页面工作区虚线框内为可显示的部分，导入图片“验证码”，并使其布满整个显示区域，如下右图所示。

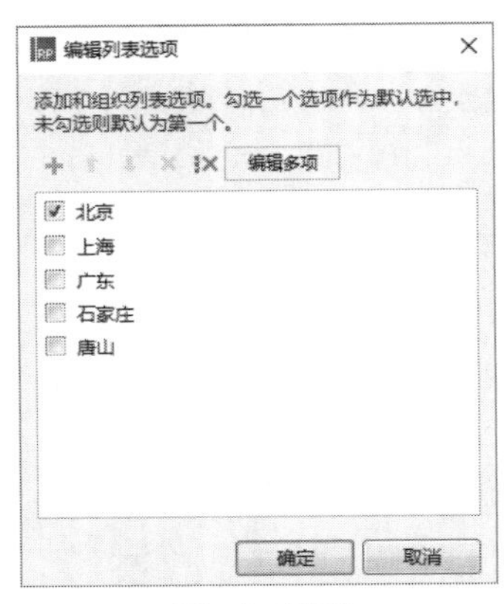

添加多个选项

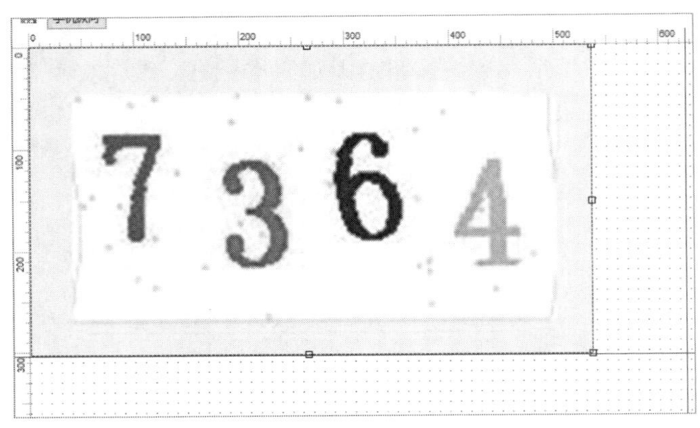

设置验证码

返回注册页面，设置动态面板载入时为隐藏。单击动态面板，在检视面板的属性标签下双击“页面载入时”，打开“用例编辑<载入时>”对话框，在“元件”下选择“显示/隐藏”下的“隐藏”选项，然后在“配置动作”中勾选“（动态面板）隐藏”选项，确认隐藏动态面板，单击“确定”按钮，如下图所示。

设置鼠标单击时隐藏动态面板

设置单击文本框显示验证码。单击文本框，在检视面板的属性标签下双击“鼠标单击时”，打开“用例编辑<鼠标单击时>”对话框，在“元件”下选择“显示/隐藏”下的“显示”选项，然后在“配置动作”中勾选“（动态面板）”选项下的“（图片）显示”，确认单击文本框时显示验证码图片，单击“确定”按钮，如下图所示。

设置事件载入时显示动态面板

Step 13 设置提交按钮。添加提交按钮元件，位置按钮宽为240、高为40，调整提交按钮位置在验证码文本框下，如下图所示。再将新建提交按钮连接至主页面。

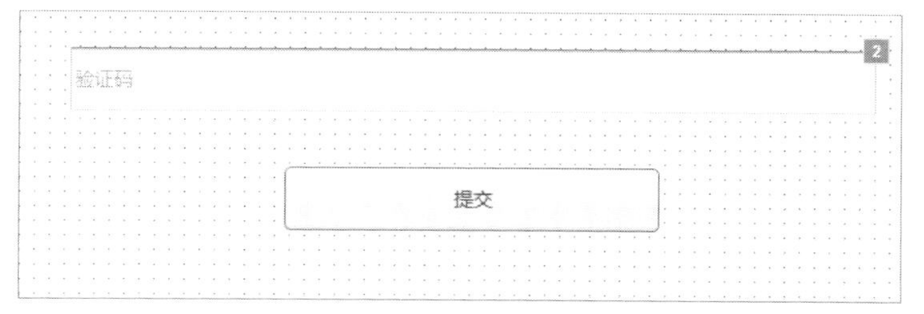

设置提交按钮

Step 14 制作登录页面。双击页面面板中的登录页面，页面工作区跳转至登录页面。

添加图片元件，导入图片“头像1”，调整图片为圆形。单击图片元件，在检视面板的样式标签下设置宽为240、长为240，圆角半径为120，调整后效果如下左图所示。

添加文本框元件，设置文本框文本改变时图片改变。单击文本框，在检视面板的属性标签下双击“文本改变时”，打开“用例编辑<文本改变时>”对话框，在“元件”下选择“设置图片”选项，然后在“配置动作”中勾选“Set（图片）”，单击Default下的“导入”按钮，导入图片“头像2”，单击“确定”按钮，如下右图所示。

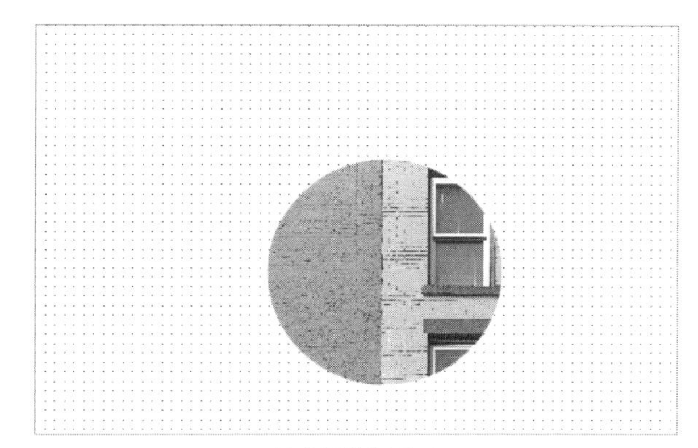

调整图片为圆形

设置文本框文本改变时图片改变

设置文本框提示文字为“昵称”。重新添加文本框元件，调整大小与第一个文本框一致，设置文本框提示文字为“密码”，调整位置在昵称提示框下。再添加提交按钮元件，设置按钮宽为240、高为40，调整按钮位置在密码文本框下，重新编辑提交按钮内文字为“登录”，如下图所示。

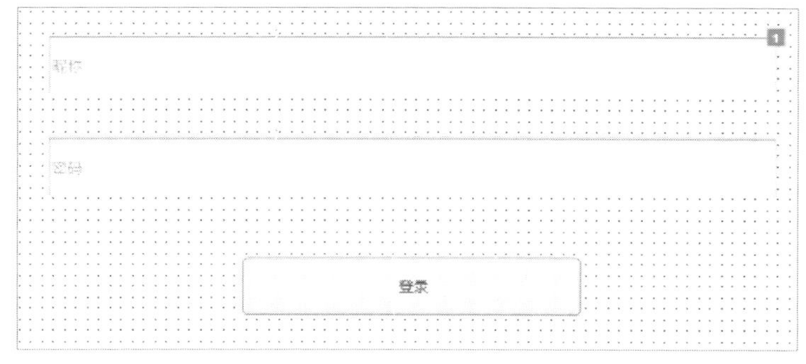

调整位置

返回主页面，单击右上方预览选项进行预览，预览没问题后保存，完成案例制作，最终效果如下面图所示。

主页面

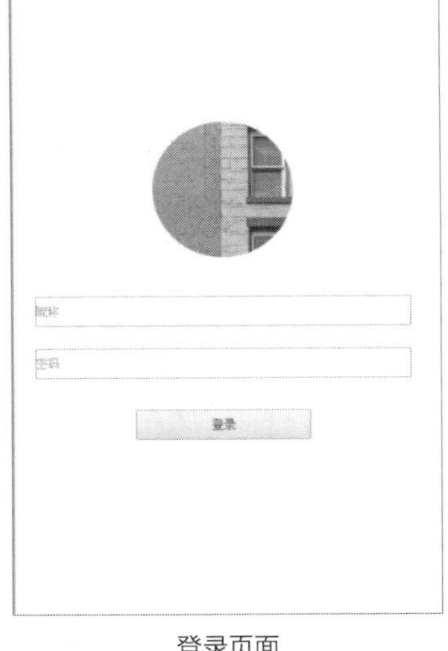

登录页面

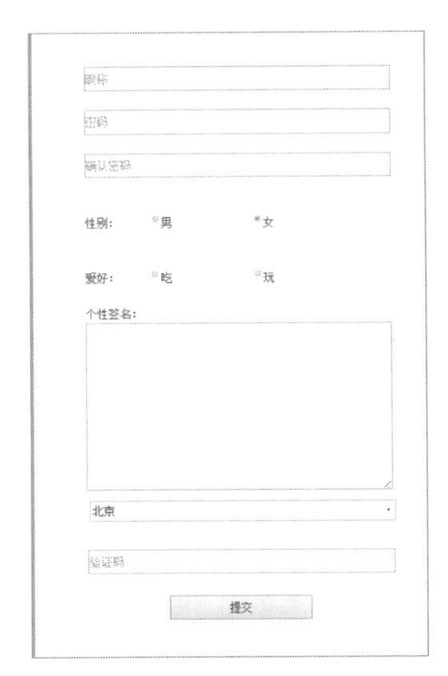

注册页面

2.12 课后练习

（1）页面的父子级关系是指什么？

（2）说明添加元件到页面工作区的步骤。如何添加元件的文字提示？编辑文字与重名的方式有哪些？

（3）菜单的种类有几种？各自的区别是什么？

（4）圆角半径的设置方式有哪些？请分别举例说明。

（5）说明各个元件的用途。

（6）请根据下图中的标号写出Axure工作页面中各部分的名称及用途。

（7）根据本章最后的案例尝试制作微信启动页面与QQ聊天界面。

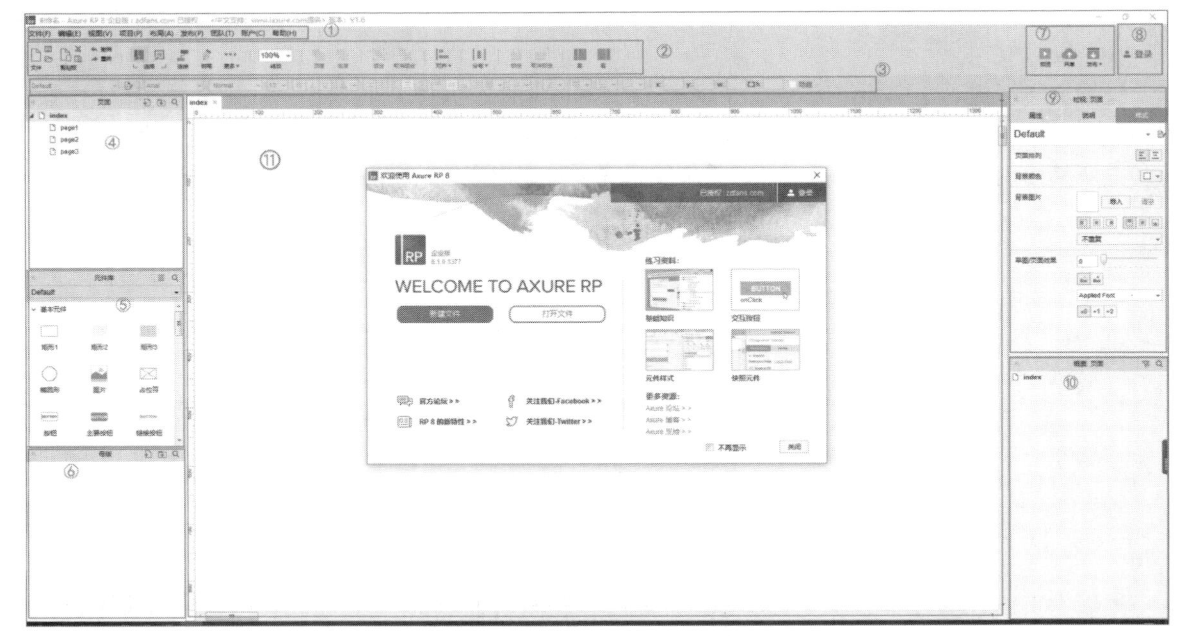

Axure工作页面

Chapter 03

掌握Axure RP的使用技巧

前面章节中我们已经熟悉了Axure RP的工作环境，主要包括工作界面、元件的编辑与使用、页面编辑、钢笔工具的使用以及各种面板的使用。本章我们将学习Axure的一些使用技巧，这些技巧在原型制作中经常会用到，熟练掌握这些方法能够大大提升原型图制作的效率。

3.1 通用的原型设计原则

原型设计的门槛并不高，而Axure作为一个工具性质的软件也非常容易上手，但是掌握了Axure并不代表可以做好原型图，过度炫技或过度将就都背离了原型制作最初的目的，都不能称之为一个优秀的原型图。除了掌握Axure的使用技巧外，还要牢牢把原型设计的原则放在第一位。

❶了解受众和意图

产品设计过程中要始终把目标群体、应用场景放在第一位，对应的原型设计在设计之初就需要确认本次原型设计的受众群体以及他们对原型设计的要求和意图。这是原型设计最关键的一步，只有确定设计的重心，才能真正实现原型设计的目标。

不同的产品迭代步骤，不同的受众群体，对产品原型的着重点有明显的差异。投资者更注意产品的商业模式，把原型图做得过度在意细节反而会让投资人看不到重点。而产品的真实用户更注重原型设计对应的核心功能，与竞品间的差异化，可以满足用户的哪些需求，为什么一定是这个产品不可。能够真正了解受众和意图之后，会帮助我们选择合适的保真度、展示方式等。

❷稍加规划再做原型

在动手制作原型图之前一定要进行规划，先对第一个原则进行分析，确定原型设计的界面模块，每个部分要做到几级页面。另外，在一些基础的设计规范上要达成一致，例如产品的主色调等，在规划之后进行制作可以降低返工的概率。

❸设定期望

在了解目标群体和展示意图，并有了一定的规划之后，需要为本次原型设计提出合理的期望，引导大家在原型制作中关注的重点，减少不必要的争论，避免在不该浪费时间的问题上进行讨论。

❹可以绘制草图

低保真度的手绘原型也好，线框图原型也好，虽然不够美观和详细，但是可以帮助设计人员理清思路，简要的解释和说明也是必不可少的。利用线框图构建出软件的大致结构，利用交互效果来表达用户的实际操作方式，低保真原型能在有限时间内完整清晰地表达出软件的实际功能。团队内部进行需求评审，线框图原型即可，确保线框图能如实、全面地反映页面元素，对需要重点、突出显示的信息进行标注。

❺原型不需要模糊美

一些视觉设计稿讲究留白，要给观众留下想象空间。但是制作的原型是以实用为目的，要多站在受众的角度上思考问题，简单、可用、易上手，不要让用户去猜测背后的设计意图，思考的每一秒都会成为他们不耐烦的原因，会让用户满意度降低甚至不再使用。

❻ 如果做不出原型，就用假的

有时来不及做一个完成的原型设计，或者对于平台型的产品来说，没有真实的案例进行使用，遇到这些情况，我们需要在第一条原则的基础上进行简化或者编造一些案例。原型设计稿并不是真实的产品，只要能够满足演示需求，展示受众真正关心的点，那这次原型设计的目的就达到了。

❼ 只对需要的东西做原型

同样是站在受众的角度思考本次原型设计应该有的界面、应该认真对待的界面，而其它通用性的界面，或受众群体不是非常关心的界面可以只做到一级或二级。在不被关注的页面上下功夫是对人力、物力的严重浪费，我们应只对需要的东西做原型。

❽ 降低风险，尽早并经常做原型

产品设计是一个非常庞大的工程，从竞品分析到功能蓝图、需求列表等，每一步都有可能是颠覆性的再创造。与产品设计对应的它的原型设计也会进行不断地修改和调整。在原型制作中一定要尽早并经常制作原型，采用迭代的方式一次解决一部分功能点，不断改进和完善原型，在制作过程中早发现问题并解决问题，减少投入并降低风险。

3.2 移动互联网原型设计原则

上面我们介绍了基本的产品原型设计原则，移动互联网的产品也需遵守上述原则。与此同时，移动互联网的产品也因其所在的移动设备特性、快速迭代的互联网背景，具有一些特殊的原型设计原则。移动互联网产品原型也是原型设计中最常见的一个模块。

❶ 产品设计者应是产品的重要用户

移动互联网时代，每个人都有可能是该产品的用户，作为产品的设计者更应将自己作为产品的用户进行思考，站在用户的角度去考虑问题，确定该产品的使用场景。在产品设计过程中不断使用，为产品设计提出意见和改进思路。产品的设计者应是对该产品最熟悉的人，也是重要的用户，只有这样才能更多地思考用户体验、产品的核心价值，让该产品具有核心竞争力。

❷ 在每一个页面考虑用户在该页面能获得什么

应用市场中铺天盖地的各种App充斥在每个人的移动设备中，如果一个页面并不能让用户得到他想要的东西，那他很有可能会去别的应用。每个页面都应有它存在的理由，以及它能满足用户所需的功能。分析发现很多用户都是上下班途中看小说，那么考虑推出听小说的页面，对用户无用的界面应该果断砍掉，用处很小的界面放在底层，既可以满足不时之需，又不至于分散用户注意力。

❸ 用最合适的方式显示信息

产品设计中要把易用性放在首位，以最简单、直接、高效的的方式展示用户想知道的信息，不盲目地为了美观多设置页面，也不展示多余的信息干扰用户视线。

❹ 考虑移动互联网设备的特殊性

移动互联网设备大多屏幕小，一次只能显示一个页面，对耗电量、内存等有要求。而同一个产品需要考虑到在不一样的屏幕大小、分辨率、操作系统等问题的可扩展性。同时我们也应充分利用移动设备的指纹识别、摄像头、麦克风、3D touch等的优势。

❺实在想不明白，就看看别人怎么做

互联网时代产品较多，不管是不是同类产品，都有一些通用性的功能和页面可以参考和借鉴。这里不是说可以进行抄袭或者雷同设计，只是通过参考帮助整理思路，能够更快、更好地确定设计思路。

❻从简单产品开始

产品设计是一个复杂而漫长的过程，设计团队可以先制作一个简单的、同时可以展现核心竞争力的产品，根据用户意见、数据分析等方式进行意见整理，在之后的版本中不断改进。移动互联网时代高速迭代效率也使得产品从简单到复杂不断加入新功能成为一种更有效、更高效的设计方式。一味地等到功能都完善再推出可能早已失去抢占市场的先机，而且如果其中一部分功能不被用户接受再重新修改的代价较大。

❼将美好的情感融入产品

移动互联网时代是一个快节奏的时代，每个用户的时间都很宝贵，多带着给人们带来便利的角度进行设计，并投入产品细节，会更容易得到用户的偏爱。

❽内容和形式同样重要

很多被大家认为是颠覆性产品的设计并没有太多新的元素加入，只是换了一种更易被用户使用、获得信息的展示形式，Pinterest的瀑布流、Apple的iOS操作系统、抖音的全屏小视频等都是换了一种形式，却带来了意想不到的效果。当然，优质的内容才是能够真正留住用户的因素，两者同样重要。

❾数据分析和用户分析同样重要

不管是设计初期还是产品迭代过程中，数据分析和用户分析都同样重要，不可偏颇。多注重数据在某个固定的周期或日期出现规律性波动，结合实际情况分析可能反映出一种应用场景，以及很多隐形需求，即用户有需要但表述不出来的需求，或用户无法公开表达的需求。只有注重全面的需求分析才能让产品更容易获得大家的认可。

3.3 原型设计的技巧

在对产品设计原则有了基本的把握之后，对原型设计进行规划、通过草图绘制了解基本思路，并对设计的关键因素进行确定之后，就要开始正式的原型图设计了。

3.3.1 做好准备工作

❶明确目的

与原型设计原则中的第一条相同，在设计最初就应该明确本次原型设计的目的、受众人群、受众群体的意图，不同的目的对应的原型设计重点应有区别。明确目的后，即可确定原型设计的展示形式，并确定制作哪些页面。

❷一致性

关于原型的设计应该保持页面一致，尤其是对于团队协作的设计工作室。设计稿的主色调、logo、icon的类型等一些通用的页面展现形式都应保持统一，不把个人主观色彩强加在产品设计中，保持一致性。

❸ 规范性

针对不同的操作系统、屏幕大小，有不同的展示形式，在原型制作中应采取一致的页面展示，但在设计中也应考虑到特殊情况下该如何处理，使得我们的产品是一个普适性的产品，可扩展性强的产品。

最后，就可以打开Axure，新键文件进行原型图的设计了，如下图所示。

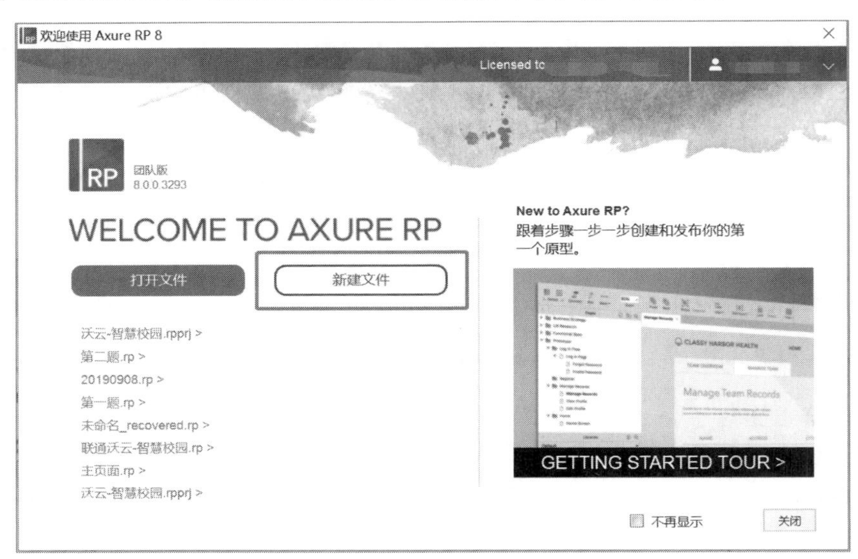

新建文件

根据要完成的原型图的结构，新建页面，要多注意使用文件夹功能，让整个原型图的结构清晰明了，便于后续修改和调整。以智慧校园App的页面设计为例，效果如下图所示。

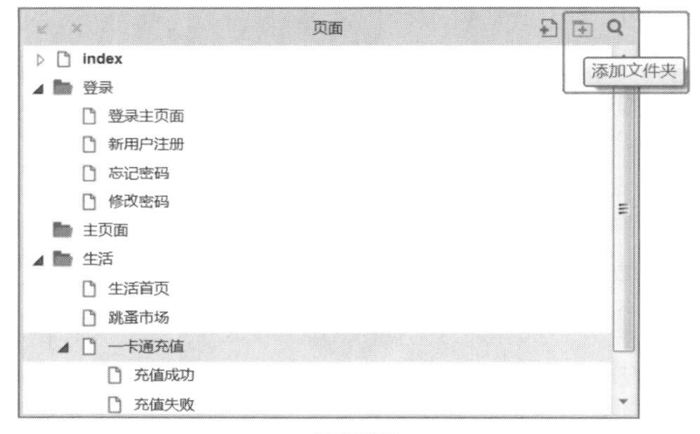

新建页面

3.3.2 元件重命名

在原型设计中，很多元件重复使用的现象经常发生，尤其是在页面较多较复杂的情况下。有时甚至还会出现页面重叠在一起的情况，此时元件重命名非常重要，可以帮助我们更快地确定这个元件是在哪个子页面，它对应的位置、显示的信息等。虽然Axure有自带的显示功能，当光标悬停在这个元件上时，会显示对应的元素，但页面重叠时或很久之后再次修改时，元件的重命名仍然是最直接有效的提示方式，如下左图所示。

元件重命名之后会在概要页面进行信息展示，括号内表示使用的是哪种元件，光标悬停会显示预览图。同时也要学会把相关元件放在一起，放进一个文件夹中并重命名，便于对整个原型图页面进行管理。元件组合重命名方法为：选中相关的元件，右键单击，选择“组合”，则这些元件会放在一个文件夹下；再在检视窗口进行重命名即可，如下右图所示。

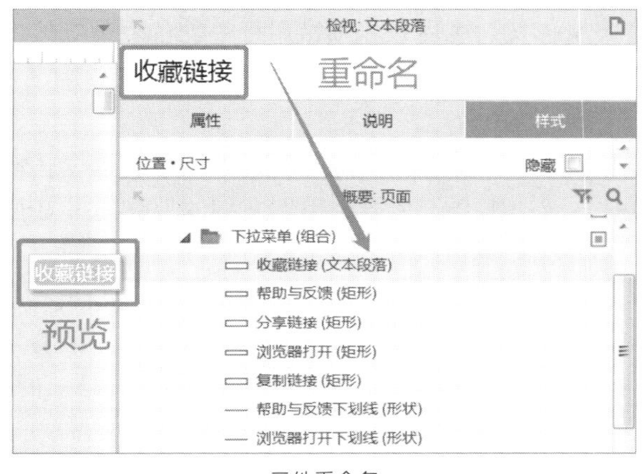

元件重命名

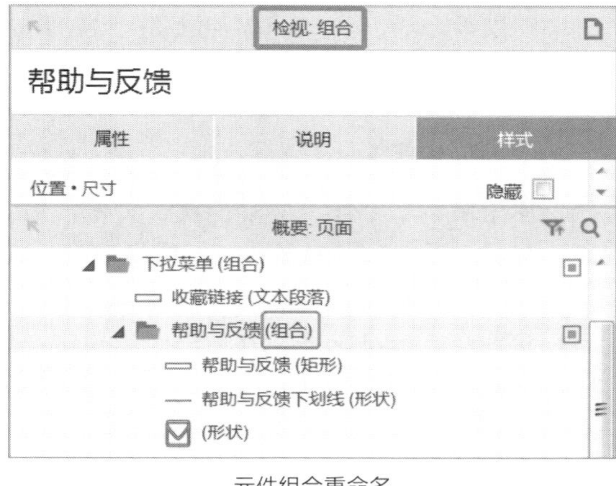

元件组合重命名

3.3.3 全面考虑用户需求

原型图一般分为低保真原型图和高保真原型图，低保真原型利用线框图构建出软件的大致结构，利用交互效果来表达用户的实际操作方式，低保真原型能在有限时间内完整清晰地表达出软件的实际功能。高保真原型图做出的效果与实际效果相差无几。

团队内部进行需求评审，线框图原型即可，确保线框图能如实、全面地反映页面元素，对需要重点、突出显示的信息进行标注。面向领导、投资人、客户的产品演示，尽量使用保真程度高的原型图，这种场合的原型演示更侧重对产品理念、定位、品质的表达。

在原型设计时，需要全面考虑用户需求，针对不同的原型图面向人群确定合适的保真图及展示形式，如下图所示。

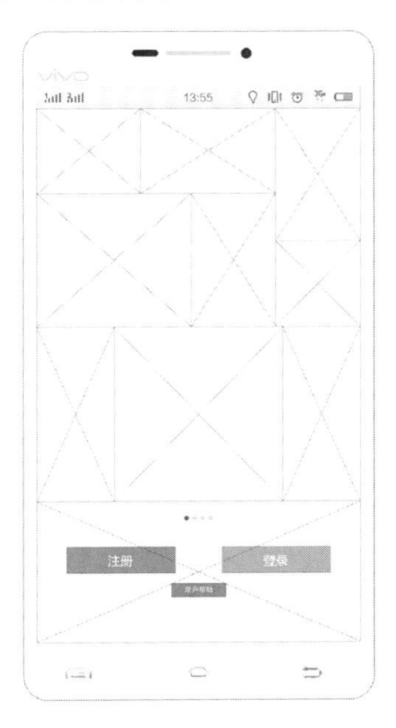

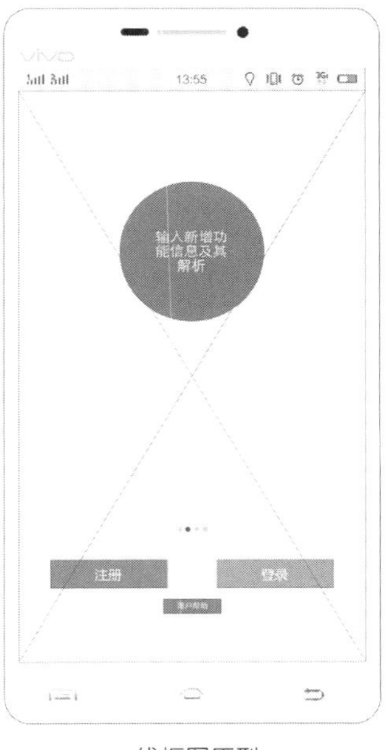

线框图原型

常见的Axure设计包括线框图原型、高保真原型图、流程图、泳道图等，还可以使用其他元件库让Axure极易绘制各种可视化图表及其他功能。我们只需根据用户的需求合理确定表现形式即可。

3.4 使用流程图表

流程图是Axure中最易上手也是非常重要的一种表现形式，多用来将项目运行中的各个节点按次序、状态进行绘制，让业务相关人员可以快速了解业务如何运作。流程图也是用例文档中重要的一个部分。

用例文档是由多个用例组成的一份文档，主要用于技术开发与测试使用，是PRD中的重要辅助文档，用于讲解某个环节的功能逻辑，例如用户注册、活动报名等功能。用例文档的写作时间在原型设计之后，通常和PRD文档同步撰写。

用例文档中有两个关联文件，分别是用例图和流程图。用例图是UML的一种类图表现方式，是从用户角度描述产品功能，并指出该用户在产品各功能中的操作权限。流程图是通过线框图形的方式描述产品功能的处理过程，主要是描述功能的执行顺序、分支和循环的逻辑。本小节将详细介绍使用Axure中的流程图表绘制流程图和用例图。

3.4.1 添加流程图页面

通常使用visio、processon等绘制流程图，但Axure提供了流程图原件可直接调用，且自带的连接功能为不同步骤间的连接创造了便利。

❶ 添加流程图

右键单击页面标签，在快捷菜单中选择“图表类型”>“流程图”选项，如下左图所示。

则该页面变为专用的流程图页面，页面的标识以及元件库也随之更新，如下右图所示。

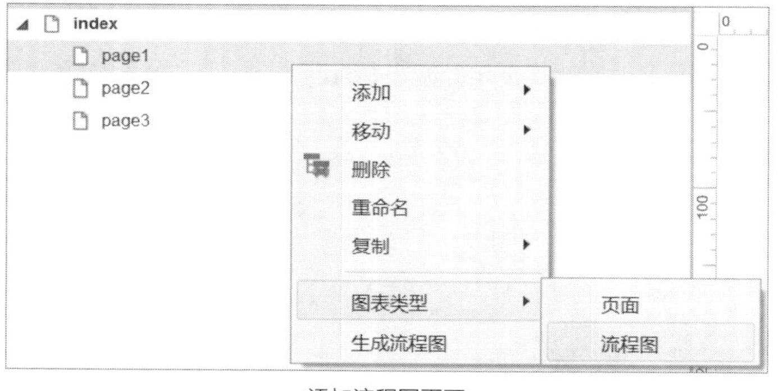

添加流程图页面

流程图页面标识

❷ 流程图元件

新建页面之后，在左侧元件库中选择Flow，即出现绘制流程图、用例图所需的元件，如下图所示。

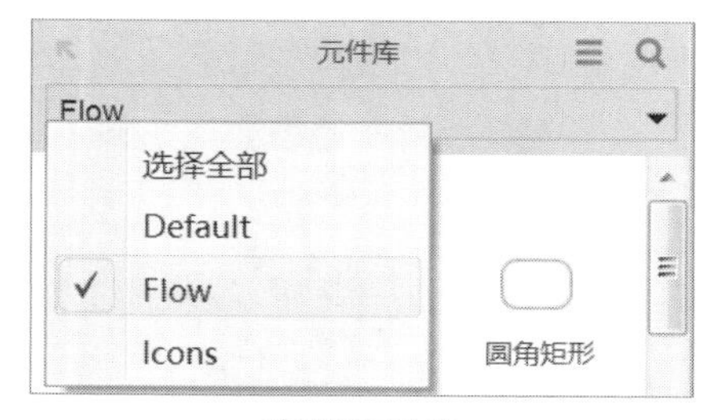

流程图元件库

原件库中包含多个流程图、用例图所需元件，通常的使用标准如表3-1所示。

表3-1 流程图元件

元件	名称	用法
	矩形	通常作为要执行的处理，在流程图中做执行框，有时也直接指代某一个页面。如页面和执行命令放在同一个流程中做说明，可以通过背景色、文字说明作为区别。
	圆角矩形	表示程序的开始或者结束，在程序流程图中作为起始框或结束框。
	菱形	表示决策或判断，在程序流程图中用作条件的判断框，当条件达成时，怎样处理，条件不满足时怎样处理。
	文件	表达为一个文件，可以是当前流程（场景）下生成的文件，也可以是调用的文件。一般情况下，需要根据实际情况辅以文字说明。
	文件组	用于表示业务流程中常出现的一个环节会生成多个文件（文档）的情况。
	括弧	对当前流程或动作的注释或者说明，对关键信息做一段执行说明。
	椭圆形	表示程序的开始或者结束，在程序流程图中作为起始框或者结束框。在用例图中，椭圆则用于用例。
	六边形	多用作流程的起始，类似起始框，表示当前的流程从这里开始，可直接在图标中写“开始”字样，表示流程从这里开始执行。
	平行四边形	一般表示数据，或确定的数据处理。常用于表示数据输入（Input），如订单系统输入单据。
	角色	通常表示用例中指代模拟流程中执行操作的角色是谁。需要注意的是，角色并非一定是人，有时候是机器自动执行，有时候也可能模拟一个系统管理。
	数据库	指保存的数据（库）。既可以是保存在服务器的数据，也可以是保存在本地的数据。
	页面快照	快照这一元件可以实现单击跳转至页面导航中的指定页面。如果改变了页面导航中页面的名称，快照引用文本中的内容也会同步修改，这对页面流程图来说很有帮助。单击流程形状会自动跳转到指定的引用页，无需添加交互事件。双击快照元件，在弹出的引用页面选择框中选择引用的页面，单击“确定”按钮，即可完成引用。

3.4.2 用例图

用例图主要用来描述角色以及角色与用例之间的连接关系。说明的是谁要使用系统，以及他们使用该系统可以做些什么。一个用例图包含了多个模型元素，如系统、参与者和用例，并且显示这些元素之间的各种关系，如泛化、关联和依赖。它展示了一个外部用户能够观察到的系统功能模型图，帮助开发团队以一种可视化的方式理解系统的功能需求。

用例文档的大概组成如下：

- **修改记录：** 每次修改的备注记录，同PRD文档。
- **角色介绍：** 描述参与系统中的各个角色。
- **用例：** 描述功能逻辑的部分，根据功能的多少决定有多少个用例。

3.4.3 在流程图中创建用例图

在流程图中创建用例图会用到“角色”，“角色”用来表示此usercase对应的角色。“椭圆”表示该用户的行为动作，最后用连接线进行连接并描述对应的关系。

连接线的绘制在Axure中简单直接，先在工具栏中单击“连接”按钮，如下图所示。

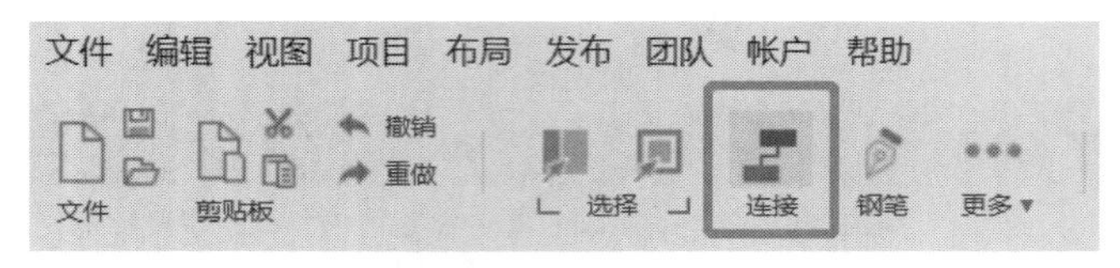

选择“连接”按钮

然后将光标移至一个元件上，其上下左右四个方向会出现“×”，单击其中一个代表连接线的一端在这里，再单击另一个元件的方位，一条连接线完成即完成。在右侧属性标签下可选择连接线的形状，在样式标签中可以选择连接线的线条样式、箭头样式，为不同的关系做区别展示。还可以在连线上标注信息，如在判断语句分支上标注“是”和“否”，如下图所示。

表3-2 连接线属性

属性				
含义	直角	弧形角	直线	弧线

连接线的样式

以用户在电商消费平台上的简单操作为例列出用例图，这里有三方角色参与，包括卖家、买家、第三方电商平台。买家可在平台上搜索浏览、购买、评价以及退货，其中后三个操作与卖家有直接关系，如下图所示。

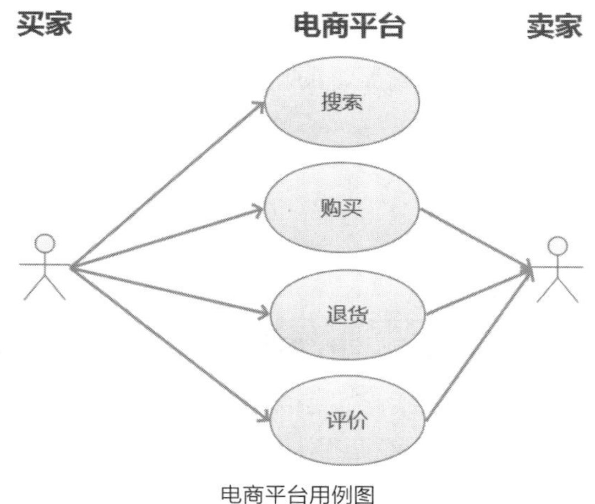

电商平台用例图

3.4.4 优化用例图

对用例图的优化主要从两方面进行考虑，下面分别对其进行介绍。

❶ 用例齐全

在产品设计中，一般情况下都会有多个角色参与，需要保证用例的完整性和正确性。当用例较多时，可以分角色进行用例图展示。保证用例的完整性对流程设计、前台展示、后台数据库非常重要。

❷ 页面美观

当一个角色的用例非常多的情况下要注意排列以及布局，保证界面整洁、可视化强。

在电商平台中涉及到用户管理、商品管理、仓库管理、财务管理、售后管理、购物管理、平台管理、物流管理等多个子系统，各个用例由相应角色驱动，之间可能存在关系，而且对于每个子系统都需要把有关角色的用例罗列完整。

下面简单罗列了平台管理、商品管理两个子系统的用例，如下面两图所示。

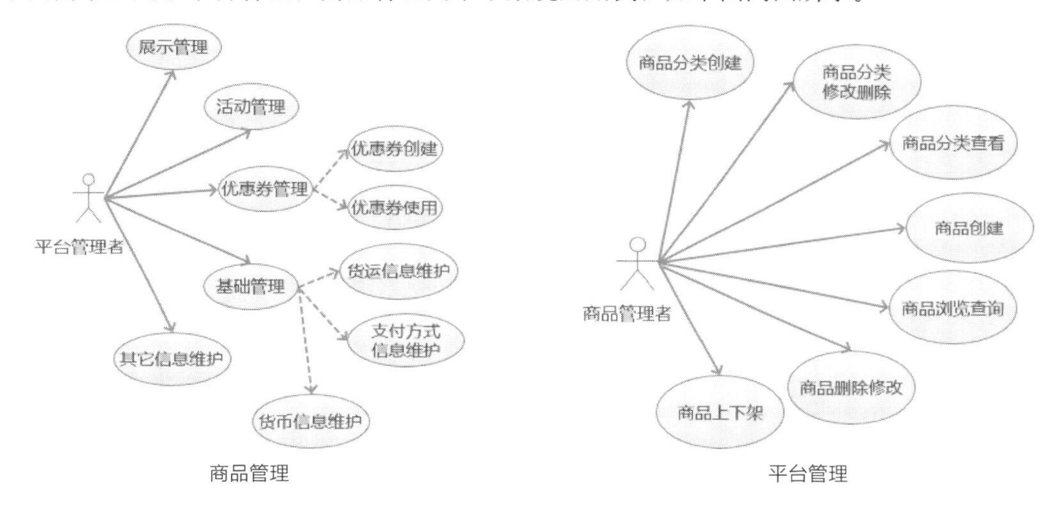

商品管理　　　　平台管理

3.4.5 使用文件夹管理页面

在产品设计过程中，因其子系统较多，用例较多，整个结构较为复杂，所以需要采用文件夹对其进行管理。可以将一个系统的流程图、图例放在一个文件夹中管理，如下图所示。

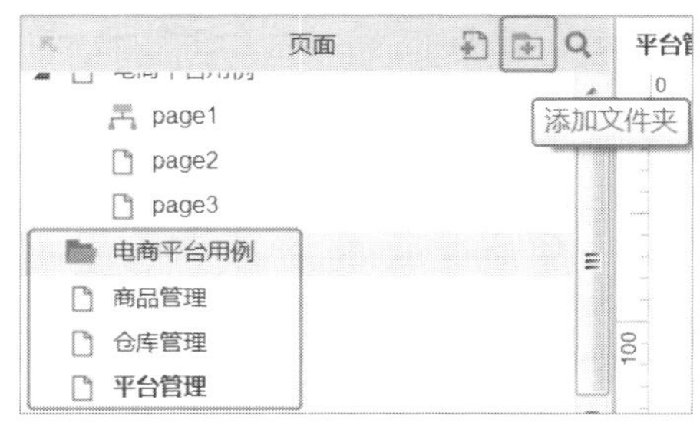

使用文件夹管理页面

3.4.6 创建流程图

在熟练使用流程图元件、连线的基础上，用例中描述清楚每个角色可能的操作和逻辑后，即可进行流程图的绘制了。绘制流程图的过程中要尽可能考虑更多的复杂情况，为开发、测试、需求方带来更专业、更便利的流程设计。

以用户登录为例，要考虑登录方式，以及所有的操作判断中可能存在的分支。可采用不同的背景色作为区分，在连接线上进行标注，如下图所示。

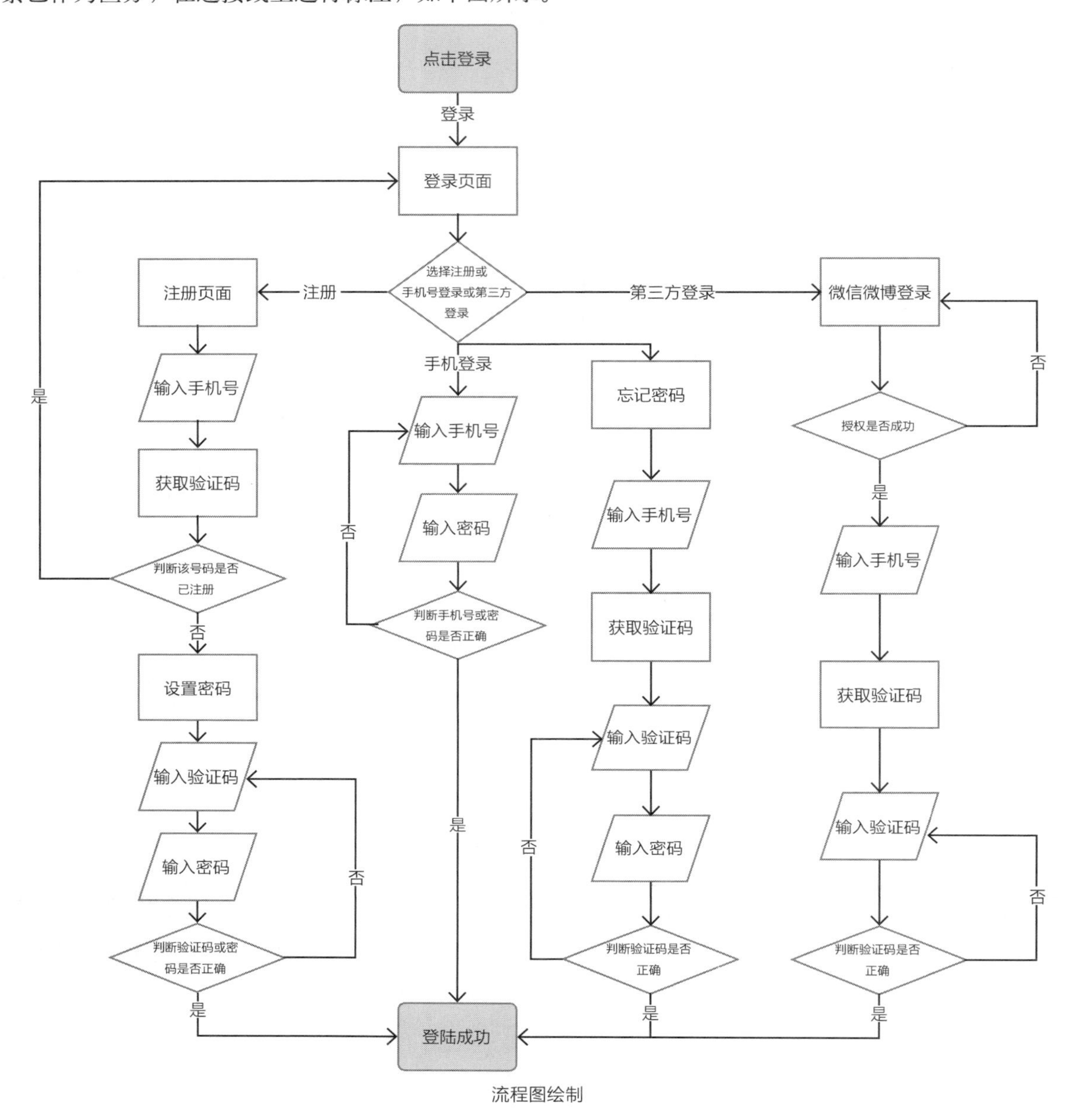

流程图绘制

3.5 元件使用技巧

元件是Axure制作原型图或其他图表的最小单位，掌握元件的使用技巧是原型制作的基本要领。

3.5.1 拖拽元件

❶ 快速移动工作区

将光标移到编辑窗口中，按住键盘上的空格键，会看到光标切换成手状，此时就可以抓着画面任意移动，而且不会对任何部件造成影响了。

拖动结束后松开空格键，光标会转换为之前的模式，如下图所示。

快速移动元件

❷在上层选择下层元件

在页面较复杂时，经常会出现几个元件重叠的情况，此时可以在部件管理窗口中直接选择需要的部件。另一种办法是选择最上层的部件之后，稍候2秒钟左右，再选择一次，这时选中的就是下一层的元件。稍候片刻，然后单击，会选中再下一层的部件，以此类推，如下图所示。

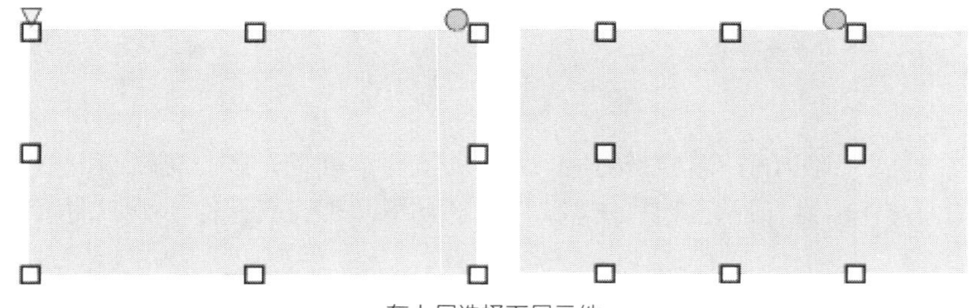

在上层选择下层元件

❸平移元件

在移动元件或者组件的时候，可以直接拖动，再通过修改参数的方式保证元件在同一水平位置或垂直位置。如果需要让元件在水平方向或者垂直方向上移动，可以按住Shift键，然后按住鼠标左键拖动元件左右移动或者上下移动实现直接平移，如下图所示。

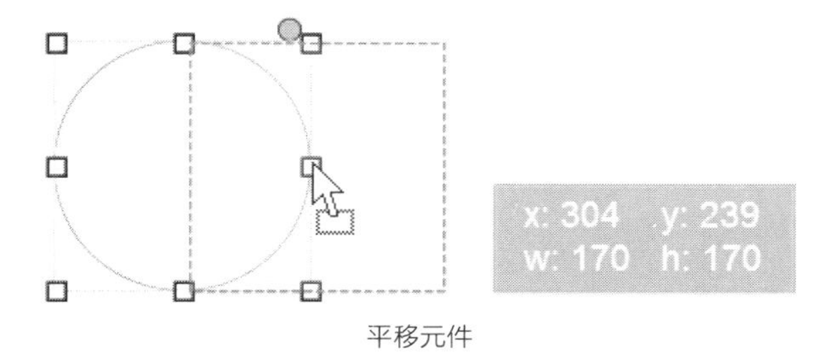

平移元件

❹快速复制元件

按住键盘上的Ctrl键，再拖动元件，会在光标停止的位置复制一个新的元件，如下图所示。

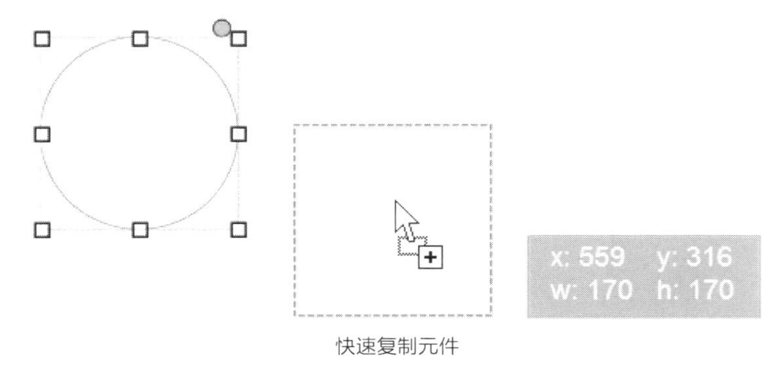

快速复制元件

❺ 垂直或水平复制新元件

按住键盘上Ctrl+Shift键，拖动元件，这时候就复制了一个新的元件并将新元件进行平移，如下面两图所示。

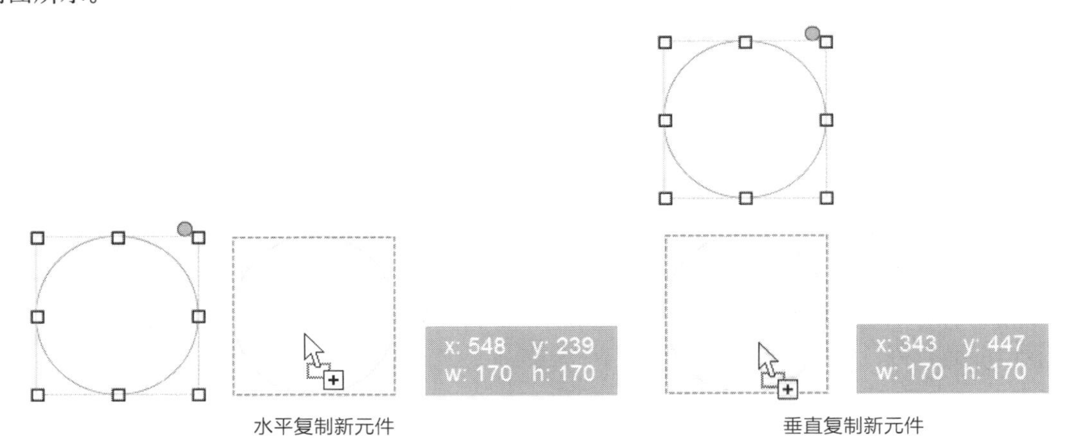

水平复制新元件　　　　垂直复制新元件

❻ 旋转元件的角度

一种方法是在样式中输入精确的旋转角度。如果角度不确定，或只需要旋转一个大概的角度，可以按住键盘上Ctrl键，将光标放在元件的边缘，移动鼠标即可旋转元件，如下左图所示。

❼ 等比例缩放元件

除了可以在样式中修改元件的宽度和高度外，还可以直接按住键盘上的Shift键，然后在元件的边缘拖拽元件，就能实现元件的等比例缩放，如下右图所示。

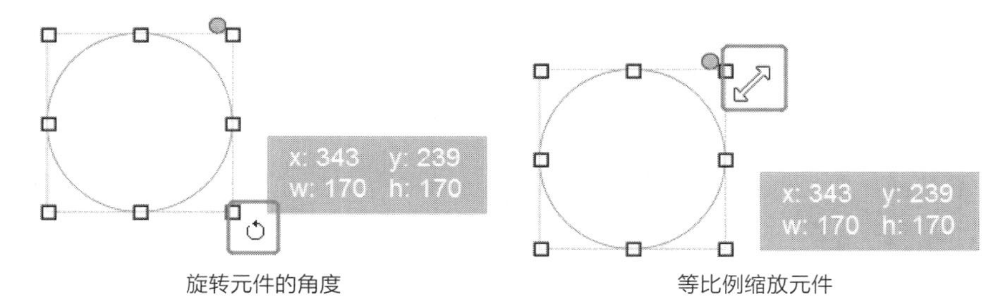

旋转元件的角度　　　　等比例缩放元件

3.5.2 了解元件的坐标

Axure的设计区域类似于一块画布，以左上角为坐标原点，水平方向为X轴，垂直方向为Y轴。对应的每个元件的坐标也是以左上角为准，如下左图所示。

每个元件的坐标都由两部分组成，元件左上角的点的坐标以及元件对应的宽度（width，简写为w）和高度（height，简写为h）。除了可以把光标放在元件边缘能看到以外，还可在样式中查看，并重新输入数字，改变元件的位置和大小，如下右图所示。

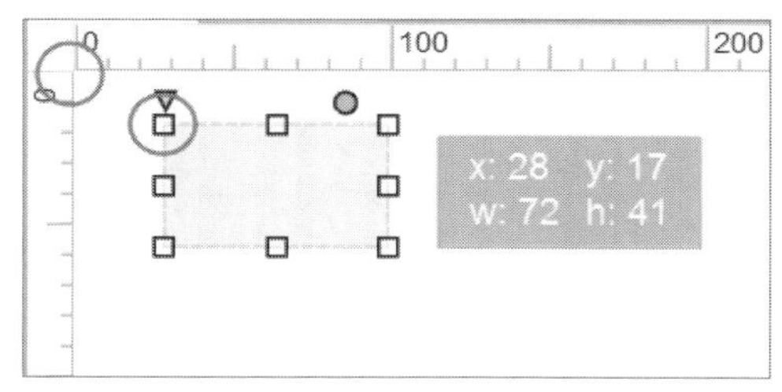

坐标原点及元件坐标

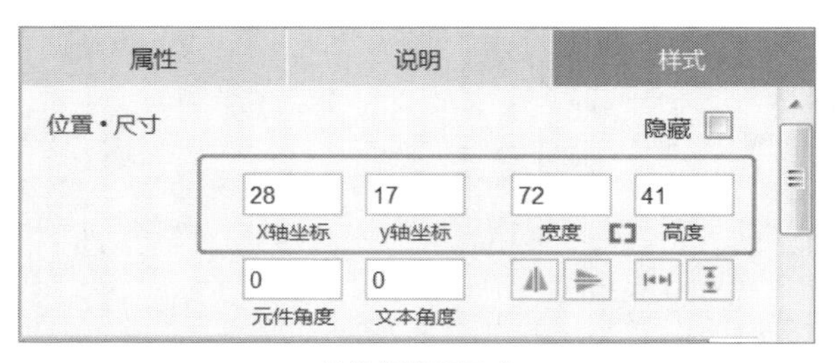

元件位置和尺寸

工具栏中右侧也可以看到坐标和宽、高信息，如下图所示。

工具栏中元件信息

对于不规则图形，它的坐标如何确定呢？此时，选中任意一个不规则形状的元件，它仍然被框在一个绿色的矩形框中，它的坐标以矩形框左上角为准，高度、宽度也是以矩形框的高度和宽度为准，如下图所示。

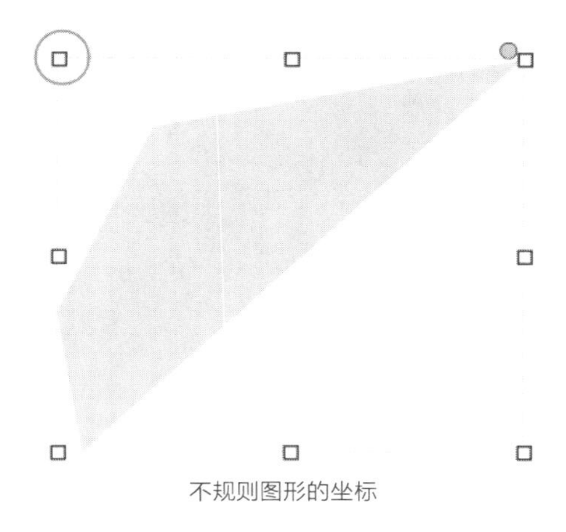

不规则图形的坐标

3.5.3 设置元件的尺寸

元件尺寸的修改同样有两种方式，一种是选中要修改的元件，拖动绿色边框，元件的高度、宽度随之改变，元件右侧会有灰色框进行提示当前元件的坐标和尺寸，如下左图所示。

另一种方法是在样式或工具栏的元件坐标及尺寸信息中直接查看和修改，如下右图所示。

直接拖拽修改元件尺寸

修改元件尺寸

3.5.4 隐藏与锁定元件

对于已经完成制作的元件，可以设置锁定，以防对其他周围的元件进行操作时误改动，造成不必要的麻烦。“锁定”按钮在工具栏中间，选中元件，单击“锁定”按钮，元件即进入锁定状态，此时就无法拖动及修改了，如下左图所示。

元件锁定后，再被选中时显示为红色边框，表示该元件不能修改，如下中图所示。

当需要对锁定的元件再编辑时，选中元件，单击工具栏中的“取消锁定”按钮，元件即变为正常可编辑的状态，边框变回绿色，如下右图所示。

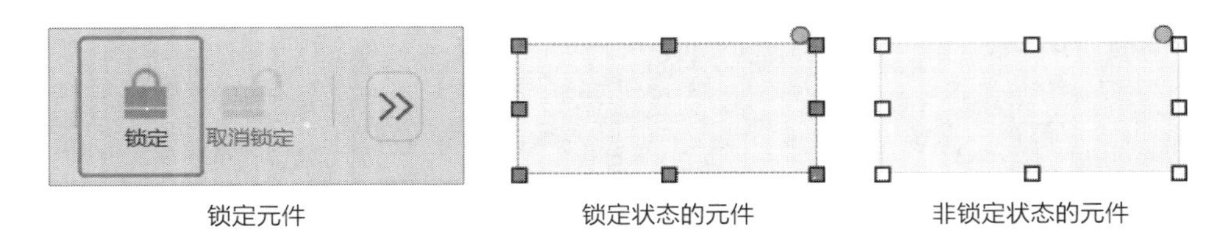

锁定元件　　锁定状态的元件　　非锁定状态的元件

当页面有好几层，且出现不同层之间的覆盖时，可以从底层到顶层依次制作，但在一些情况下还是需要隐藏顶层，再对被它覆盖的页面进行修改。元件的隐藏方式有很多，可以勾选工具栏中的“隐藏”选框，或在样式标签中勾选“隐藏”选项，如下左图所示。

还可以选中元件，单击右键，选择“设为隐藏”选项隐藏元件，如下右图所示。

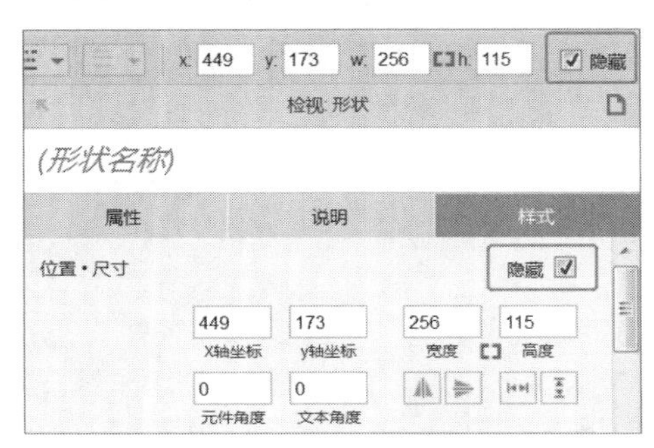

“隐藏”选项隐藏元件

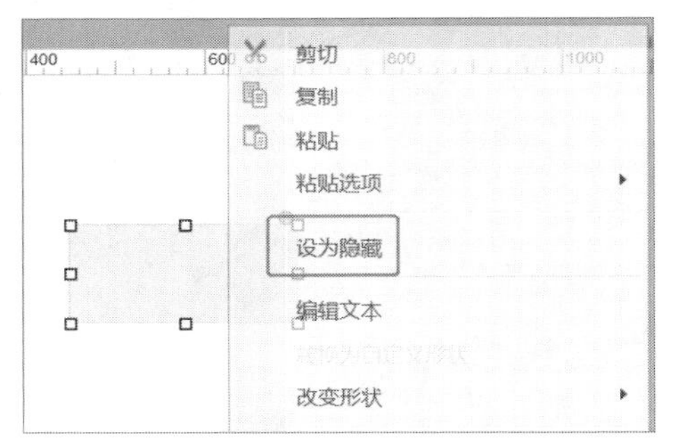

快捷菜单隐藏元件

对于隐藏的元件，会显示为黄色底色，而且在页面预览时无法显示，并且隐藏的元件透明度较高，即使位于顶层也依然可以看到其他元件，如下图所示。

在完成修改后要注意是否需要把隐藏的元件取消隐藏。取消隐藏的方法为：单击右键，在快捷菜单中选择“设为可见”，或在工具栏和样式标签中取消勾选“隐藏”选项即可。

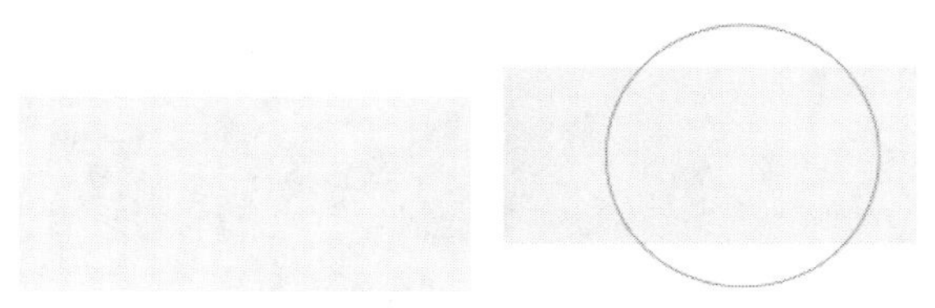

隐藏状态的元件

另外，对于组合较多的页面，在右下角的页面框中每一个组合文件夹右侧都有一个小图标，可以选择是否从视图中隐藏，如有需要可以单击隐藏，如下左图所示。

需要注意的是，这里的隐藏只是不在视图中显示，预览或导出页面中不会隐藏，只是用于原型制作便利。当不需要隐藏时，再次单击图标即可在视图中展示，如下右图所示。

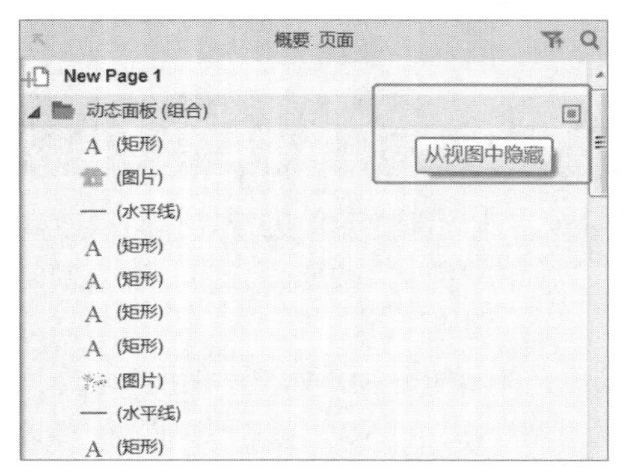

隐藏组合

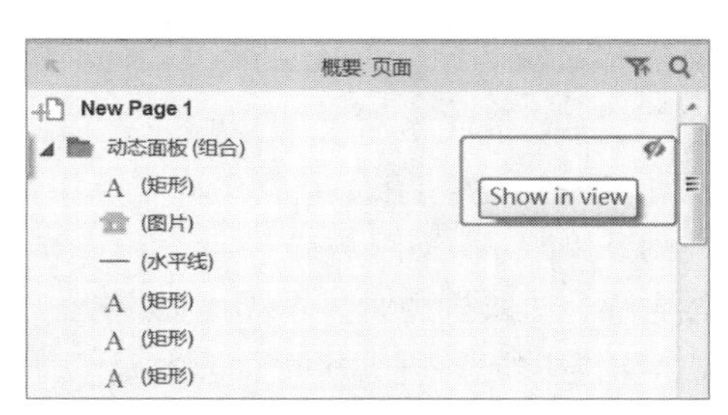

组合取消隐藏

3.6 背景覆盖

Axure页面默认背景色为白色，在某些场景下需要改变页面的背景色，满足展示需要或作为原型封面等。下面就来介绍改变页面背景色的几种方法。

❶ 背景颜色

背景颜色修改比较简单，在检视面板的样式标签下找到“背景颜色”一栏，单击右侧属性框即可进行颜色的修改，如下左图所示。

在弹出的颜色选取框中除了可以直接选择颜色以外，还可以使用取色器保持与其他地方颜色一样，或者单击⊘按钮，设置没有背景色，还可以自定义颜色并确认不透明度，如下右图所示。

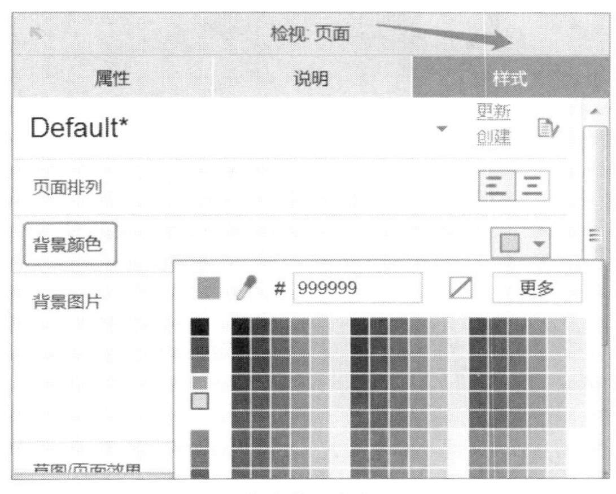

修改背景颜色

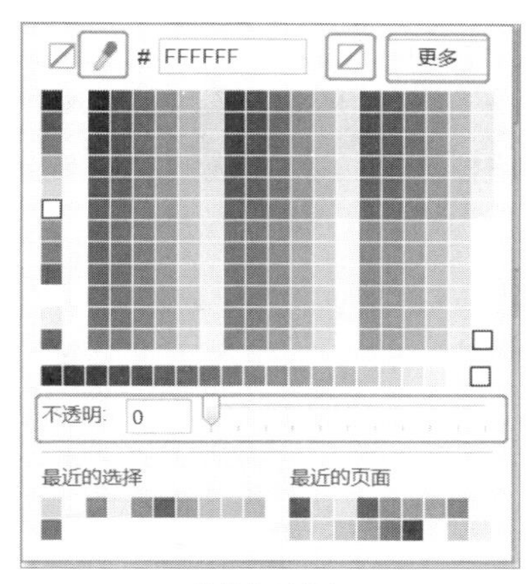

选择背景颜色

❷ 背景图片

除了可以修改背景颜色以外，还可以使用背景图片。在利用Axure制作网页或PC端产品的原型图时，使用图片作为页面背景极为常见。在不选中任何元件的情况下，单击样式标签下“背景图层”组的“导入”按钮，选择导入的背景图片，即可把已经处理好的背景图片导入到设计页面中。还可以选择导入图片的位置，如下左图所示。注意：只能选择一张图片作为背景图，导入后的效果如下右图所示。

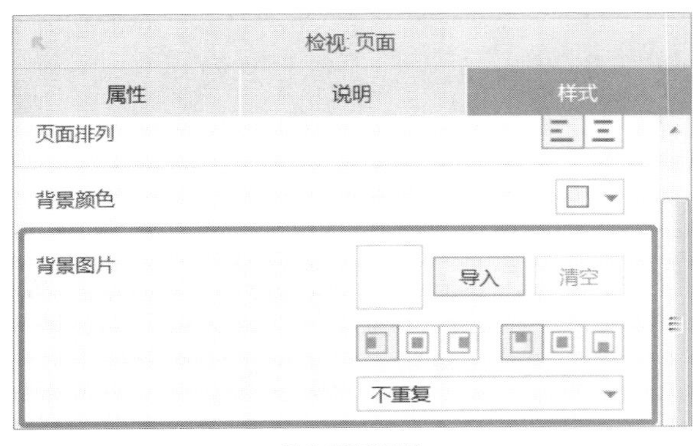

导入背景图片

导入背景图的效果

由于导入的背景图片尺寸问题，不一定能全部覆盖整个设计页面，Axure设置了图片重复功能，帮助设计者实现背景覆盖问题。上面导入背景图的效果是图片不重复时的情况，只有一张图片显示在设计页面中。

当选择背景图片“重复”时，导入的图片会保证图片没有缩放的情况下，不断重复布满整个设计区域，如下左图所示。还可以设置背景图片填充效果，如下右图所示。

背景图片重复

背景图片填充

当选择“水平重复”时，背景图片会依次水平分布在整个设计区域，如下左图所示。选择“垂直重复”也是同样的道理，如下右图所示。

背景图片垂直重复

背景图片水平重复

当选择背景图片填充页面时，会根据设计区域的大小横向或纵向拉伸图片，使得这张图片可以布满整个画布。

当选择背景图片自适应时，背景图片会根据展示的仪器的屏幕大小、分辨率进行不同程度的缩放，使得背景图片能够布满整个展示设备的大屏幕，如右图所示。

背景图片自适应

案例 背景覆盖法

我们利用背景覆盖法制作一个网页主页面的一部分。

Step 01 设置页面背景色，如下左图所示。

Step 02 导入背景图片，确定导入图片的格式为左侧对齐和顶部对齐，保证图片在导航窗口的位置，如下右图所示。

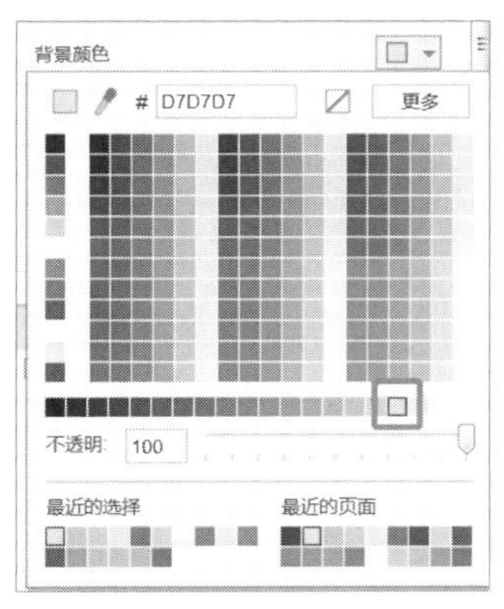

设置页面背景色

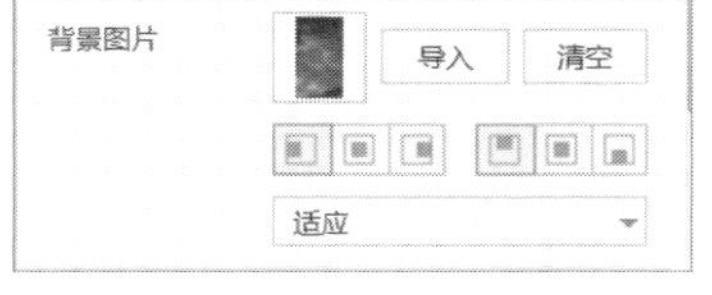

导入背景图片

Step 03 在导航窗口插入一级标题，并输入对应文字，如下左图所示。

Step 04 调整文字间距和对齐方式，人工输入文字不一定能保证文字间距都相同，对于同一列的元件，选择“垂直分布”，对于同一行的元件，选择“水平分布”，通过这样的方式保证元件间的间距一致。如下中图所示。

Step 05 除了要保证元件的间距一致外，还要满足元件对齐，使得整个页面整洁。单击工具栏中的“对齐”按钮，根据需求选择相应的对齐方式，如下右图所示。

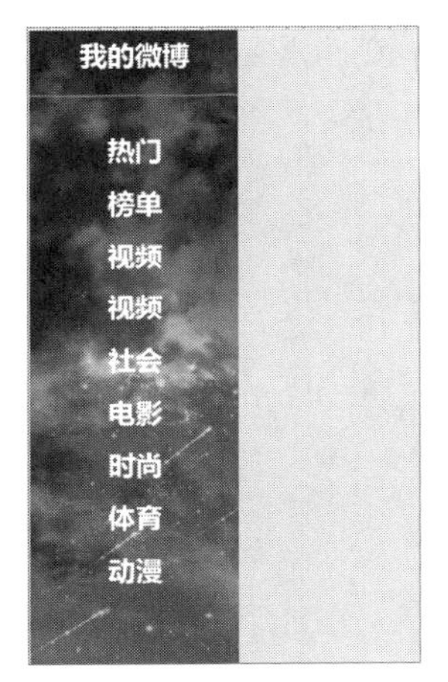

输入文字

分布调整

对齐调整

3.7 变量的使用

有编程基础的同学对变量一定不陌生，与编程语言中的变量类似，变量是Axure中临时储存数据的容器，主要分为全局变量和局部变量。全局变量能够在Axure原型的所有页面的用例中对其进行操作，不能被重复定义。局部变量是只对局部用例有效，可被重复定义。在Axure中，变量多用于交互事件。

❶全局变量

不同于软件编程的全局变量，此处全局变量的生命周期只在当前页面有效，当页面跳转到其他页面或者刷新页面时，全局变量被清空。

在“项目”菜单列表中选择“全局变量”选项，即可进入全局变量设置窗口，如右图所示。

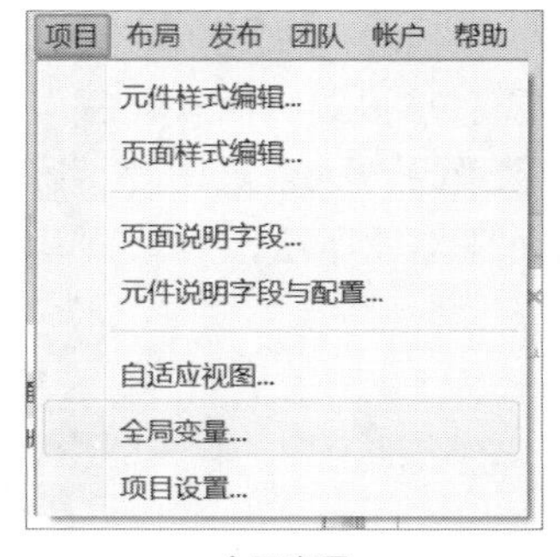

全局变量

变量名必须是数字，且要求少于25个字符，并且不能包含空格。

全局变量的作用大致可概括为以下三点。

（1）赋值的媒介

全局变量可以作为中间媒介进行赋值。Axure暂不支持组件之间直接相互传递值，当需要进行组件与组件之间传递值时，可以以全局变量作为赋值的媒介。例如，当需要把一个文本框内输入的值传递到另一个文本框组件时，直接传递是不可能实现的，可以使用全局变量进行传递：先把输入的值赋值给一个全局变量，再把全局变量得到的值赋值给另一个文本组件，最终实现组件间值的传递。

（2）参数的载体

不管是在用例中的公式，还是在整个业务逻辑层面，都会使用到多个参数，全局变量可以作为参数的载体。举例说明，在计算平均数、合计等数学运算时，一些参数（如总人数等）需要根据输入的文本框内的值进行不断变化，全局变量可以根据输入进行全局变化，实现数学运算的准确性。

（3）条件判断的依据

主要表现在全局变量在页面跳转、判断密码格式是否正确、手机号格式是否正确等方面发挥着重要的作用。

案例 全局变量应用演示

Step 01 创建一个全局变量Email_info，如下左图所示。

Step 02 在元件库中拖入文本框、标题、矩形框等完成基本元素的搭建。本案例需要把这一页中文本框Email中输入的文字传递到下一页，如下右图所示。

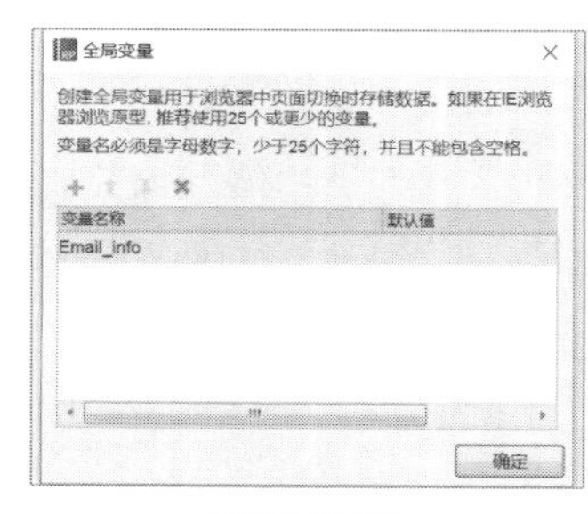

设置全局变量

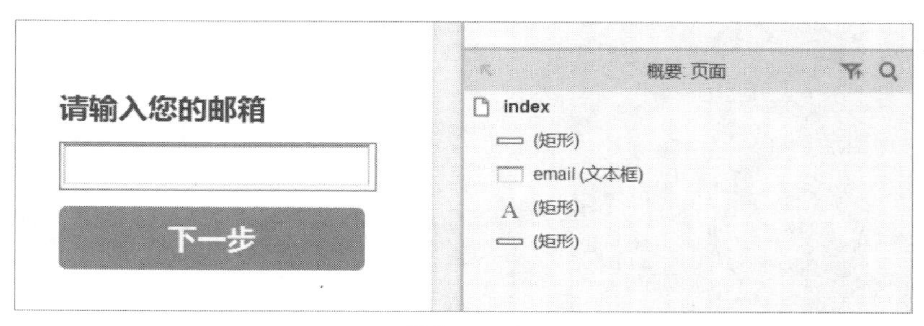

建立page1

Step 03 在单击“下一步”按钮时，需要先把输入的账号，也就是文本框中的文字通过“设置变量值”的动作保存到全局变量Email_Info中。选中文本框，单击右侧属性标签中的交互事“文本改变时”，如右图所示。

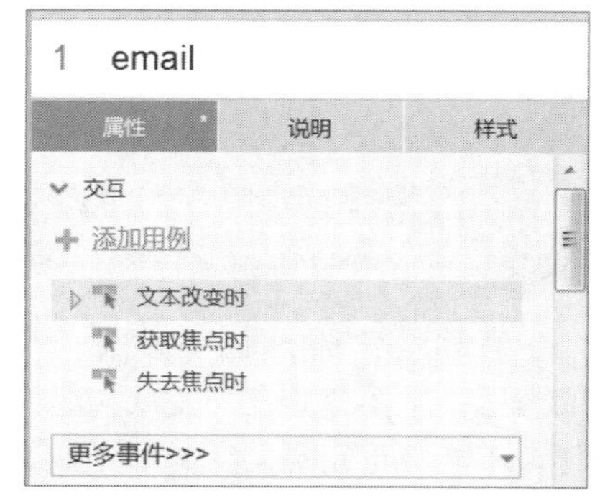

建立文本改变的交互事件

Step 04 打开“图例编辑<文本改动时>”对话框，选择“全局变量”中的“设置变量值”，然后在“配置动作”中勾选“Email_Info文字于email”，将文本框（此处文本框命名为email）中新输入的值赋值给全局变量，单击“确定”按钮，如下图所示。

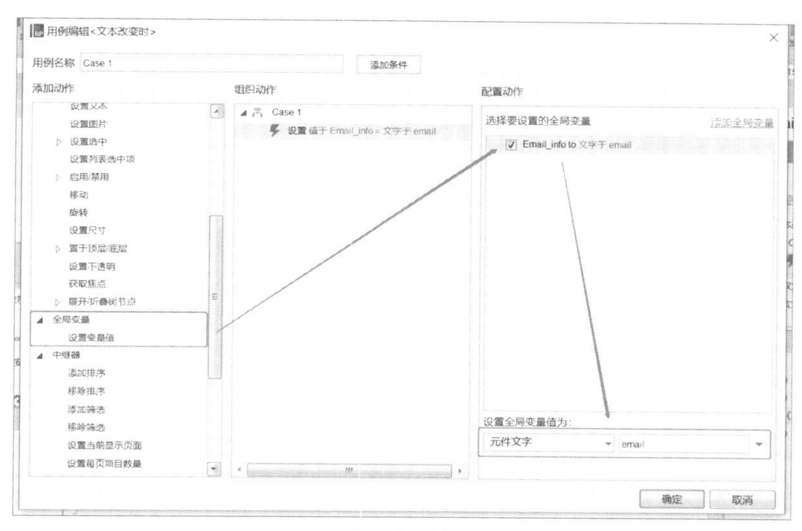

设置变量值

Step 05 此时第一个页面已经完成，再新建一个页面，并拖入一些元件，如下左图所示。

Step 06 在page2这个页面载入时，或者元件Message载入时设置提示Message的提示文本内容，如下右图所示。

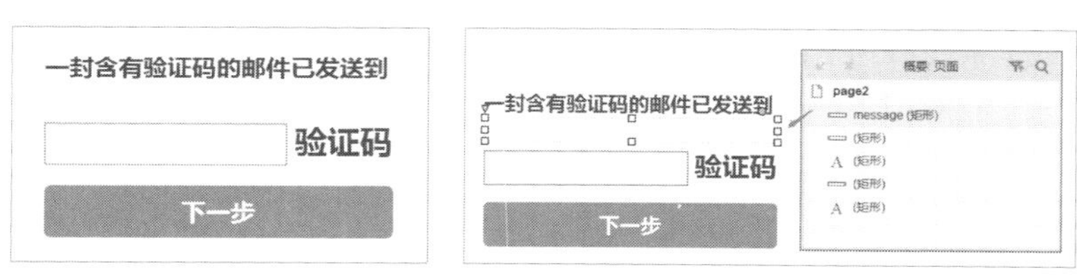

初步建立page2　　　　完善page2

Step 07 按照上面的方法为Message元件设置“设置文本”中显示全局变量Email_info中保存的账号信息，如下图所示。

page2页面载入时变量赋值

Step 08 还需设置在单击第一页的“下一步”按钮时，还要“打开链接”page2这个页面，如下左图所示。

Step 09 全部设置完成后就可以预览页面，查看设置的效果了，如下右图所示。

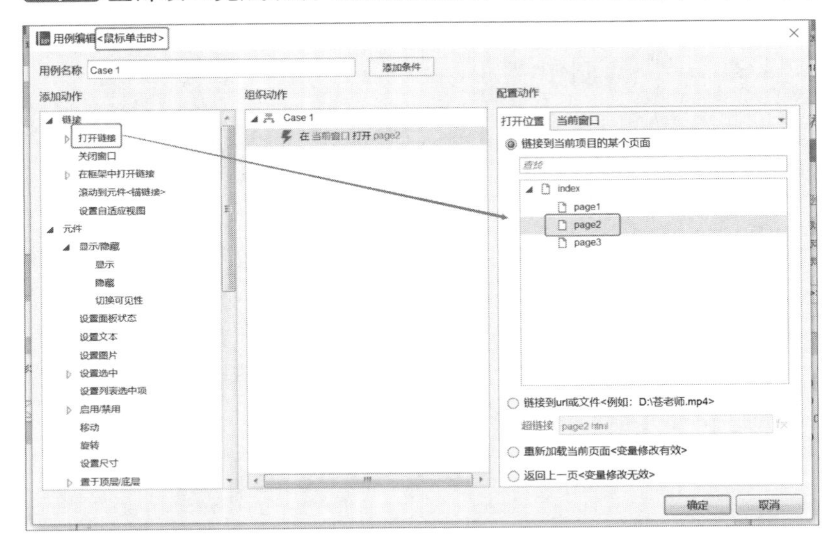

建立两个页面的跳转

页面预览

❷局部变量

局部变量作用范围是一个case里面的一个事务。一个事件里面有多个case，一个case里面有多个事务，可见局部变量的作用范围非常小。例如，在case里面要设置一个条件的话，如果用到了局部变量，这个变量只在这个条件语句里面生效。且局部变量只能依附于已有组件使用，不能直接赋值。

❸公式

有了变量自然可以利用变量完成一些函数操作，Axure中可以在编辑文本的界面进行公式编写。要求变量名称和表达式写在[[]]中，公式运算结果与公式外的内容连接在一起，形成一个字符串。

案例 局部变量与公式应用演示

设置多选题提示当前已选中的选项个数。

Step 01 从元件库中选中文本标签、复选框，并拖入设计区域中，如下图所示。

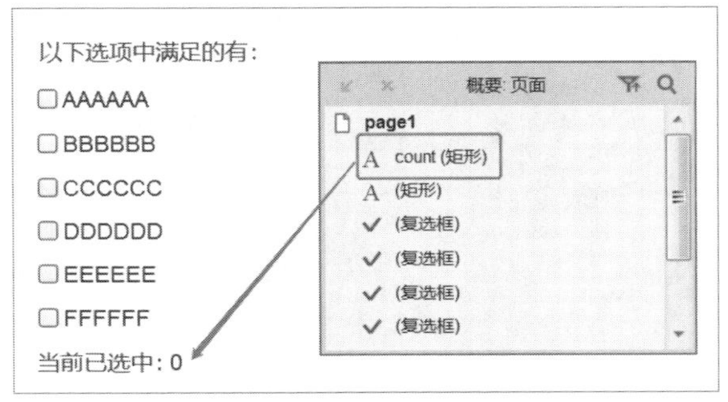

完成页面元件搭建

Step 02 需要统计当前选中数量，这个元件上的当前数量可以通过一个局部变量current_count进行获取。在“用例编辑<选中时>”对话框中单击值右侧的“fx”按钮，进行局部变量设置，如下左图所示。

Step 03 在每一个复选框上添加“选中时”的交互，设置元件count的文本为“[[current_count+1]]”，如下右图所示。

设置局部变量

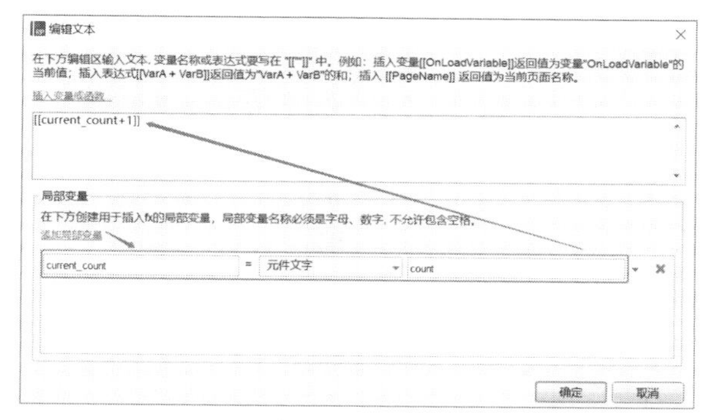

复选框选中公式

Step 04 数量减少的设置可以参照前面步骤在“取消选中时”添加交互，如下左图所示。

Step 05 在这个动作的设置中也创建了一个名为current_count的局部变量。因为局部变量的作用范围只是在值的设置中，所以在取消选中时的交互中，新创建的局部变量可以与之前其他交互中的局部变量同名，并不会产生冲突。这两个同名的局部变量并不是同一个，如下右图所示。

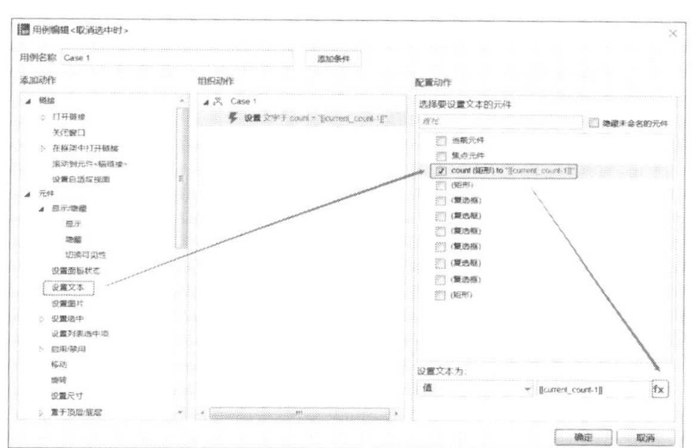

复选框取消选中交互事件

复选框取消选中公式

Step 06 把上面的“选中时”和“取消选中时”的交互全部复制给其他的几个复选框，如下左图所示。

Step 07 单击工具栏右上角的“预览”按钮，生成html文件进行查看，如下右图所示。

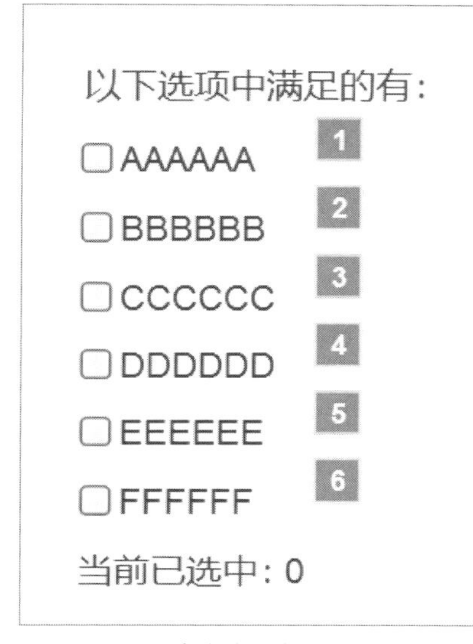

复制交互事件

页面预览

3.8 从Photoshop到Axure RP

Photoshop的元素是不能直接复制粘贴进Axure中的，生成的含有图层的psd文件也不能直接导入Axure中。Axure可导入的图片类型如右图所示。

要想把Photoshop中的文件移到Axure中，可以通过素材拼接和合并拷贝拼图两种方法实现。下面对两种方法逐一进行介绍。

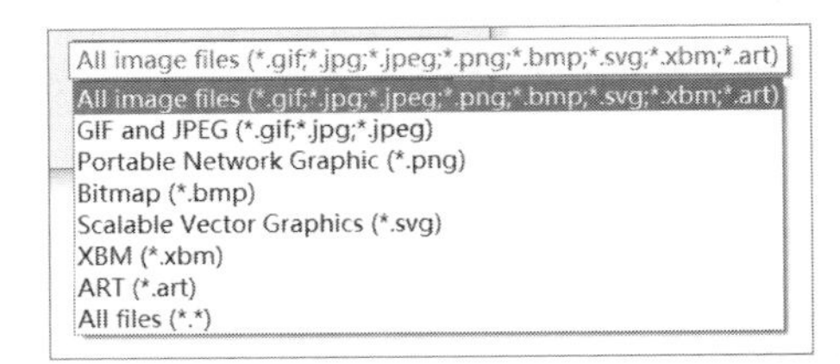

可导入的图片格式

3.8.1 素材拼接方法

素材拼接是将Photoshop文件中需要的元件选中导出为Axure中可导入的文件类型。实现的方法为：选中需要的元素，再点击左上角的“文件”执行“文件”>“导出”>“快速导出为PNG”命令“存储为”或“导出”，再到“快速导出为PNG”，如下图所示。

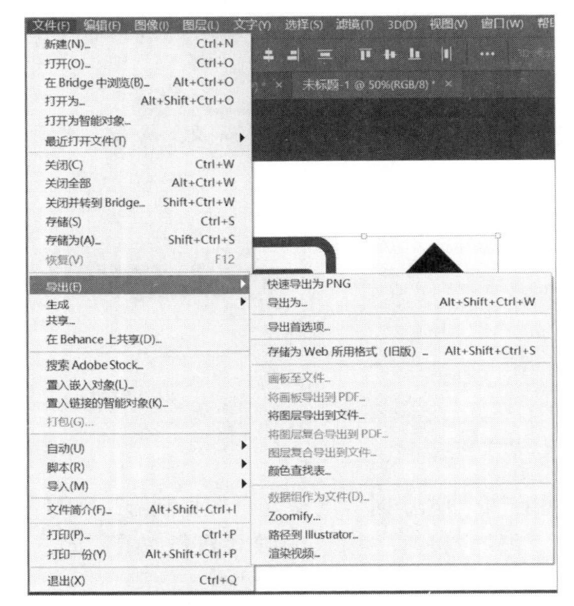

Photoshop中导出为图片格式

然后在Axure中导入Photoshop中刚导出的图片，再根据需求进行后续的操作，如下图所示。

导入图片

导入图片有很多的局限性，不能进行移动，只能选择对齐方式或者重复方式。

还可以在元件库中选择“图片”元件，拖入设计区域，然后单击该元件，在“打开”对话框中选择要插入的图片，如下图所示。之后可以在设计区域对图片进行相应的设置。

当需要更改图片时，只需要再次单击之前插入的图片，即会显示相应的窗口进行设置即可。

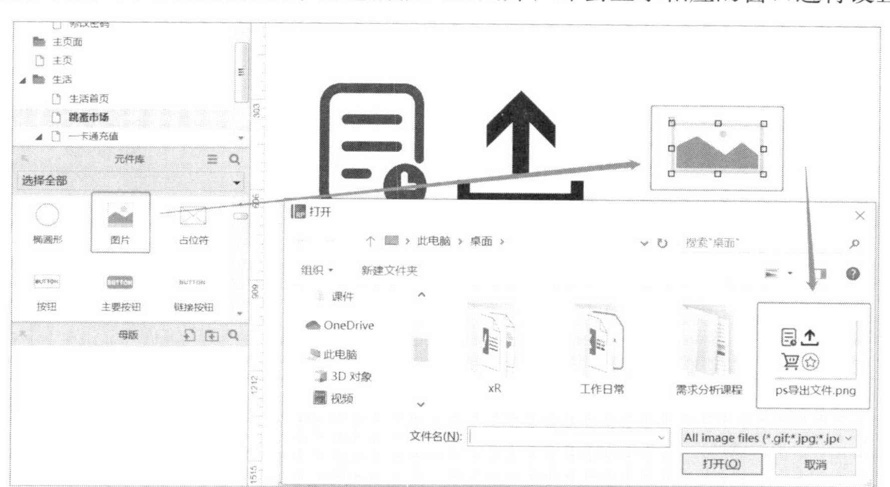

插入图片

3.8.2 合并拷贝拼图方法

首先选中想粘贴的元素，执行“编辑”>“合并拷贝”命令，即复制了选中的全部元素，如下左图所示。

再打开Axure，单击右键，选择“粘贴”选项，或者按下快捷键Ctrl+C，将在Photoshop中复制的文件粘贴到Axure中。

复制到Axure中的文件需要进行图片的裁剪和切图。选中粘贴进来的图片，单击右键，选择“分割图片”或“裁剪图片”选项进行操作即可，如下右图所示。

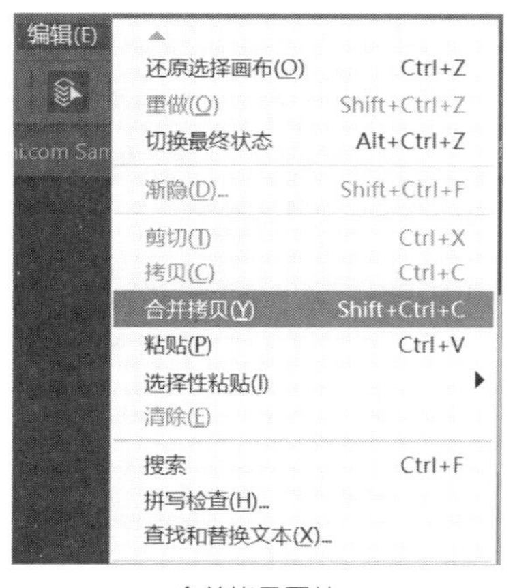

合并拷贝图片

选择分割或裁剪图片

选择“裁剪图片”后，图片上会出现一个黑色的可伸缩可移动的小框，黑色框内是裁剪之后的图片。调整完成之后根据需要单击右上角的“裁剪”“剪切”“复制”或“取消”按钮即可，如下左图所示。

选择“分割图片”后，图片上会出现一把小刀，可以将整个图片以小刀为中心分成四部分，分割完成后每一部分都是一个新的元件。如果需要分割成多部分，可以进行多次分割，如下右图所示。

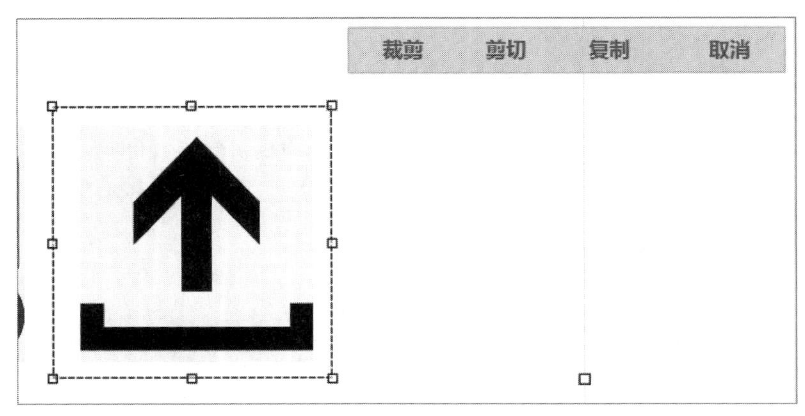

裁剪图片

分割图片

这两种方法均有利有弊，素材拼接法是将略微复杂的操作在Photoshop中进行，合并拷贝拼图方法是将后续的图片操作在Axure中进行。

素材拼接方法与导入图片功能类似，操作简单，只是需要在Photoshop中选中需要的元素再导出为Axure可插入的图片类型。

合并拷贝拼图方法简单快捷，但是不能选择其中的某些图层或某些元素，需要在Axure中再进行裁剪和切图。

3.9 在Axure RP中使用Flash

在Axure中，动画效果主要是通过添加用例实现的。对元件在鼠标单击、双击、鼠标移入等时间添加用例，呈现所需的效果，如下左图所示。

其中常见的动画包括移动、旋转和变换尺寸。首先选择添加用例的事件，双击后进入用例编辑页面。然后在“添加动作”中选择“移动”，就可以在移动的选项里进行设置了，确定想要移动到什么位置、移动的动画、所用的时间等，如下右图所示。

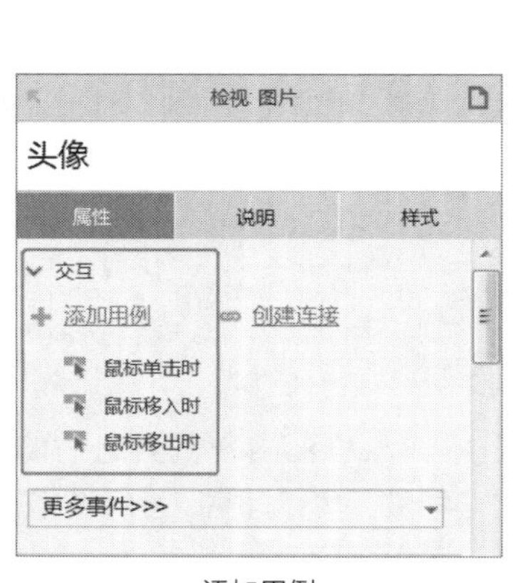

添加用例

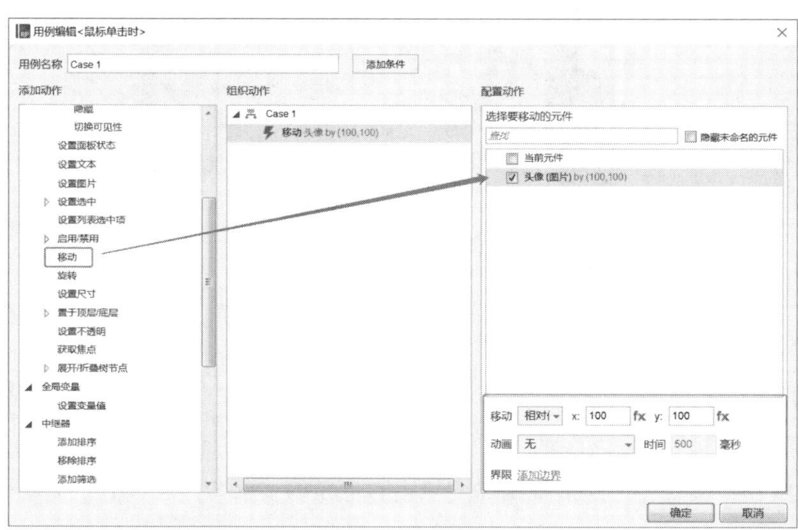

添加移动动画

设置完成后单击“确定”按钮。添加“移动”动画的效果如下图所示。

移动动画效果图

还可以选择“旋转”动画，参照前面设置旋转的参数，包括旋转的中心、旋转的角度、旋转的动画以及旋转的方向等，如下图所示。

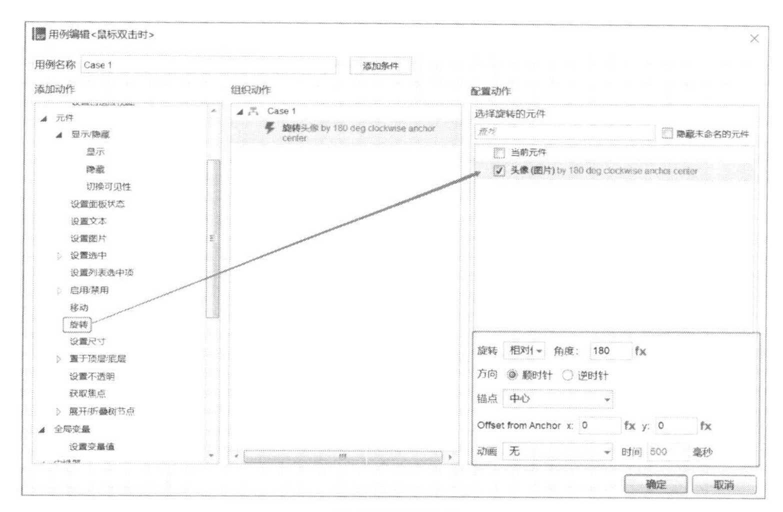

设置旋转动画

下图为旋转动画效果，设置的旋转参数为顺时针旋转180°。

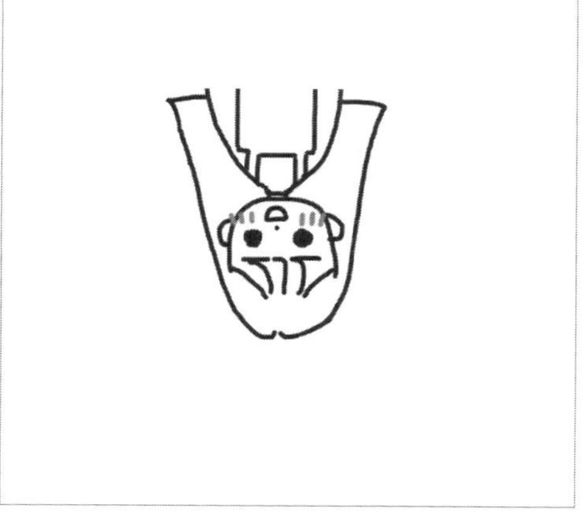

旋转动画效果图

还可以设置图片的尺寸，在鼠标单击或其他事件时，可以让图片的尺寸发生变化，可以设置图片的宽和高，锚点、动画、变换时间等，如下图所示。

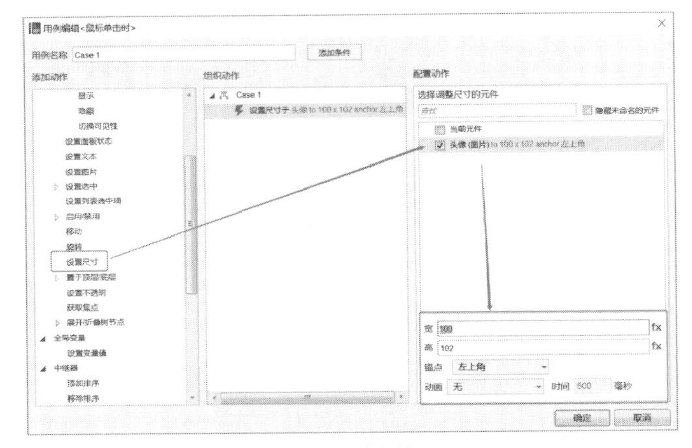

设置尺寸参数

下图为尺寸变换的动画效果图，当用鼠标单击时，图片会缩小。

尺寸变化动画效果图

3.10 课后练习——单击提交按钮显示图片

Step 01 在元件库中选择一个按钮和一个图片，拖入设计区域，如下左图所示。

Step 02 重命名按钮的名称文本，修改为“提交”。也可在检视页面中重命名按钮的名字，便于区分，如下右图所示。

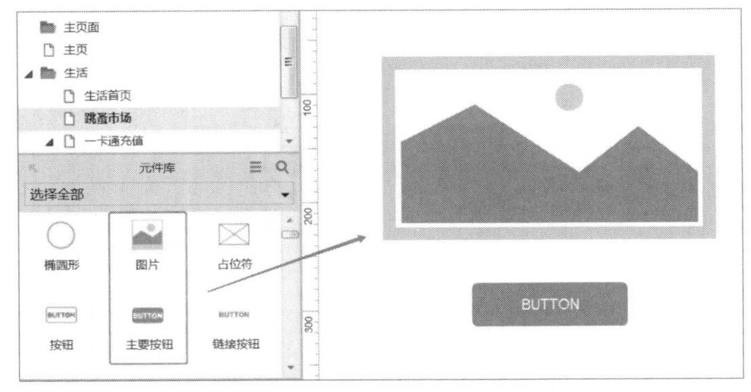

添加图片和按钮元件

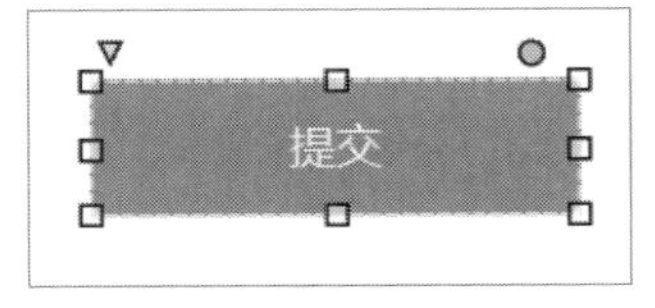

修改按钮名称

Step 03 单击图片元件，出现替换图片元件的文件夹，选择需要的图片插入设计区域。插入图片后，可对图片进行放大、缩小等操作，以满足设计需求，如下左图所示。

Step 04 我们的练习内容是在单击提交按钮之后显示图片，所以图片在页面载入时是不显示的。此时需要在不选中任何元件的情况下，在右侧属性栏中双击“页面载入时”，为页面载入时设计用例，如下右图所示。

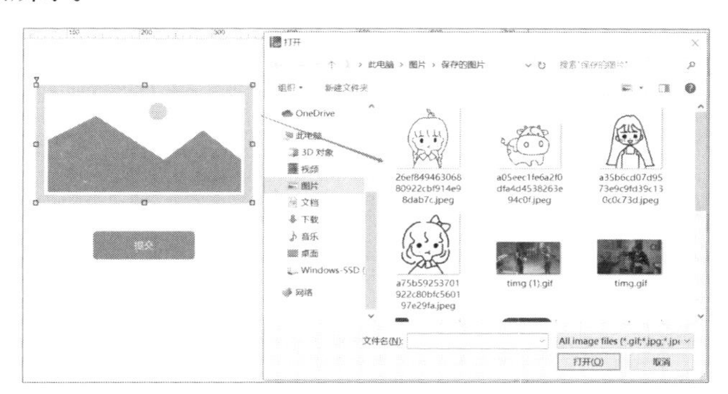

插入图片

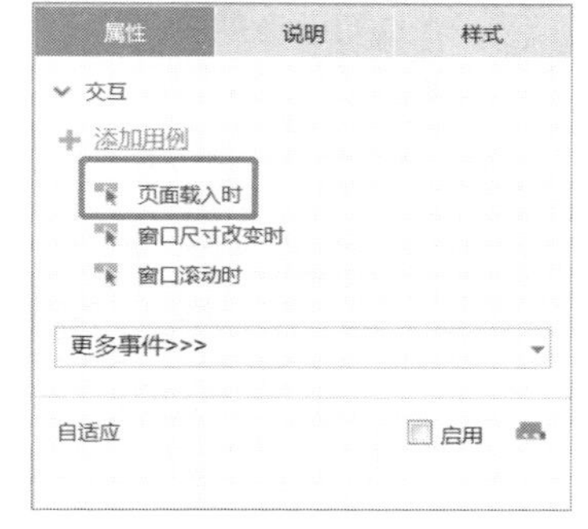

双击“页面载入时”

Step 05 会打开“用例编辑<页面载入时>”对话框，在“元件”下选择“显示/隐藏”下的“隐藏”，在“配置动作”中确认隐藏图片，如下左图所示。

Step 06 此时还需为按钮设置交互事件。选中按钮元件，在右侧属性栏双击“鼠标单击时”，进入鼠标单击的用例编辑，使得单击提交按钮可显示图片，如下右图所示。

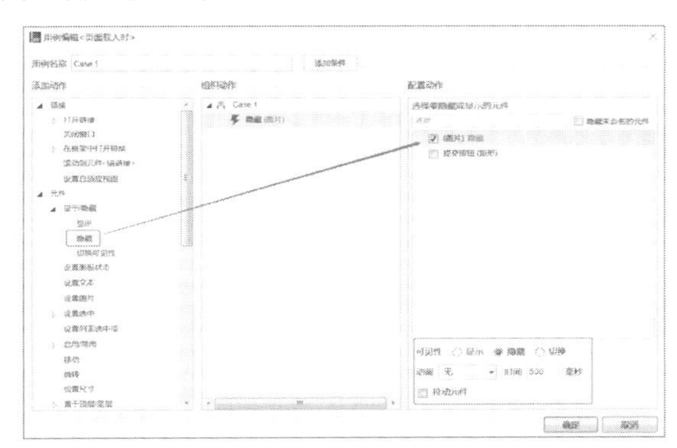

确认隐藏图片

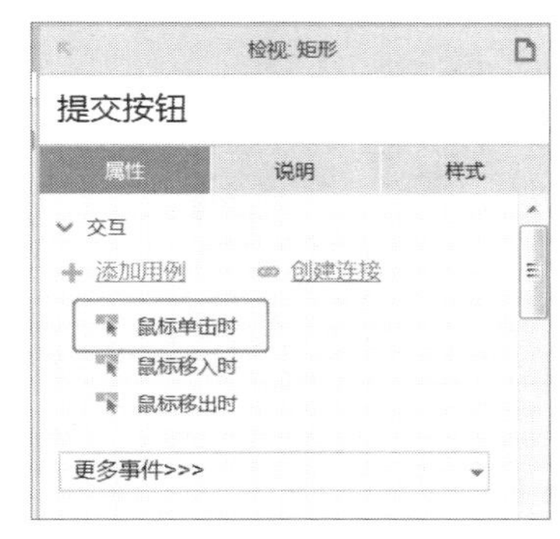

双击“鼠标单击时”

Step 07 进入用例编辑页面，添加“显示”动作，并在“配置动作”中选择图片，使得在单击提交按钮之后显示之前准备的图片，如下左图所示。

Step 08 设置完成之后即可通过预览查看效果，如下右图所示。

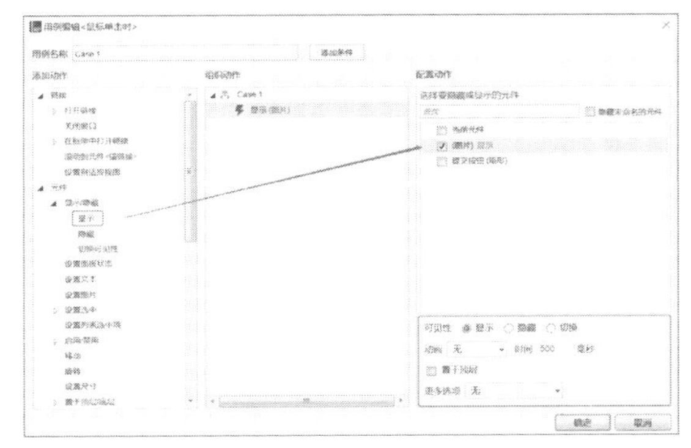

确认显示图片

预览效果

Chapter 04 交互事件

在了解Axure的使用技巧并实际操作一些简单的案例之后，本章开始我们将学习原型制作重要的一环节——交互设计。交互设计现在已经衍生为一门学科，是产品设计不能忽略的一部分。本章主要介绍如何利用Axure完成原型图的交互事件。

4.1 Axure RP交互

如果说产品的目的是通过功能帮助用户解决问题，达成目标，那么交互设计就是用户通过操作（行为）与产品进行交互，完成产品流程（任务），达成目标。其中用户为完成目标所进行操作的成本、体验、感受是用户体验，交互设计对用户满意度有着关键的影响。交互设计是通过对产品关键路径和关键操作的规划设计，缩短用户目标达成的路径，或在用户目标达成过程中让用户感受愉悦，至少不困扰或厌烦。交互的目的可通过如下所示的简图来描述。

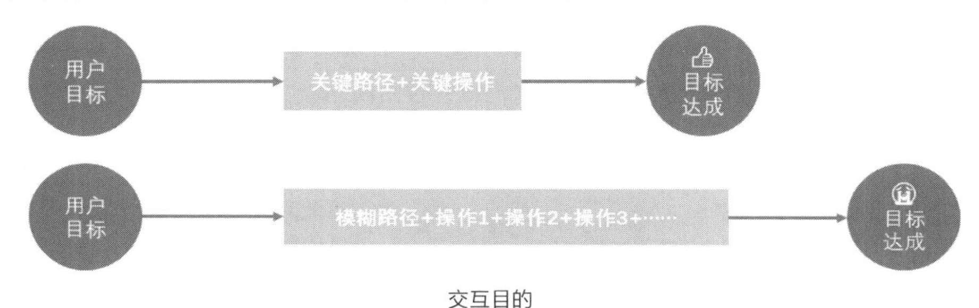

交互目的

4.1.1 交互设计可用性原则

在交互设计上，人机交互博士尼尔森（Jakob Nielsen）析了两百多个可用性问题，分析提炼出十项通用型原则，并在1995年1月1日发表了《十大可用性原则》，是产品设计与用户体验设计的重要参考标准。下面对这十项原则进行简单介绍。

（1）反馈原则

系统应该在合理的时间、用正确的方式向用户提示或反馈目前系统在做什么，发送了什么。让用户和系统之间保持良好的沟通和信息传递；系统要告知用户发生了什么，或了解用户预期的是什么，及时反馈，如下图所示。

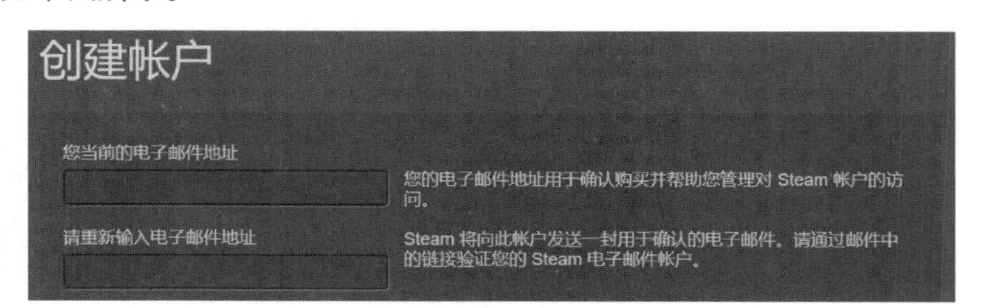

反馈原则

（2）回退原则

用户经常会不小心操作错误，需要一个功能让程序迅速恢复错误发生之前的状态。用户误操作的概率极高，对于误操作，产品应尽量提供“撤销”“回滚”“反悔”功能，让系统返回错误之前的状态。业务流程类产品对于此类操作要考虑周期，比如可以撤销某些状态的订单，但对于某个状态之后的订单是无法撤回的，如下左图所示。

（3）隐喻原则

系统要采用用户熟悉的语句、短语、符号来表达意思。遵循真实世界的认知习惯，让信息的呈现更加自然，易于辨识和接受。产品设计中，采用符合真实世界、习惯认知的元素，让用户可以通过观察、联想、类别等方法轻松理解系统要表达的含义，如下右图所示。

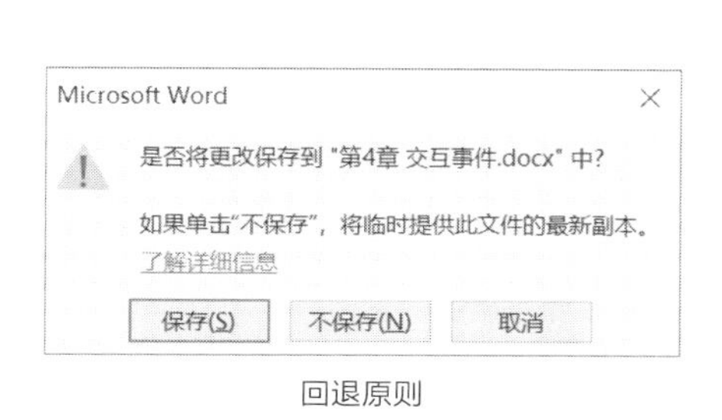

回退原则

隐喻原则

（4）一致原则

同样的情景、环境下，用户进行相同的操作，结果应该是一致的；系统或平台的风格、体验也应保持一致。可以在设计过程中梳理设计规范，统一设计风格，保持系统的一致感，如下图所示。

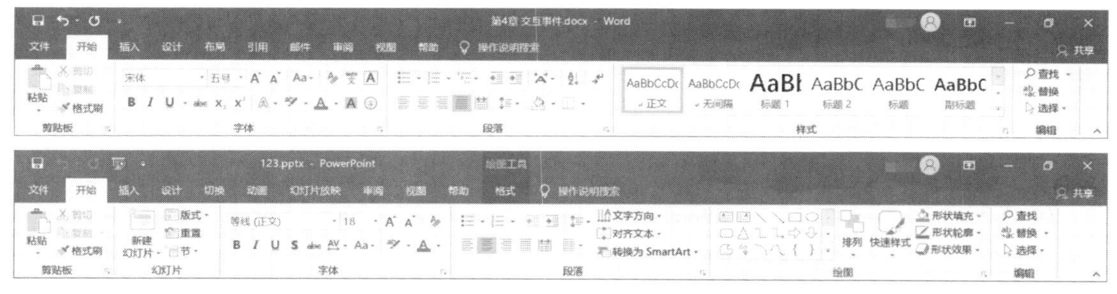

一致原则

（5）防错原则

系统要尽量避免错误发生，这好过出错后再给提示。在进行设计时，要充分考虑如何避免错误发生，再考虑如何检查、校验异常，如下左图所示。

（6）记忆原则

让系统的相关信息在需要的时候显示出来，减轻用户的记忆负担。系统的应用应该减轻用户的负担，而不是加重负担。对于可以帮助用户分担的部分，尽量分担，如下右图所示。

防错原则

记忆原则

（7）灵活易用原则

系统的用户中，中级用户占据多数，初级和高级用户相对较少。系统应该为大多数人设计，同时兼顾少数人的需求，做到灵活易用。好的产品是有门槛的，门槛高度覆盖最典型的用户画像，同时又为跨越门槛提供了平缓的路线，如下左图所示。

（8）简约设计原则

对话中不应包含无关的或没有必要的信息，增加或强化一些信息就意味着弱化另一些信息，重点太多，等于没有重点。把握好强调、突出的度，保持整体的平衡，如下右图所示。

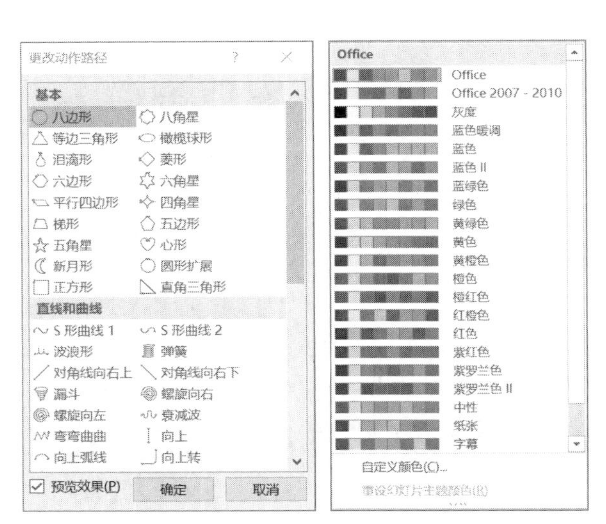

灵活易用原则　　　　简约设计原则

（9）容错原则

错误信息应该用通俗易懂的语言说明，而不是只向用户返回某个错误代码；提示错误时要给出解决问题的建议。将错误转化为用户可以理解的语句，并告诉用户该如何解决，如下左图所示。

（10）帮助原则

对于一个设计良好的系统，用户应该不需要经过培训就可以上手，但提供帮助文档依然是必要的。帮助信息应该易于检索，通过明确的步骤引导用户解决问题，如下右图所示。

容错原则

帮助原则

4.1.2 交互事件

交互，即交流互动。Axure中交互事件就是用一些用例对产品使用者不同的输入做出反应，当用户对页面或元件进行不同的操作时，都有对应的事件发生。

在Axure中对不同的事件进行用例编辑，通过添加动作、组织动作、配置动作三个步骤，最终完成一个交互事件，如下图所示。

用例编辑流程

4.1.3 交互的位置

交互是用户可在产品上进行的操作进行反馈，所以交互的位置就是对产品的每一个页面进行的操作，对页面上的不同元件进行单击、双击等操作，以及输入、跳转等，如下图所示。

交互位置

以搜索引擎的搜索页为例，页面上有很多可以进行交互的位置。搜索框可以进行输入操作，搜索结果筛选可以进行选择操作。搜索结果、搜索热点等单击后会跳转到其他页面。此外，鼠标悬停在可单击的文字或图片上会从“箭头”变成“小手”。单击后的页面文字会变成紫色，未单击的不变，如下图所示。

交互事件

4.1.4 交互的动作

在发生人机交互时，每一个事件都有响应的动作，这就是交互的动作。不同的事件交互动作有很大的差异，如下左图所示。

以登录界面为例，输入用户名和密码两栏的动作主要有两个，包括文本输入时“手机/邮箱/用户名”和“密码”两个文本隐藏，并存储用户输入的用户名和密码，作为登录的条件判断，如下右图所示。

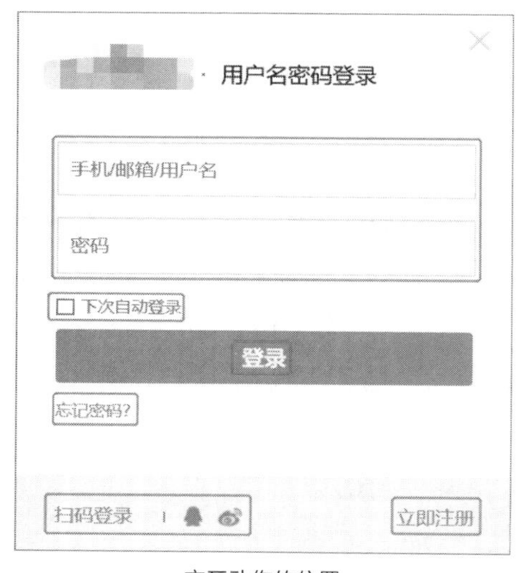

交互动作的位置

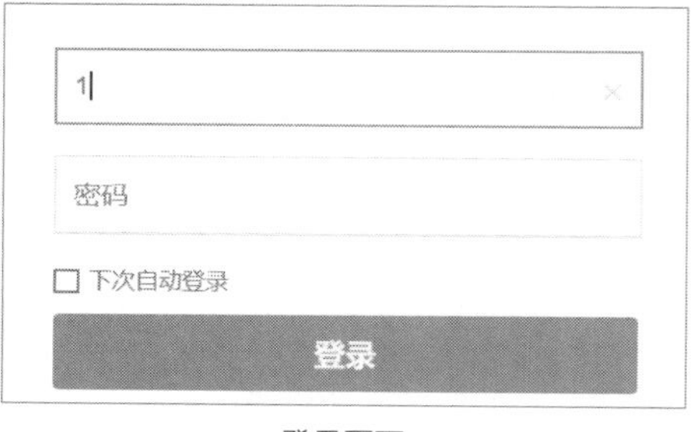

登录页面

在单击“登录”时，首先判断是否输入用户名和密码，如下左图所示。

用户输入后，首先判断输入的文本是否符合要求，用户名和密码是否匹配。在发生错误时，如下右图所示。

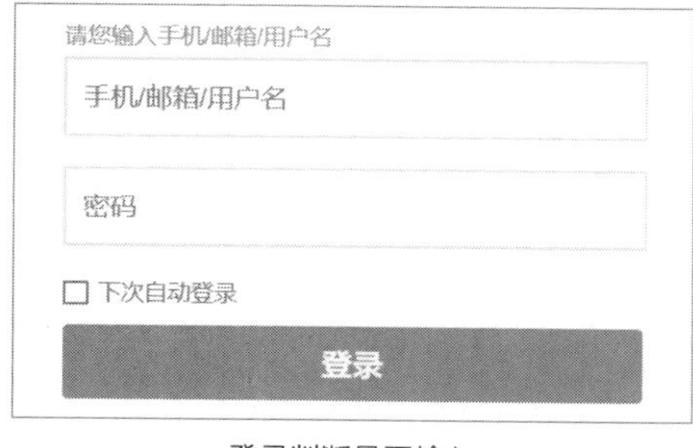

登录判断是否输入

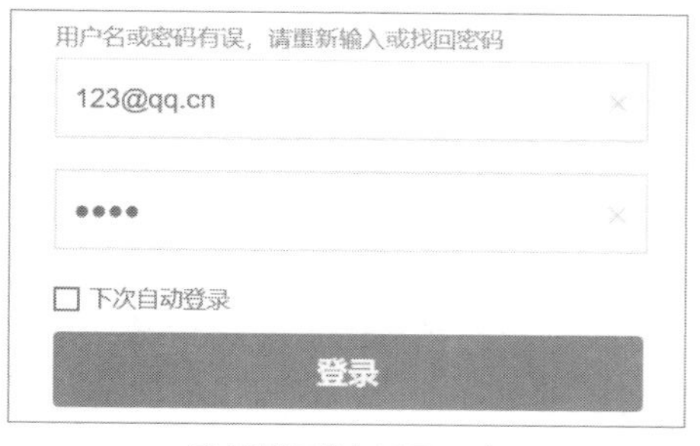

登录判断输入是否正确

登录流程中的每一个条件判断、用户提示、帮助等都是交互动作。在Axure中，交互动作基本上涵盖了所有可能的情况，可以保证制作高保真原型图的需要，如下图所示。

动作添加流程

4.2 Axure RP事件

Axure RP中事件主要分为页面事件和元件事件，页面与元件可能发生的事件略有差异。而元件事件也分为普通元件事件和特殊元件事件，一些元件本身就需要配置不同的动作和状态，比如动态面板。

4.2.1 页面事件的发生

写一篇文章需要有时间、地点、人物三大要素，页面事件的发生也有类似的三要素——事件、地点、发生什么，即when、where、what。

- When：什么时候发生交互动作？在Axure术语中，用事件（Events）来表示交互动作发生的时刻，例如，当用户在一个网页上单击切换按钮时。
- Where：交互在哪里发生？任何一个控件都可以建立交互动作，如矩形框、单选按钮或下拉列表，需选中对应的位置再做交互动作的配置。
- What：将发生什么？在Axure中，将要发生的称为动作（Actions）。动作编辑时定义了交互的结果。例如，光标悬停在一段文字上时，文字更换颜色。

确定了这三大要素之后，页面事件就会准确且恰当地发生。

4.2.2 页面事件

常见的页面事件包括页面载入时、窗口尺寸改变时以及窗口滚动时，如下左图所示。

此外，对其他事件也可以设置不同的动作，如下右图所示。

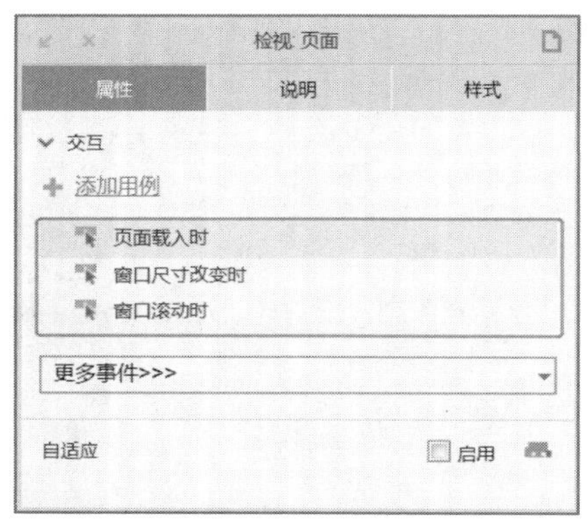

基本页面事件

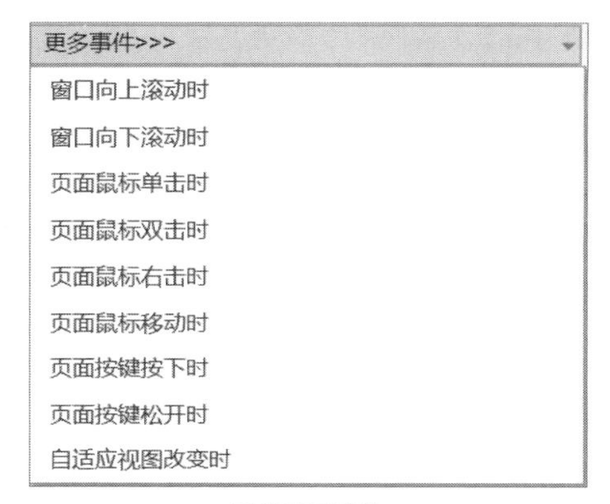

更多页面事件

案例 加载邮箱页面

Step 01 在设计区域添加一个按钮，修改文字为“发送邮件”，如下左图所示。

Step 02 在这个元件上增加“鼠标单击时”的用例，选择“打开链接”，再输入发送邮箱的超链接，即可调用发送邮件的自带功能，如下右图所示。

发送邮件

添加发送邮件按钮

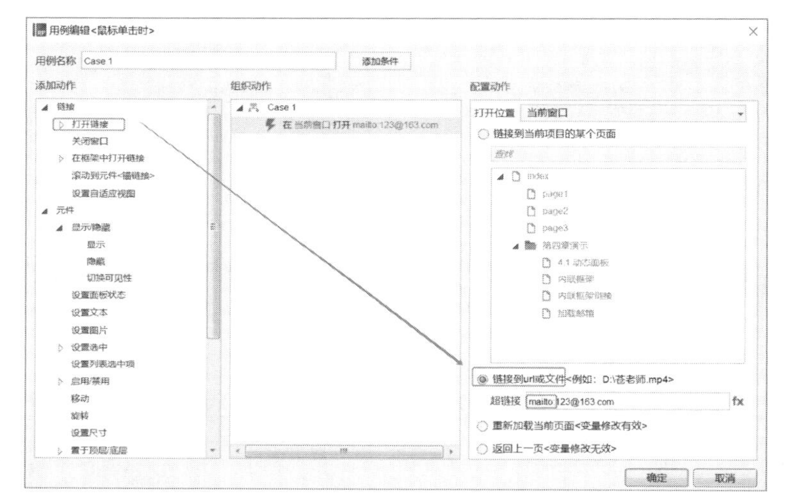

添加鼠标单击用例

Step 03 收件箱的邮箱地址可以根据实际情况进行更改。单击“预览”按钮生成html文件。单击“发送邮件”按钮，弹出邮件发送窗口，如下图所示。

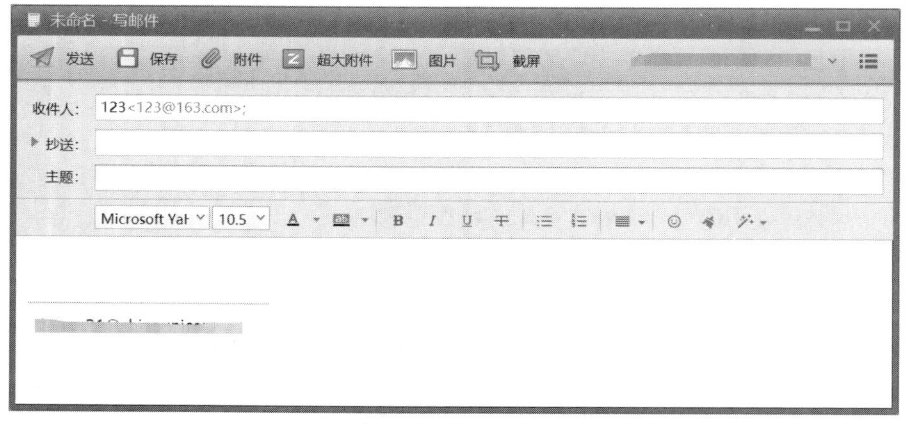

系统自带邮件发送窗口

此外，还可以利用页面事件调用电话、短信等自带功能，对应的超链接为：

- 拨号——tel：电话号码
- 短信——sms：手机号码
- 邮件——mailto：邮箱地址

4.2.3 元件事件

元件上的事件类型比页面上多很多，且当发生页面载入、窗口尺寸改变等页面事件时，可以为不同元件设置对应的元件事件。

❶ 普通元件事件

在设计区域选中一个元件，右侧检视页面属性标签中含有两项交互动作，如下左图所示。

其中，“形状”下有元件的交互样式设置，可以为一个元件在鼠标悬停、按下、选中、禁用时设置不同的表现形式，如下右图所示。

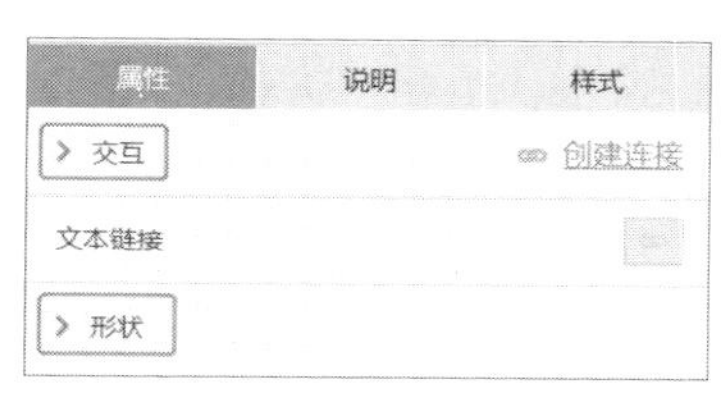

普通元件事件

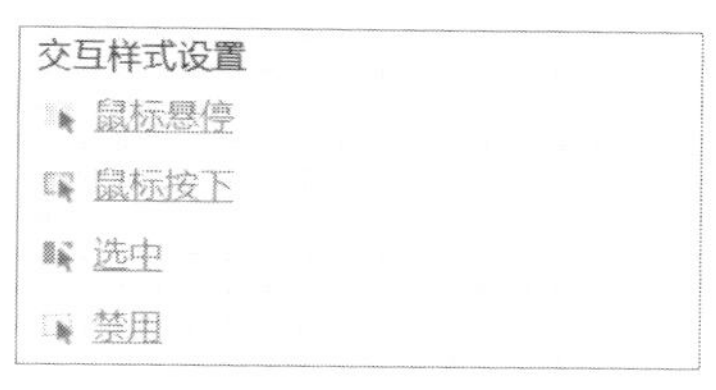

元件交互样式

单击其中一个交互样式，会弹出“交互样式设置”的对话框，可根据产品设计所需设置对应的样式，如下左图所示。

设置完成后，可以单击右上角的“预览”按钮进行预览，发现当鼠标按下时，字体、颜色、粗细等发生了变化，如下面右上图所示。

另外，可在选中元件后单击切换，为页面事件发生时元件的动作进行设置，如右下图所示。

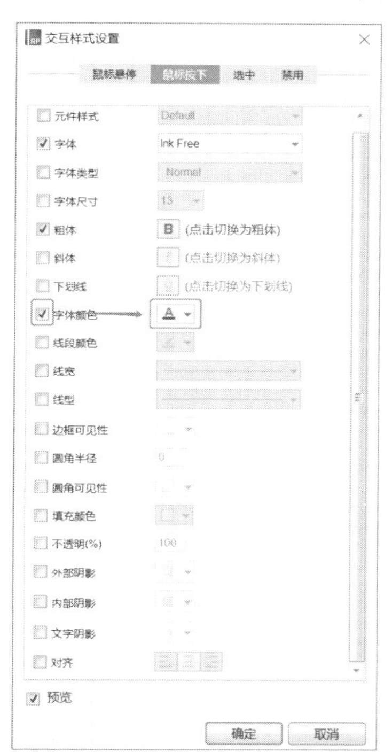

元件交互样式设置

鼠标按下前后效果对比

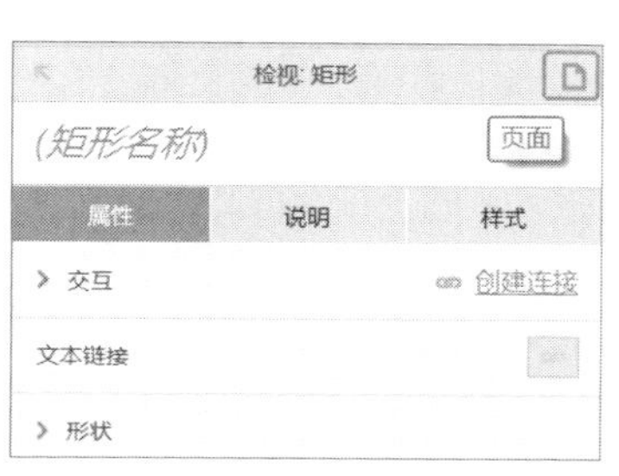

元件的页面事件切换

❷动态面板

动态面板是Axure中使用频率最高的元件之一，动态面板专门用于设计原型中的动态功能，它可以包含一个或多个状态，每个状态就是一个页面，在这里可以任意编辑，通过控制状态的切换或显示/隐藏来实现一些常见的交互效果，如下面两图所示。

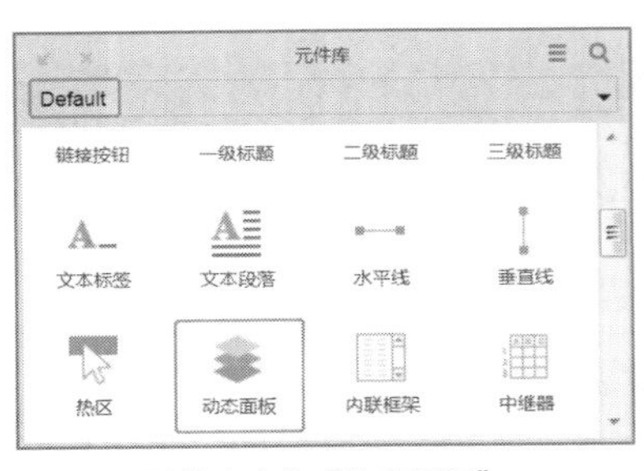

元件库中的“动态面板”

设计区域中的“动态面板”

双击动态面板，打开“面板状态管理”窗口，可以设置一共有几个状态进行切换，如下左图所示。

其中，依次表示添加、复制、上移、下移、编辑状态、编辑全部状态以及删除。

选中一个状态，之后单击编辑按钮，或者直接单击State ×，都可以进入这个状态的编辑页面。编辑区域左上角有一个蓝色框线，框线内就是动态面板的显示区域，在其中进行状态编辑。

下面简单编辑一个案例，拖入一个“矩形”元件，修改背景色，在其中输入文字表明当前状态，如下右图所示。

面板状态管理

状态编辑

然后为动态面板所在的页面“载入时”设计动作，在属性标签下双击“载入时”，进行用例编辑，如下左图所示。

动态面板的动作配置主要包括循环模式、循环间隔、进入和退出的动画选择，确定后就完成了动态面板的编辑，如下右图所示。

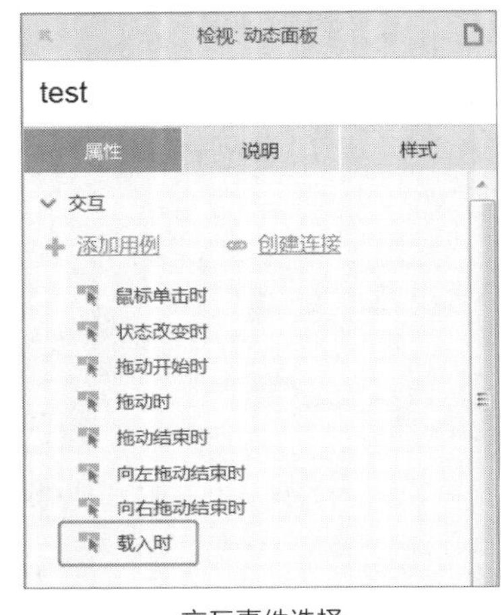

交互事件选择

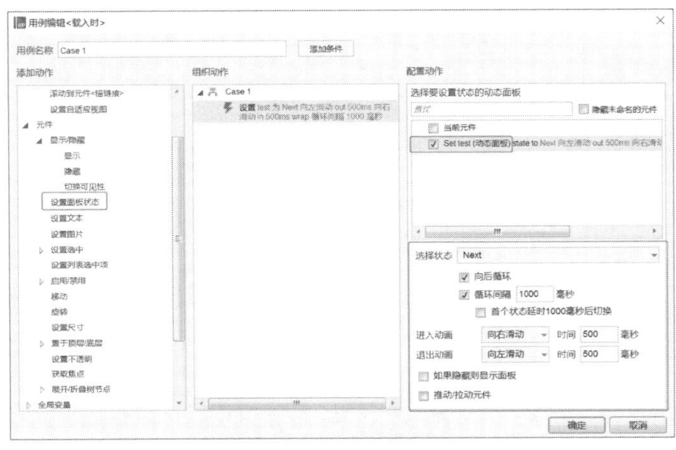

动态面板用例编辑

③内联框架

屏幕的大小是有限的，如何在有限的屏幕内展示更多的内容呢？常见的是增加页面滚动功能，内联框架就是帮助原型图实现页面滚动的。

先在元件库中选择“内联框架”，并将其拖入设计区域，如下左图所示。

在主页面中右键单击框架，在快捷菜单中选择“切换边框可见性”选项，这样在页面预览的时候这个内联框架就不显示边框了，整体页面的效果比较美观。如果需要显示边框，再次单击一下“切换边框可见性”选项就可以恢复边框显示了，如下右图所示。

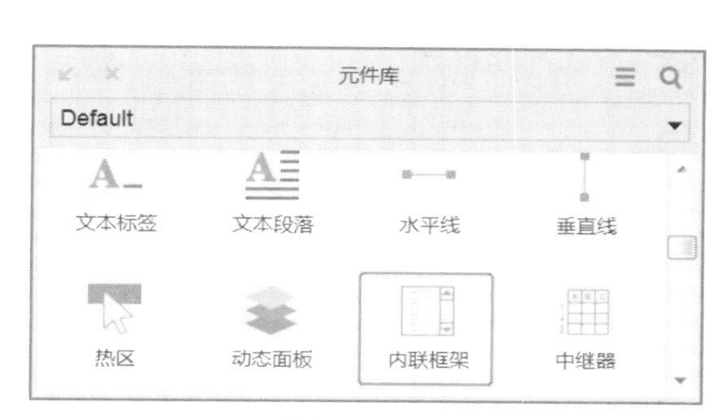

元件库中的内联框架

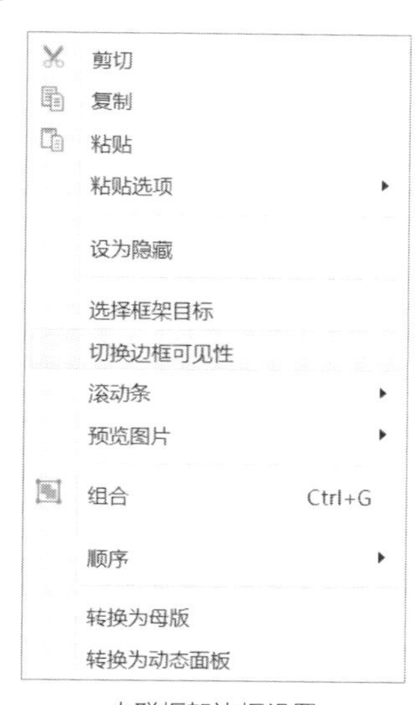

内联框架边框设置

在快捷菜单中将光标移到“滚动条”上，会弹出级联菜单，默认勾选“自动显示滚动条”。一般情况下，为了原型演示效果好看，默认框架是不显示滚动条的，除非个别页面内容实在太多，才显示滚动条，所以这里一般要修改配置为“从不显示滚动条”，如下左图所示。为显示所需，本教程的案例中有的时候选择“自动显示滚动条”。

内联框架多和中继器、动态面板等一起使用，下面通过一个长图实例来说明。新建一个页面，导入一张长图。再回到内联框架所在的页面，双击内联框架，选择链接到长图页面。适当调整内联框架的宽度和高度，保证页面美观，如下右图所示。

内联框架滚动条设置

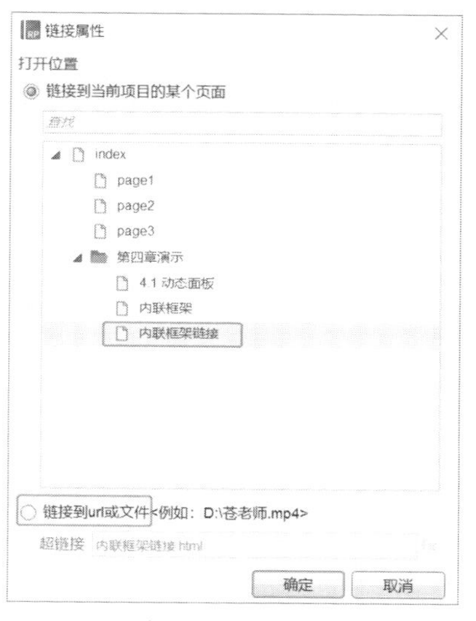

内联框架链接属性

设置完成后进行页面预览，查看内联框架的效果。当页面较长较宽时，可使用内联框架进行拖动查看内容信息，如下图所示。

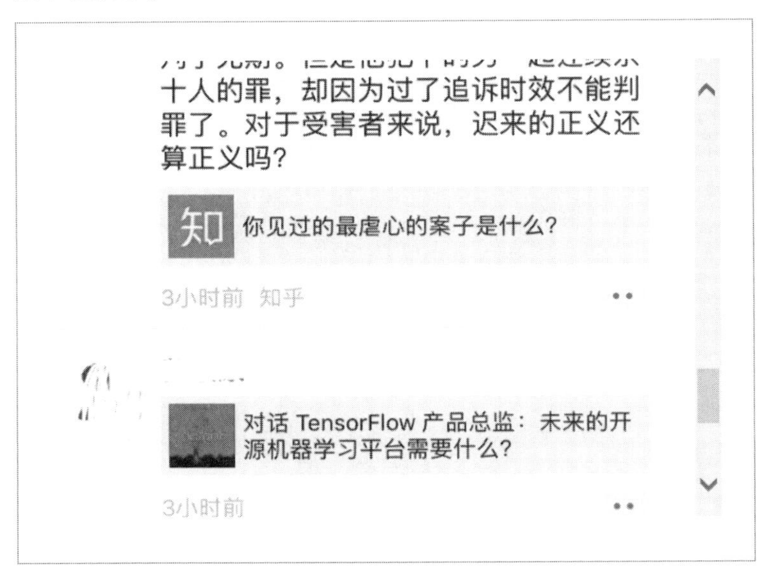

内联框架效果预览

案例 使用动态面板创建轮播图自动跳转

不管是App还是网站，首页顶端一般都是轮播图，几个banner循环播放。轮播图主要就是通过动态面板来实现的，如下图所示。

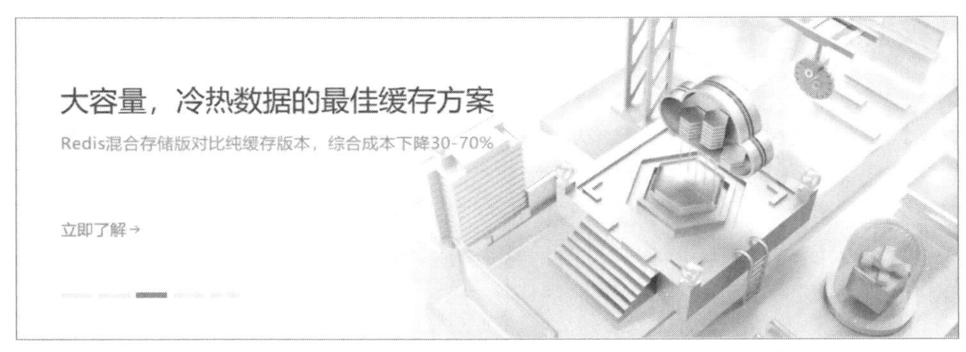

常见的轮播图

Step 01 制作轮播图时，首先需要准备好几张尺寸合适且一致的图片，并在设计区域插入对应大小的动态面板，设置好状态的数量，如下左图所示。

Step 02 并在每个状态内插入对应的轮播图片，如下右图所示。

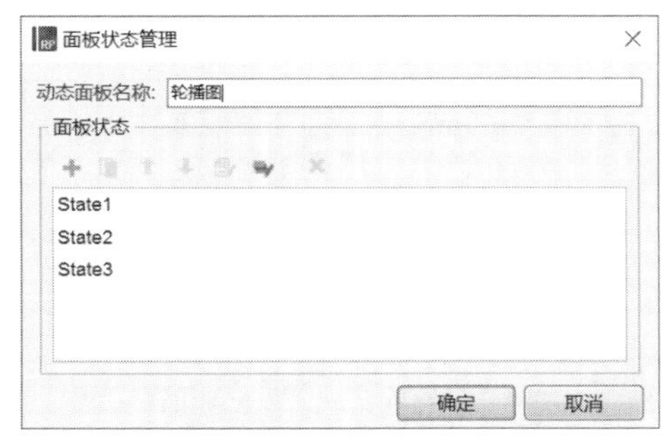

轮播图动态面板管理

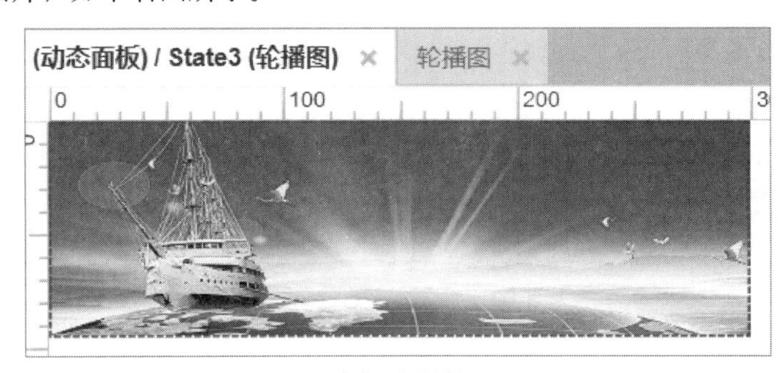

动态面板编辑

Step 03 设置动态面板在“载入时”的动作，在“元件”中选择“设置面板状态”，在右侧“配置动作”中选择轮播图面板，设置“选择状态”为NEXT，然后单击“确定”按钮，如下图所示。

动态面板用例编辑

这样即完成了轮播图的初步设置，更多的效果将在接下来的内容中逐步完善。

4.3 Axure RP用例

在Axure中，大多的事件交互都是通过用例编辑实现的。下面就来讲解Axure RP用例的相关内容。

4.3.1 用例编辑器

用例编辑器是完成Axure RP交互事件的操作页面，单击每一个事件都会弹出“用例编辑”对话框，帮助实现该事件下产品的交互动作。

在窗口右侧检视面板的属性标签下单击“添加用例”，或双击某个事件，即可打开对应事件的“用例编辑”对话框，如下图所示。

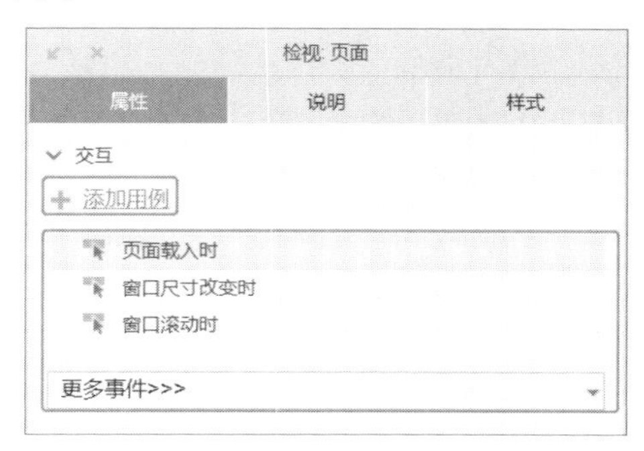

添加用例的位置

“用例编辑”对话框中主要分为四部分，即条件设置（添加条件、编辑条件、清除条件）、添加动作、组织动作和配置动作，如下左图所示。

其中，“添加动作”部分与“配置动作”一一对应，将在本教程后续的内容中逐步展开。“组织动作”可实现动作的顺序变换，以及动作的复制粘贴、剪切和删除，如下右图所示。

“用例编辑”对话框

用例编辑——组织动作

4.3.2 条件设立

“用例编辑”对话框中的第一部分就是条件设置，这也是因为产品在与用户进行交互过程中大多数情况下都需要进行条件判断。常见的用户登录界面就需要考虑到用户是否注册、用户名和密码的格式是否正确、用户名和密码是否对应、是否存在忘记密码的情况等条件判断，应用较为广泛。

一个条件判断语句主要分为判断的主体、比较对象、两者间的数量关系，对应在“用例编辑”对话框中可以表现为如下图所示的对应关系。

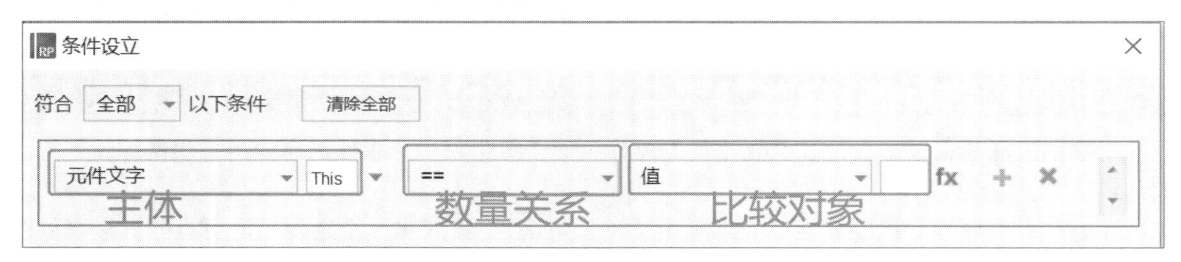

用例编辑——条件设立

条件设立的主体部分主要有以下几种类型：

- **变量值：**软件内自带了一个变量OnLoadVariable，也可以添加、删除、重命名变量，管理变量可以从菜单栏左数第四个（汉化版本的“线框图”）中的第三项“管理变量”进行上述操作。当然在条件编辑器里选择变量时，最后一项“新建”也可以完成对变量的管理。变量值可以是字母、数字、特殊字符和汉字，或者是它们的任意组合。
- **变量长度：**是指变量值的字符个数，在Axure中一个汉字的长度是1。变量长度的值可以通过Axure自带函数进行获取。
- **元件文字：**是指每个元件上面可编辑的文字。不包含动态面板、图片热区、垂直线、水平线、内部框架、下拉列表、列表框。
- **元件值长度：**仅包含单行和多行文本框、下拉列表和列表框。
- **选中于：**仅适用于单选按钮和复选框，选中时值为“真”，未选中时值为“假”。
- **选中项于：**仅适用于下拉列表和列表框，通过获取元件当前值来确定选中状态。
- **动态面板状态：**动态面板专用，以获取事件激发时动态面板的状态作为判断条件。

- **动态面板可见性**：动态面板专用，以动态面板显示或隐藏作为判断条件。
- **焦点元件上的文字**：即通过鼠标单击或Tab切换被选中的元件上的文字，比如文本框获取焦点时，光标在文本框内闪动；按钮获取焦点时，四周会出现虚线。
- **值**：可以是字母、数字、汉字、符号、函数、公式；可以直接输入，或者单击fx按钮进入编辑。可以设置等于、不等于、大于、包含、是、不是等条件，具体使用方法会结合案例详解。
- **拖放光标**：是指拖动动态面板时光标（鼠标指针）的位置，以拖放光标是否进入某个元件的范围为条件。
- **元件范围**：是指元件覆盖的范围，以是否触碰到指定元件为条件。

对于较为复杂的条件判断语句，可单击右侧的fx按钮进入“编辑文本”对话框进行设置，如下图所示。

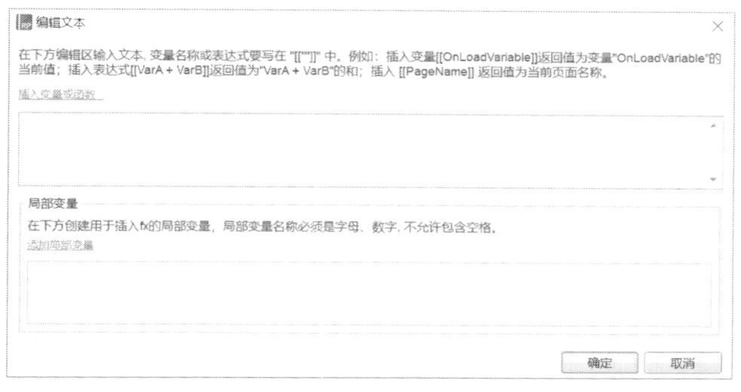

“编辑文本”对话框

当有多个条件并列时，可单击+按钮增加条件，不需要时可单击×按钮删掉对应的条件。下面将通过之前尚未全部完成的轮播图场景解释条件设立的用例编辑。

案例 轮播图手动跳转——左翻右翻

一般的轮播图除了自动切换之外，还有左右两个按钮，下方还会通过标记显示当前是第几个轮播图。本案例就来介绍左翻、右翻按钮的动作配置，如下图所示。

轮播图目标效果

Step 01 向左和向右按钮要求单击向左按钮时展示前一张图片，如果当前图片为第一张轮播图，单击向左则出现第三张轮播图。首先进行条件设立，如下图所示。

轮播图——条件设立

Step 02 如果当前图片为第一张轮播图，单击向左出现第三张轮播图，出现对应图片后仍循环展示，如下图所示。

轮播图——面板用例编辑

Step 03 如果当前轮播图不是第一张图片，则显示前一张图片。首先设立条件，如下图所示。

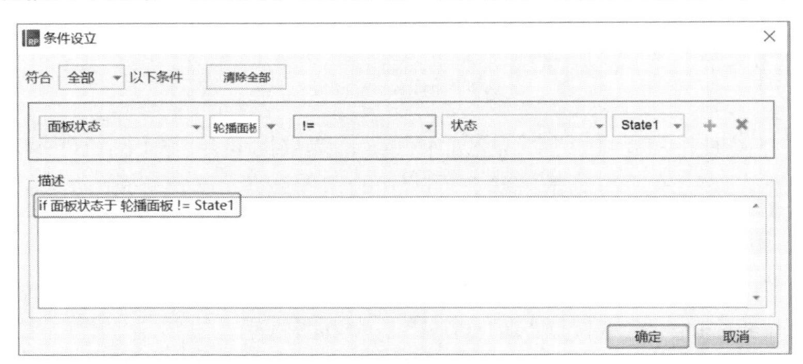

轮播图——条件设立

Step 04 再设置在此条件下对应的动作，如果当前轮播图不是第一张轮播图，则显示前一张，且在显示之后仍可以循环播放，如下图所示。

轮播图——面板状态编辑

Step 05 单击右翻按钮，出现下一张图片。如果当前图片为第三张轮播图，单击下一张，出现第一张图片。如果当前图片不是第三张图片，则显示下一张。显示一定事件之后继续循环播放，如下图所示。

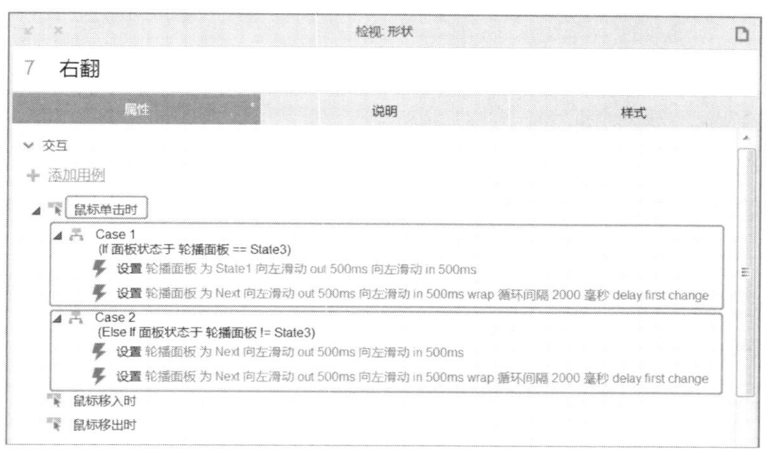

轮播图右翻交互设计

这样就完成了轮播图手动切换左翻、右翻的动作。小圆点与轮播图对应，且实现单击跳转的动作会在后面讲解。

4.4 Axure RP动作

每一个交互事件的发生都离不开动作，在确定了when以及where之后，需要通过“用例编辑”对话框确定what，本节主要介绍Axure RP中的动作添加。

4.4.1 链接类动作

链接类动作是Axure中最基础也是最简单的动作，也是“用例编辑”对话框中第一个动作。添加内部链接的简单方式是直接在检视面板的交互下选择跳转到哪个页面，如下左图所示。

如果需要跳转到其他链接或进行复杂的链接设置，需要单击具体事件并在“用例编辑”对话框中进行更多的选择和操作，如下右图所示。

在检视面板中创建链接

在“用例编辑”对话框中打开链接

打开链接的方式有四种，包括在当前窗口打开、新窗口/新标签打开、弹出窗口和父级窗口，如右图所示。

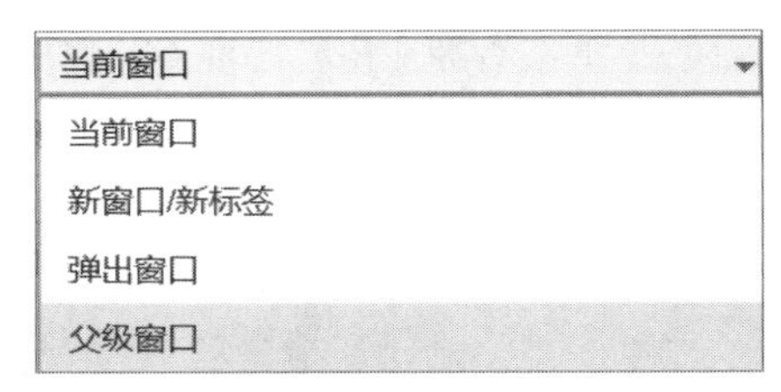

打开链接的四种方式

❶当前窗口

在当前窗口打开时，有以下四种链接方式，如下左图所示。

（1）链接到当前项目的某个页面。

（2）链接到url或文件。

（3）重新加载当前页面。

（4）返回上一页。

❷新窗口/新标签&父级窗口

新窗口/新标签和父级窗口都只有两种链接方式，如下右图所示。

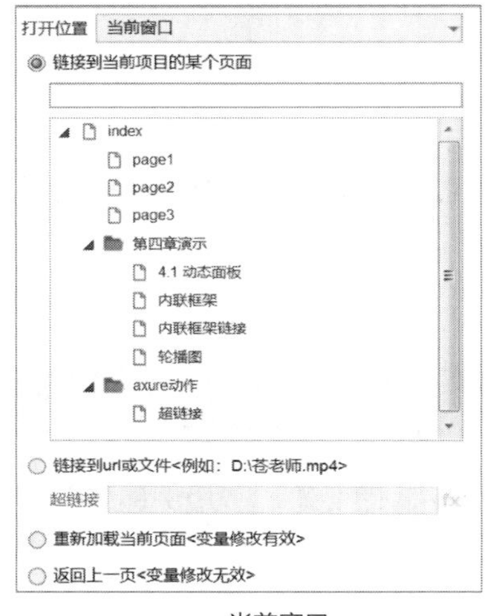

当前窗口

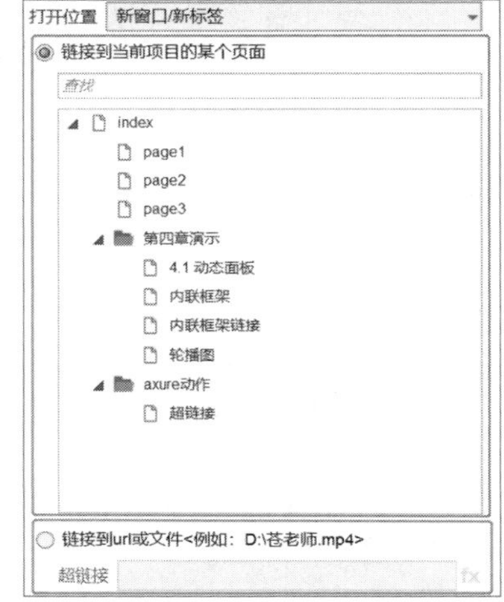

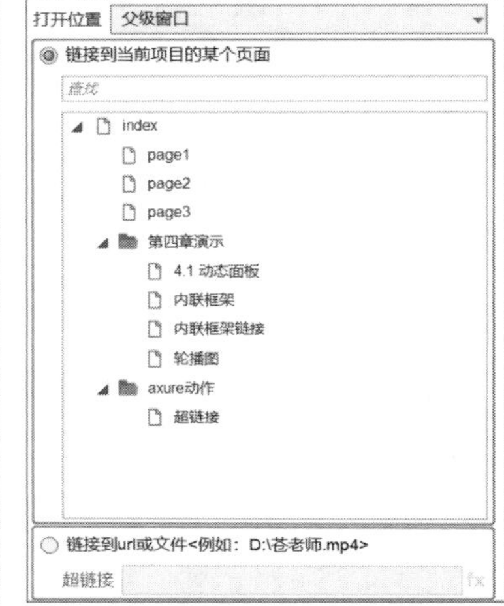

新窗口/新标签&父级窗口

❸弹出窗口

弹出窗口同样也是可以链接到当前项目的某个页面或链接到url和文件，只是“用例编辑”对话框中增加了弹出窗口的属性设置，如下图所示。

弹出窗口

设置后预览，在载入页面时弹出百度窗口，如下图所示。

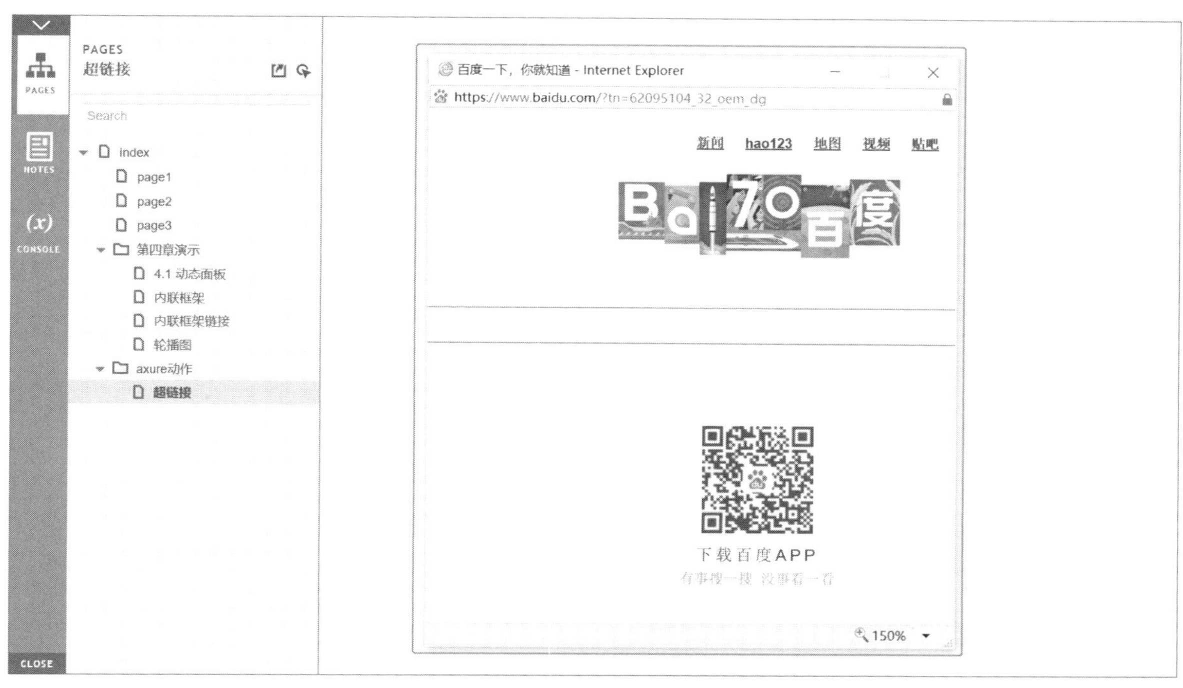

弹出窗口效果

案例 为原型添加超链接动作

实际中也常用链接动作为产品添加超链接，本案例将普通的文本转换为超链接文本，文本在鼠标悬停时更改属性，在单击时打开其他链接。

Step 01 在设计区域插入一个文本标签，并输入相应的文字，如下左图所示。

Step 02 设置鼠标悬停时的交互样式，超链接一般在鼠标悬停时为蓝色，也可以设置成其他格式，如下右图所示。

插入文本

设置鼠标悬停样式

Step 03 添加“鼠标单击时”的事件，选中外部链接，输入网址，需注意的是网址一定要带http，否则可能打不开链接，如下图所示。

用例编辑——打开链接

Step 04 完成之后单击右上角“预览”按钮查看编辑效果。鼠标悬停与不悬停的对比效果如下图所示。

www.baidu.com www.baidu.com

鼠标悬停效果对比

Step 05 单击后打开新窗口，链接为www.baidu.com，如下图所示。

打开链接效果

4.4.2 元件事件

每个元件事件都需要经过以下步骤，之前的案例中也重复过很多次这样的操作，如下图所示。

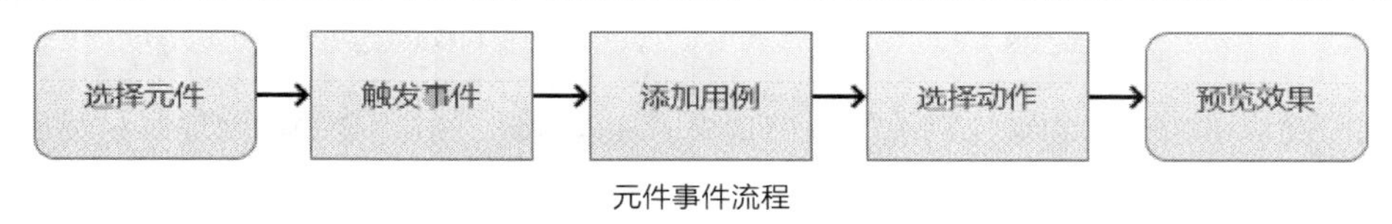

元件事件流程

元件的交互样式一般指某个元件本身，而用例涉及到多个元件的交互样式，如下图所示。

元件交互设置

接下来我们通过完善之前的案例再次熟悉元件事件的发生和对应动作的编辑。

案例 轮播图手动切换——单选按钮

之前已经完成了轮播图的自动切换和左翻、右翻，还需要增加小圆点与轮播图的对应关系，以及单击一个小圆点跳转到对应的轮播图，且每次只能单击一个小圆点。

Step 01 将圆点设置成选项组，同一个选项组的元件，当其中一个部件被选中时，系统会自动取消选择其他部件。同时选中三个圆，单击鼠标右键，选择“设置选项组”，给选项组命名，然后单击“确定”按钮，如下左图所示。

Step 02 全选三个圆点，右键单击，选择“交互样式”，打开“交互样式设置”对话框，勾选“填充颜色”并设置，使得轮播图变化时对应的圆点呈现不一样的颜色，如下右图所示。

轮播图——设置选项组

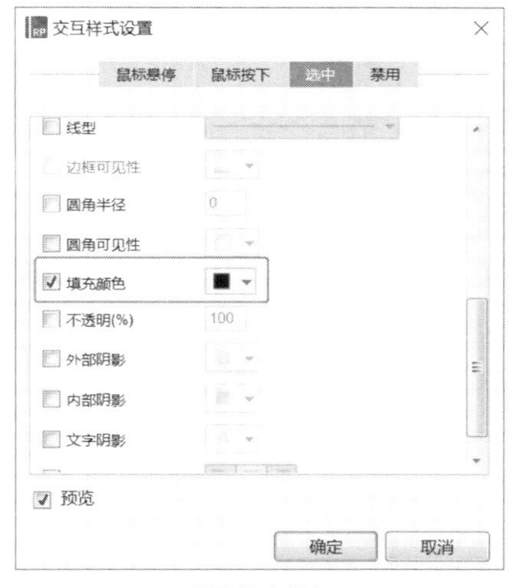

设置填充颜色

Step 03 将轮播图与圆点对应起来，面板状态为轮播图1时，对应圆点1；面板状态为轮播图2时，对应圆点2；面板状态为轮播图3时，对应圆点3。单击轮播面板，在属性标签中双击“状态改变时”，打开“用例编辑<状态改变时>”对话框，单击“添加条件”按钮，打开“条件设立”对话框，条件状态设置如下图所示，单击“确定”按钮。

轮播图——条件设立

Step 04 为第一张轮播图选择对应的圆点，为第一个圆点设置选中状态，如下左图所示。

Step 05 重复上述操作，完成第二个和第三个轮播图与圆点的对应，如下右图所示。

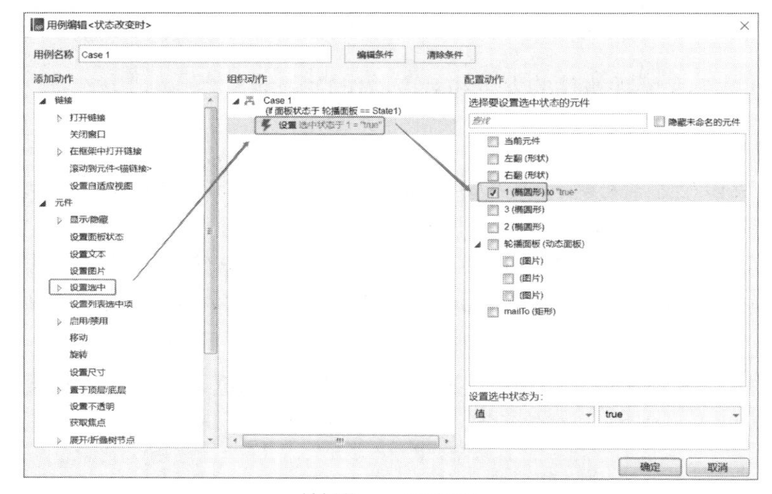

轮播图——用例编辑

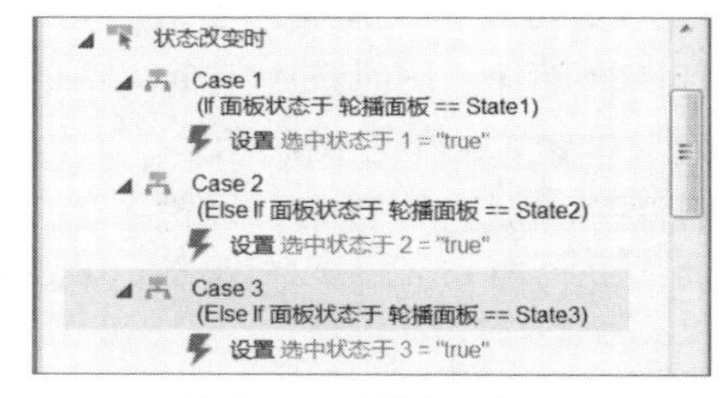

轮播图——其他圆点设置

Step 06 常见的轮播图展示中还需满足单击圆点切换到对应的图片，因此在圆点的用例中添加“鼠标单击时”事件，在设置面板状态中选择“轮播图1”，如下图所示。

轮播图——鼠标单击事件

Step 07 单击圆点出现对应图片后，仍然需要循环展示图片，所以还需加上循环效果。单击“设置面板状态”，选择“Next”状态，完成设置后单击“确定”按钮，如下图所示。

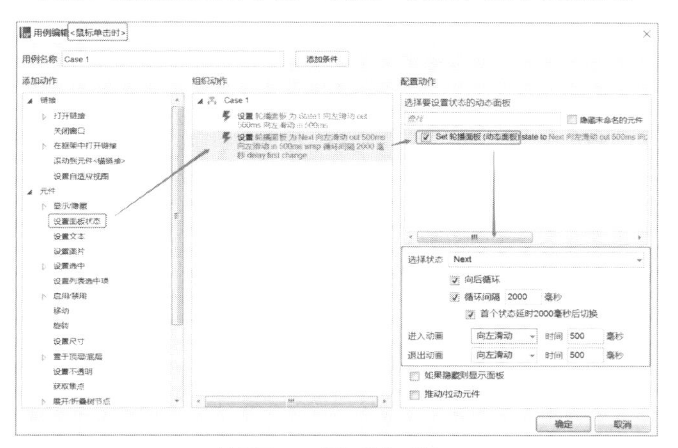

轮播图——鼠标单击后循环

对另外两个圆点也采取同样的设置。最后就是利用轮播图上的向左 / 向右按钮完成轮播图左右手动切换，与上述设置类似。

4.4.3 全局变量

前面已经介绍过变量的基本内容，本小节主要是利用全局变量为原型设计添加动作。本节将通过一个案例更加深入地学习全局变量如何应用在Axure RP动作设置中。要实现的案例为：将一个用户名设置在全局变量中，当输入的用户名与全局变量值一致时，则提示“已注册过的用户名”，须输入其他用户名才可以进行注册。

关于这个案例，除需正确使用全局变量以外，还需要理清文本框的特性：当用户选中文本框时，即为获取焦点；当用户选中文本框后又离开了文本框，这个时候算是失去了焦点。因为文本框的边框只能显示和隐藏，有很多局限性，因此多在文本框外加一个矩形。

❶元件准备

Step 01 准备文本框。隐藏边框，输入提示文字：“用户名，4-16个字符”，重命名为“用户名文本框”，当获取焦点时提示文字消失，如下左图所示。

Step 02 准备矩形。让文本框包含在矩形边框里面，采用默认边框颜色为#000000，引用界面选择“禁用”，并设置禁用颜色和选中颜色。需要注意，用户名文本框在矩形边框的上一层，如下右图所示。

设置用户名文本框

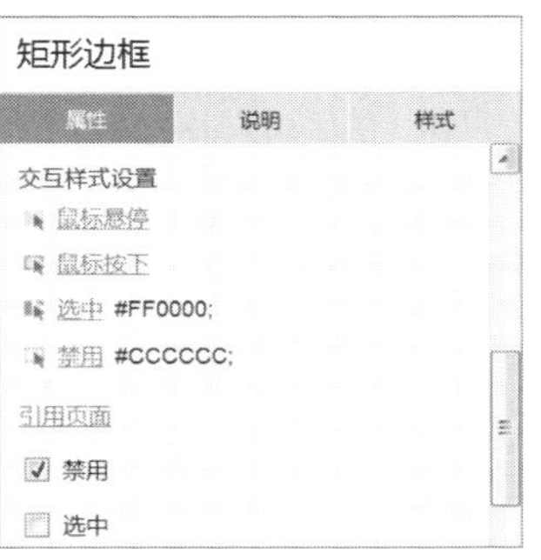

设置矩形边框交互样式

Step 03 准备文本标签。默认为空文本，名称为“提示语”，如下左图所示。

Step 04 准备全局变量。设置名称为UserName，变量值为Tom（代表已注册过的用户名），如下右图所示。

文本标签

请输入用户名，4-16个字符

设置文本标签

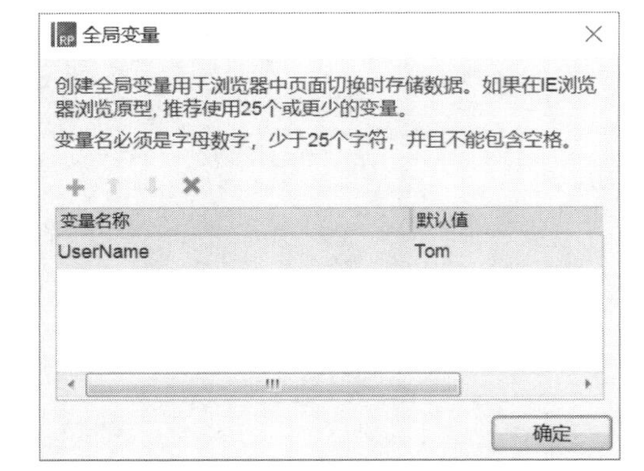

设置全局变量

❷交互用例

Step 05 当文本框“获取焦点”时，启用“矩形边框”，如下图所示。

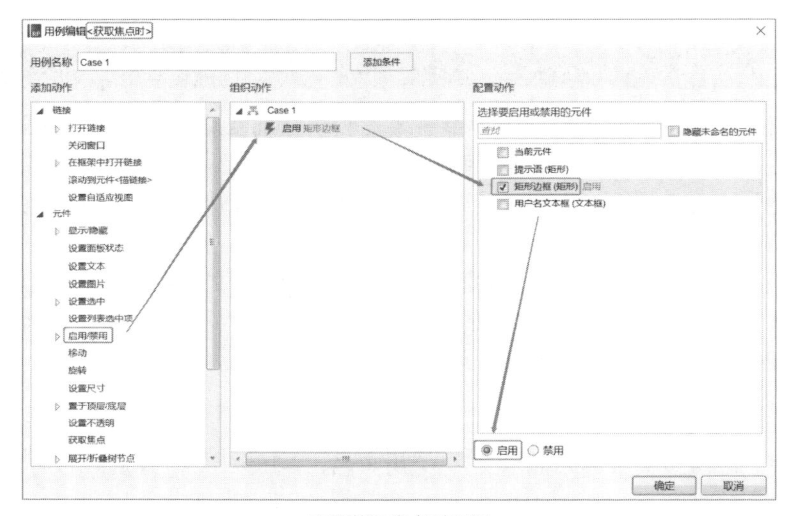

设置获取焦点时用例

Step 06 当文本框失去焦点时，且判断到元件文字值为空时，如下图所示。

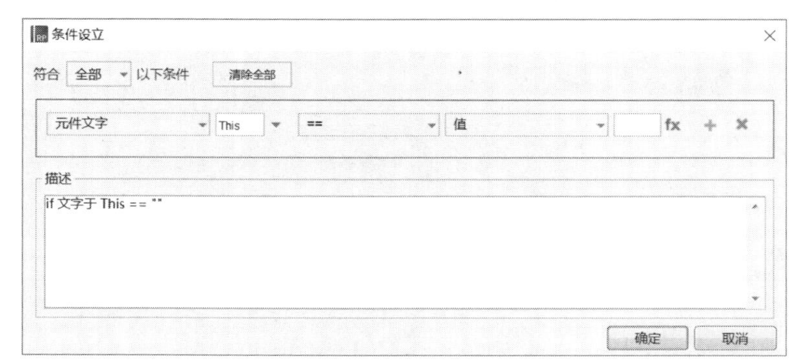

失去焦点条件设立

设置选中“矩形边框”，如下图所示。

设置失去焦点时边框状态

设置文本“提示语”为“富文本”，如下左图所示。

单击“编辑文本”，输入提示语“请输入用户名”，如下右图所示。

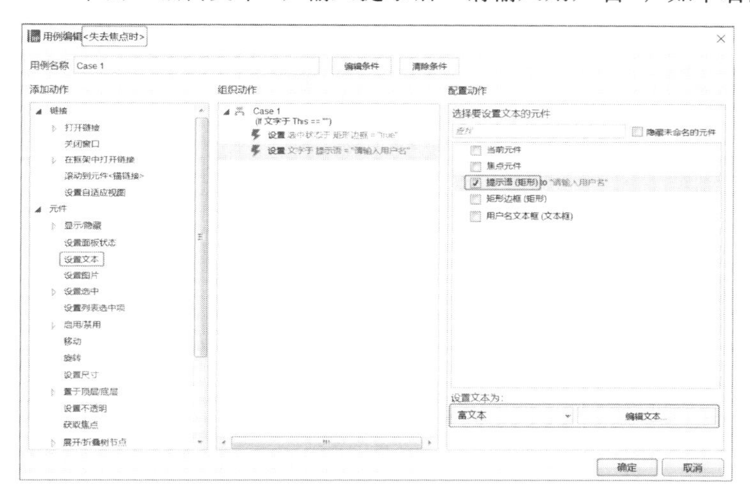

设置提示语

输入富文本

Step 07 当判断到全局变量值包含文字于当前元件文字时，如下图所示。

设置用户名已注册的条件

与前面步骤类似，选中矩形“边框”，编辑文本，输入提示语“该用户名已被注册”。

❸ 效果预览

Step 08 使用全局变量完成账户验证的页面就完成了，单击右上角“预览”按钮展示效果，如下图所示。

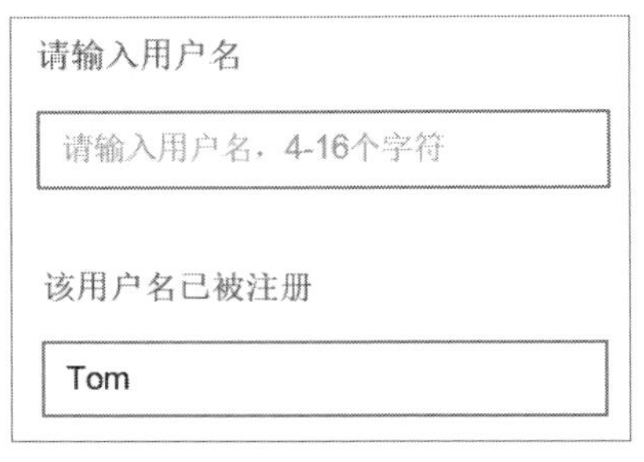

效果预览

4.4.4 中继器

中继器是Axure中一个非常重要的元件，相当于一个小型数据库，可以导入数据和图像，并且可以实现普通数据库的增、删、改、查，还具有排序和筛选功能，还可以与其他的数据库进行数据互通，是Axure中较为高级的交互设计，如下左图所示。

将中继器插入到设计区域中的显示如如下中图所示。

可在右侧属性栏进行数据编辑，与Excel的使用类似，可以增加/删除行，插入/删除列，如下右图所示。

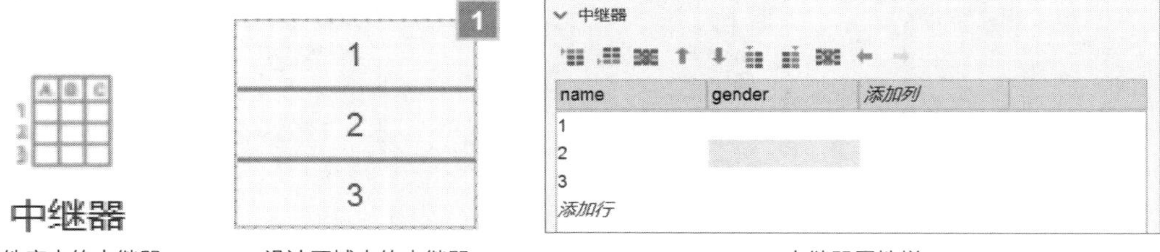

元件库中的中继器　　设计区域中的中继器　　中继器属性栏

单击中继器可以进入每行的编辑界面，按照数据库的格式，中继器的每一行都具有同样的结构，只要设置好其中一行，其他行都会按照同样的展示形式将数据库内所有信息显示在展示区。

在“用例编辑”对话框中也有针对中继器和数据库的动作。

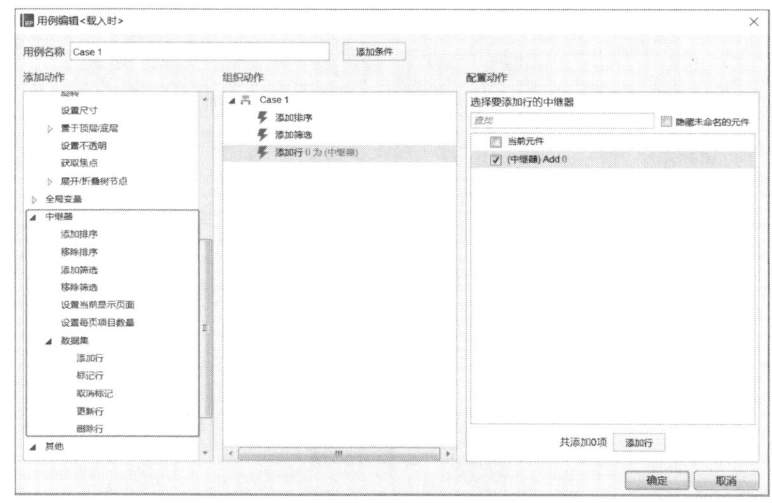

“用例编辑”对话框中中继器的所有动作

此外需注意中继器的样式中有一些特殊的地方，中继器的布局包括垂直布局、水平布局以及网格布局，如下图所示。

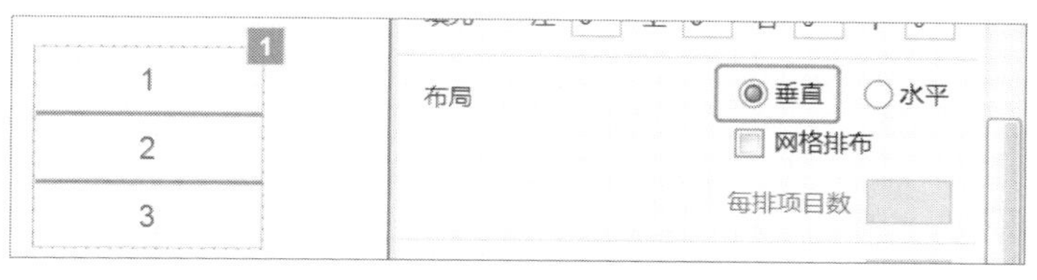

中继器垂直布局

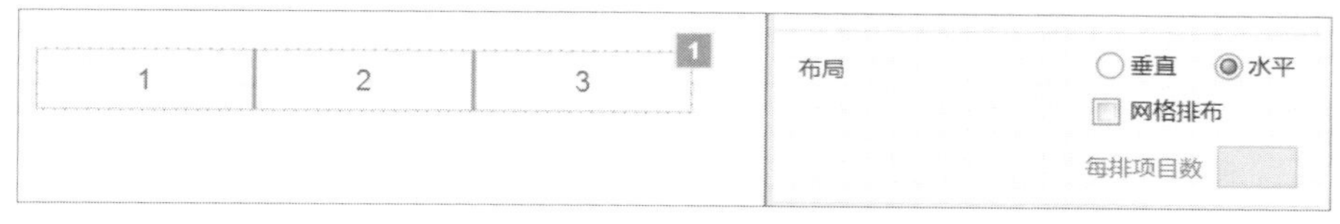

中继器水平布局

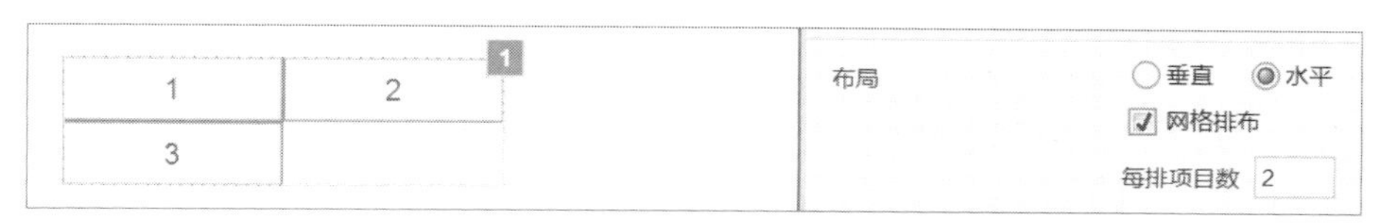

中继器网格排布

还可以在样式中选择背景色、分页设置，当数据较多时，分页显示必不可少，也可以在用例编辑中进行分页设置，如右图所示。

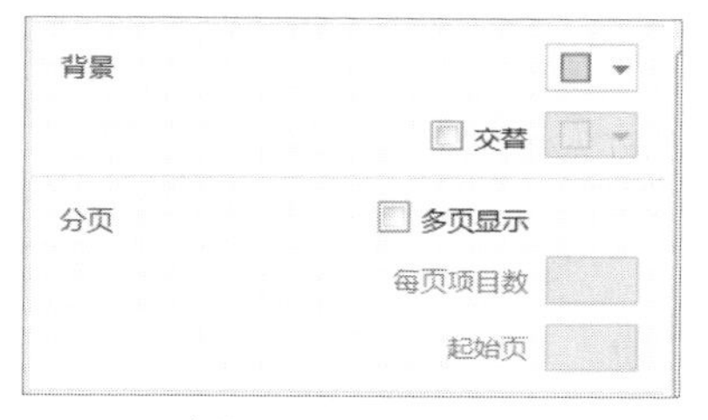

中继器背景和分页设置

另外，中继器中经常要使用到变量和函数，常见的中继器函数介绍如下。

- Item：中继器的项。
- Item.Column0：中继器数据集的列名。
- index：中继器项的索引。
- isFirst：中继器的项是否为第一个。
- isLast：中继器的项是否为最后一个。
- isEven：中继器的项是否为偶数。
- isOdd：中继器的项是否奇数。
- isMarked：中继器的项是否被标记。
- isVisible：中继器的项是否可见。
- repeater：返回当前项的父中继器。
- visibleItemCount：当前页面中所有可见项的数量。
- itemCount：当前过滤器中的项的个数。
- datacount：中继器数据集中所有项的个数。
- pagecount：中继器中总共的页面数。
- pageindex：当前的页数。

接下来我们通过一个案例学习中继器的使用方法，利用中继器实现数据库的增删查改，希望大家在后续的实际操作中可以举一反三。

案例 数据库增删查改

❶元件准备

Step 01 从元件库分别拖入输入框（文本框、下拉列表框）、按钮和表格。设计出页面的三个区域：输入区、操作区和显示区，并对每个元件命名，如下图所示。

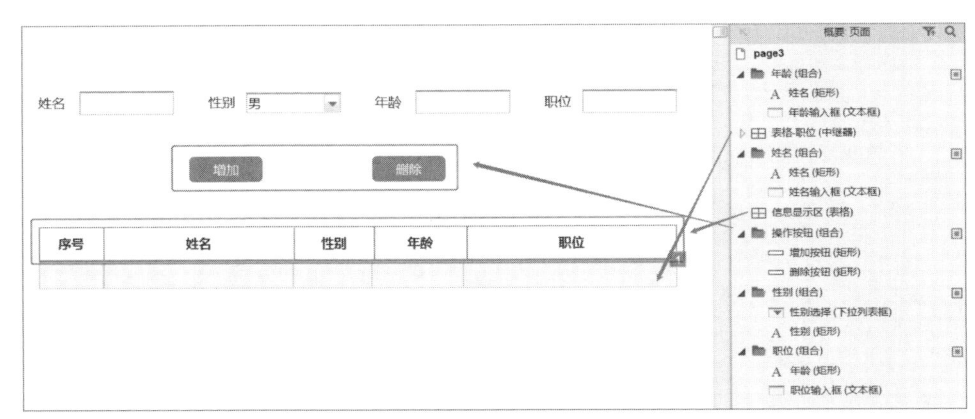

数据库元件准备

❷中继器

Step 02 将中继器拖到与表格标题左对齐，并在中继器的属性栏修改中继器的表头，注意只能使用英文字母进行命名，把默认的三行删除，如下左图所示。

Step 03 在设计稿中双击中继器，进行内部编辑，设置中继器宽度与表格宽度一致。根据展示区的表格属性在中继器内添加四个矩形，并且每个矩形的宽度与所在列的宽度一致，如下右图所示。

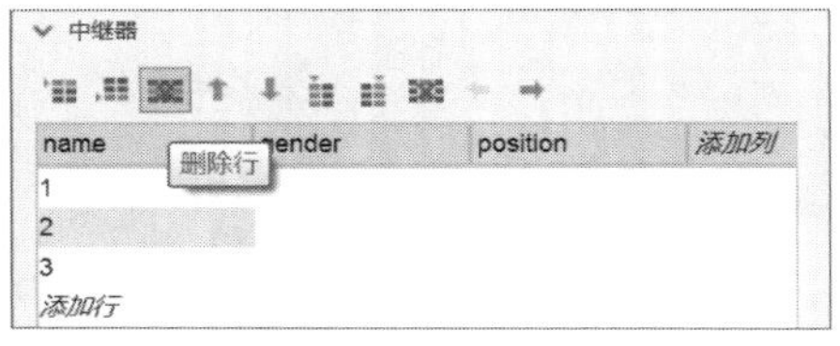

设置中继器属性

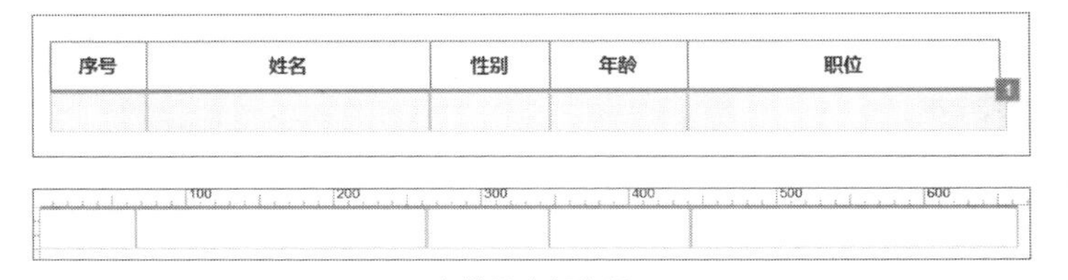

中继器内部编辑

❸载入时

Step 04 准备工作完成，为中继器配置页面载入时的动作，当打开网页或者添加数据时，为中继器加载数据集到元件，需要注意的是序号为自动递增，所以值设置为[[item.index]]，如下图所示。

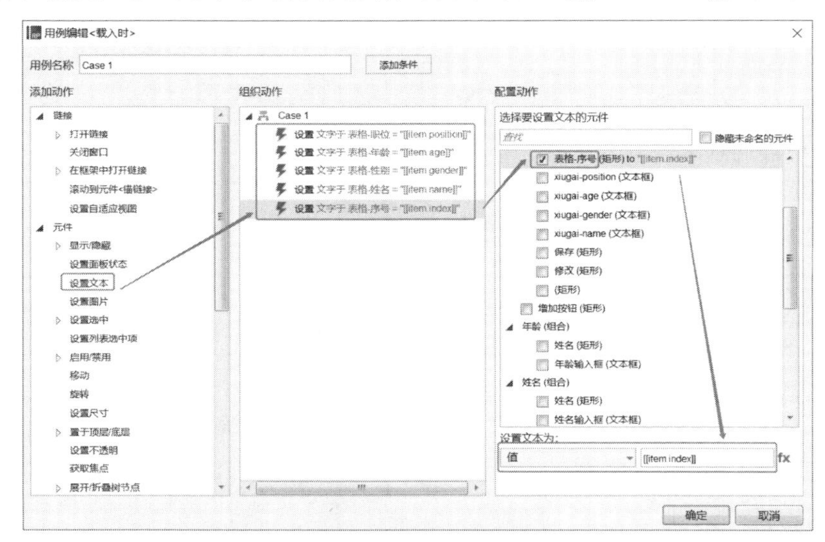

载入时中继器文本设置

Step 05 其余项设置的文本均是根据中继器的数据名称对应设置的，如下左图所示。

Step 06 在数据栏中增加一些数据，如下右图所示。

name	gender	age	position	添加列
添加行				

中继器数据名称对应

name	gender	age	position	添加列
张三	男	23	产品运营	
李娜	女	25	市场销售	
添加行				

增加数据

Step 07 预览查看效果，如下图所示。

序号	姓名	性别	年龄	职位
1	张三	男	23	产品运营
2	李娜	女	25	市场销售

页面载入时效果预览

❹添加动作

Step 08 除上述显示数据库中已有的信息外，还需要把新添加的数据也加入到展示区。首先选择“添加”按钮，在属性标签下双击“鼠标单击时”，在“用例编辑<鼠标单击时>”对话框中设置“添加行”，如下图所示。

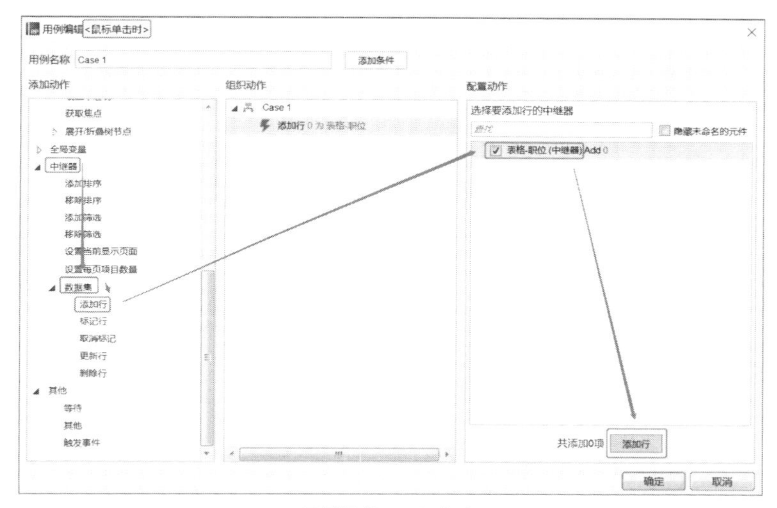

用例编辑——添加行

Step 09 在“添加行到中继器”对话框中，从“姓名”栏起，到“邮箱”栏，分别依次单击fx进行设置，如下左图所示。

Step 10 在弹出的“编辑值”对话框中，在第一个输入框里根据对应的栏目用英文进行命名，这个名字要放在“[[]]”中，如[[xingming]]。在第二个输入框中输入相同的名称，不需要双中括号。然后选择“元件文字”，在最后一个输入框中选择输入区的某个文本框（数据的输入位置），如下右图所示。

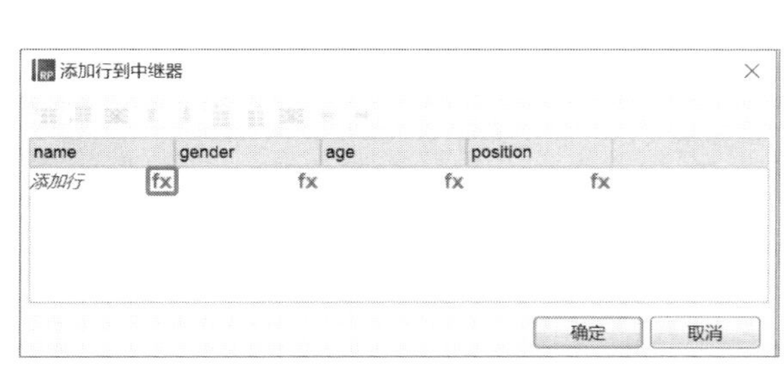

添加行的函数入口

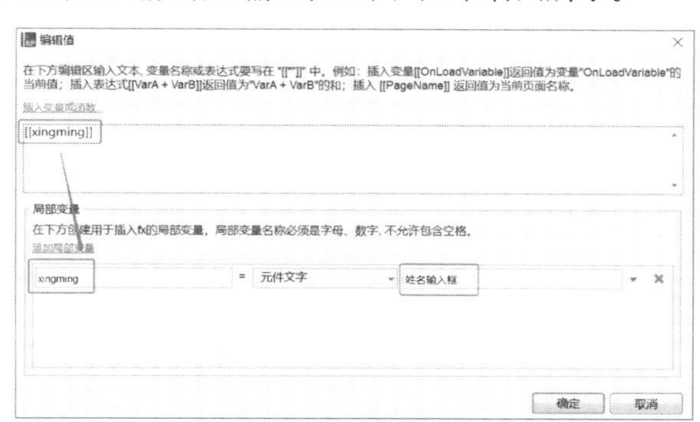

添加行的函数编辑

Step 11 按照相同的方式对其他几项进行编辑，注意“性别”是下拉菜单，在局部变量部署上要选择“被选项”，如右图所示。

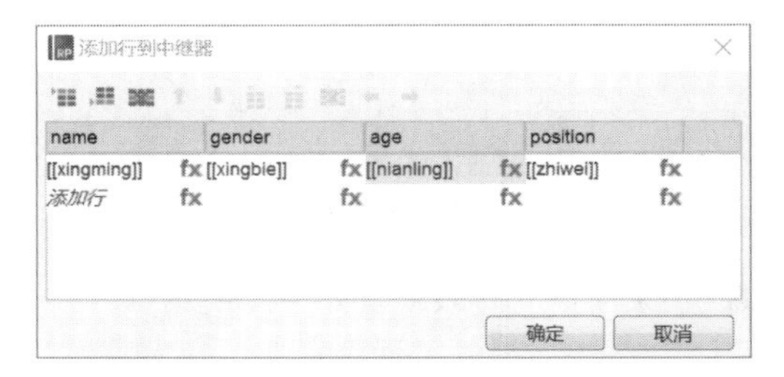

添加行到中继器的全部设置

Step 12 在中继器中放置了几个文本框，还需要为这些文本框配置显示能力。与页面加载时中继器显示数据库内信息配置相同，如下图所示。

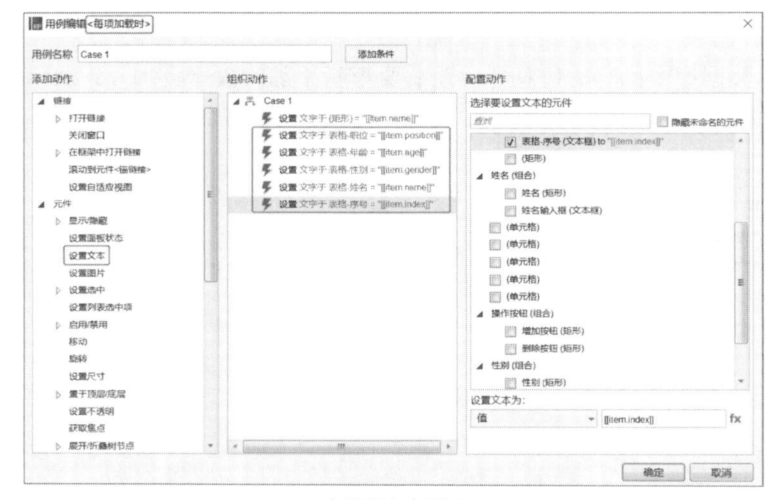

中继器文本显示

Step 13 预览效果如下，当页面载入时如下图所示。

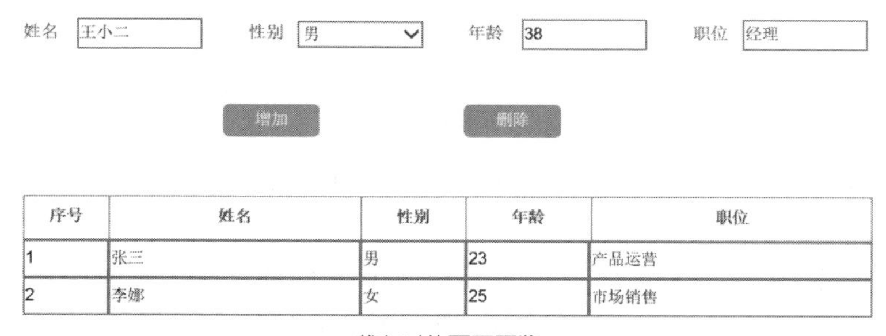

序号	姓名	性别	年龄	职位
1	张三	男	23	产品运营
2	李娜	女	25	市场销售

载入时的页面预览

Step 14 单击“增加”按钮，显示如下图所示。

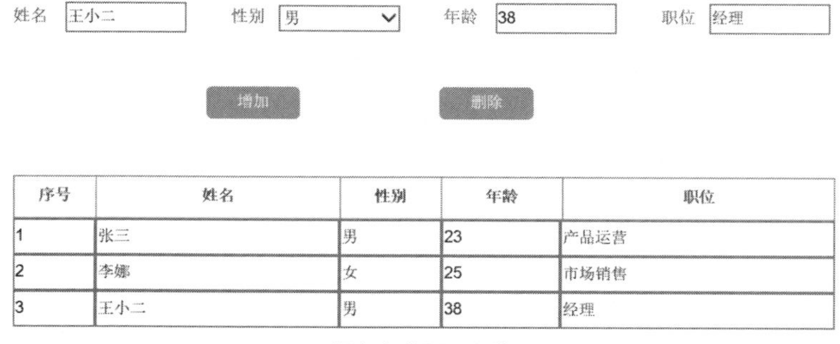

序号	姓名	性别	年龄	职位
1	张三	男	23	产品运营
2	李娜	女	25	市场销售
3	王小二	男	38	经理

添加行的页面预览

❺根据年龄排序

Step 15 添加一个“根据年龄排序”按钮，为鼠标单击按钮进行用例编辑。这里的排序顺序可以选择升序、降序和切换（升序、降序轮流使用），如下左图所示。

Step 16 在年龄文本框中有限制输入的字符类型为数字，也可以根据其他字符类型进行排序，如下右图所示。

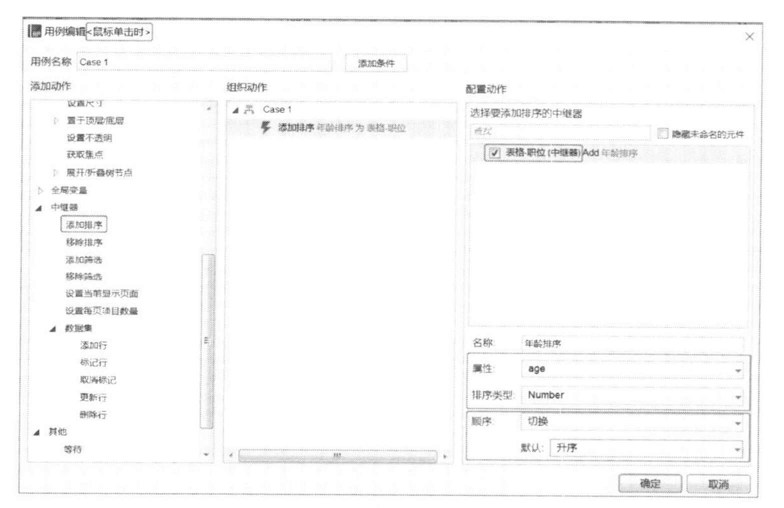

添加年龄排序用例

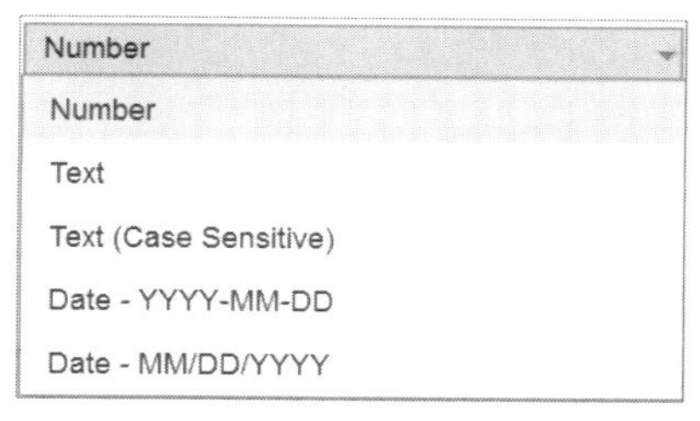

设置文本框字符类型

Step 17 完成后即可进行预览，页面载入效果如下图所示。

姓名　　性别 男　　年龄　　职位

增加　　删除　　根据年龄排序

序号	姓名	性别	年龄	职位
1	张三	男	23	产品运营
2	李娜	女	25	市场销售
3	王五	男	33	技术开发
4	李四	男	35	开发总监
5	张小花	女	29	会计
6	李想	女	21	人力

载入时页面预览

Step 18 单击“根据年龄排序”按钮，效果如下图所示。

序号	姓名	性别	年龄	职位
1	李想	女	21	人力
2	张三	男	23	产品运营
3	李娜	女	25	市场销售
4	张小花	女	29	会计
5	王五	男	33	技术开发
6	李四	男	35	开发总监

根据年龄排序页面预览

❻根据性别筛选

Step 19 增加性别筛选按钮，并进行用例编辑，如下图所示。

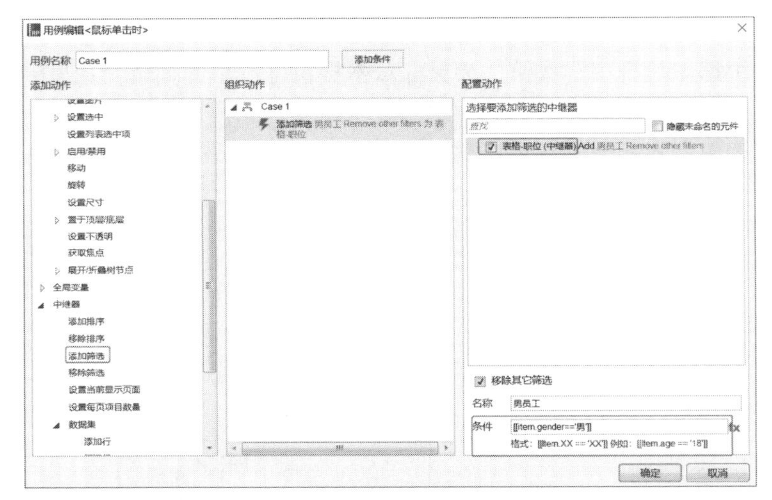

设置性别筛选用例

Step 20 设置完成后单击“筛选男员工”按钮即完成筛选，效果如下图所示。

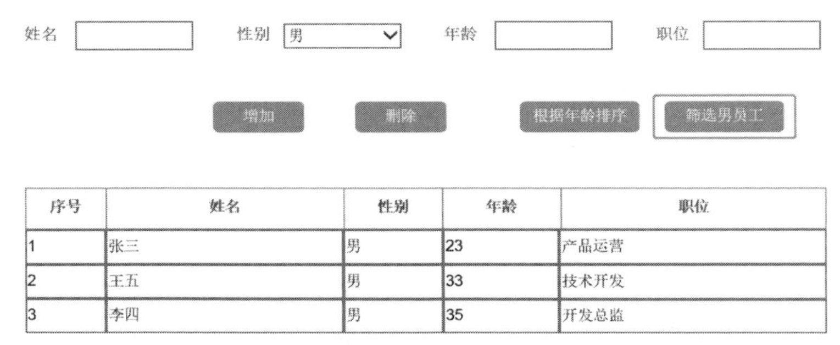

序号	姓名	性别	年龄	职位
1	张三	男	23	产品运营
2	王五	男	33	技术开发
3	李四	男	35	开发总监

性别筛选效果预览

也可以根据年龄区间、职位等筛选。筛选也可以实现数据的模糊查询和精准查询。

❼信息删除

中继器中的删除信息主要用到了“用例编辑”对话框中的“删除行”，只需根据需求设置“鼠标单击时”的事件即可，一般情况下删除操作较少，修改、新增、查询行为较为常见。

Step 21 以删除30岁以下的员工为例，“鼠标单击时”设置如下图所示。

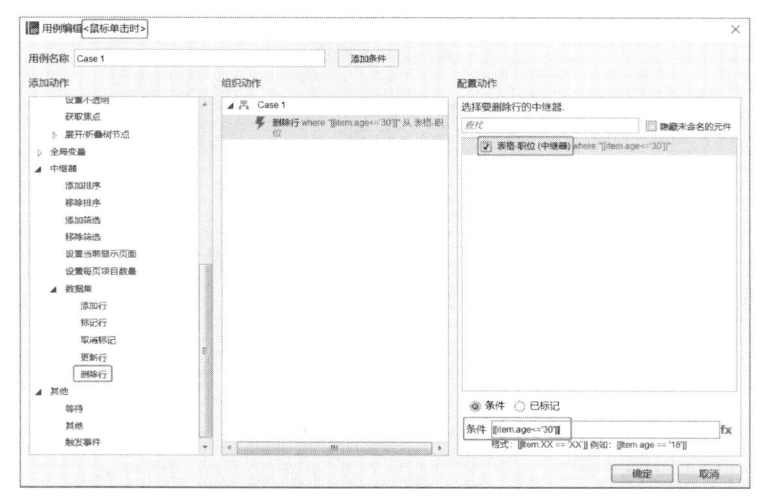

删除行用例编辑

Step 22 单击效果预览，页面加载如下图所示。

序号	姓名	性别	年龄	职位
1	张三	男	23	产品运营
2	李娜	女	25	市场销售
3	王五	男	33	技术开发
4	李四	男	35	开发总监
5	张小花	女	29	会计
6	李想	女	21	人力

页面载入预览

Step 23 单击“删除30岁以下员工”按钮，只剩下30岁以上的两个员工，如下图所示。

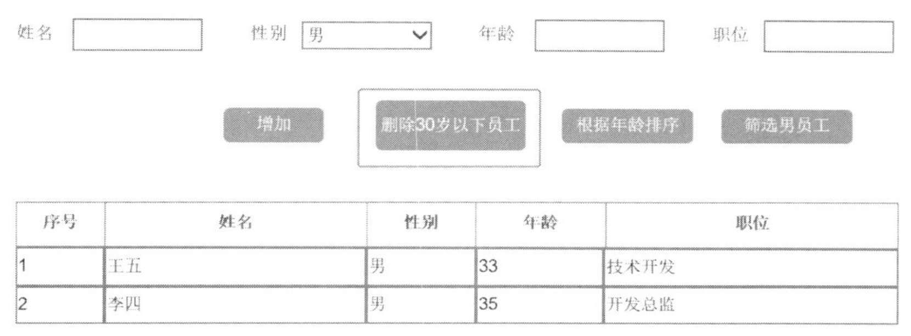

序号	姓名	性别	年龄	职位
1	王五	男	33	技术开发
2	李四	男	35	开发总监

删除效果预览

常见的删除、修改操作经常放在中继器的每一行中，与每一行的元素对应起来。在每行前添加复选框，选择后即标记这一行，然后在删除按钮单击后删除所有被标记的行。

❽ 更新信息

更新信息的实现流程为：单击“修改”按钮，该行变为可编辑状态，同时“修改”按钮变成“保存”按钮，单击“保存”之后保存修改后的数据。

Step 24 向中继器修改框中拖入两个按钮，一个为“修改”、一个为“保存”，默认“保存”按钮为隐藏状态，如下图所示。

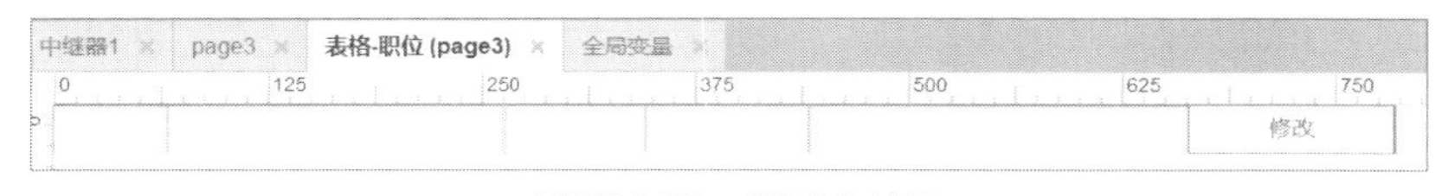

中继器中添加“修改”按钮

Step 25 向几个矩形框内分别拖入一个文本输入框，命名为“xiugai-name”“xiugai-gender”“xiugai-age”“xiugai-position”，并设置边框为隐藏状态，且将这些隐藏的文本框和“保存”按钮都置于顶层，如下图所示。

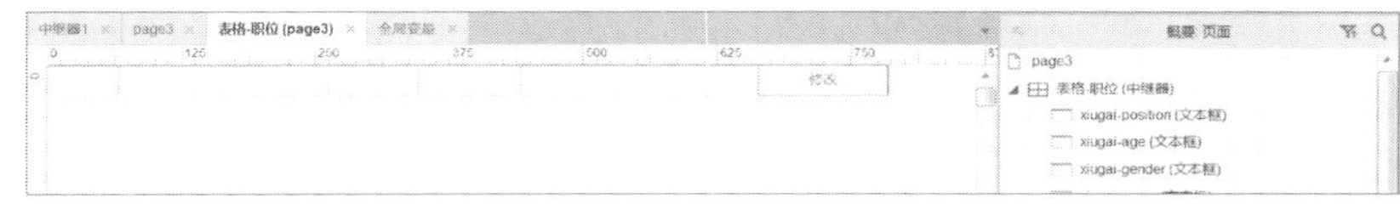

中继器中添加输入文本框

Step 26 为“修改”按钮配置动作，单击“修改”按钮，显示隐藏文本输入框，同时文本输入框获取当前行的值，如下图所示。

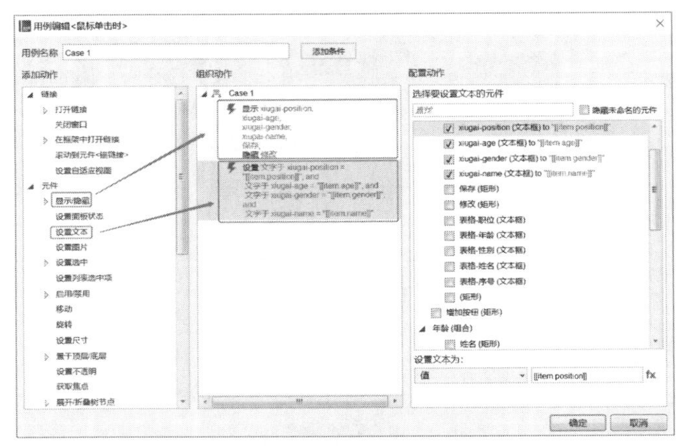

“修改”按钮用例编辑

Step 27 为“保存”按钮配置动作，单击“保存”时中继器更新行，同时中继器数据集应该设置为刚刚的隐藏文本框，这里与之前添加按钮的配置基本一样，如下图所示。

“保存”按钮用例编辑

Step 28 设置完成后进行预览，效果如下图所示。

序号	姓名	性别	年龄	职位	
1	张三	男	23	产品运营总监 ×	保存
2	李娜	女	25	市场销售	修改
3	王五	男	33	技术开发	修改
4	李四	男	35	开发总监	修改
5	张小花	女	29	会计	修改
6	李想	女	21	人力	修改

更新行效果预览

4.4.5 其他几类动作

Axure中的交互动作，除了常用的链接类、中继器、动态面板等，以下几类动作也常用到。

❶ 设置图片

在选定事件后，打开“用例编辑”对话框，选择“设置图片”，可以导入或清空在默认状态、鼠标悬停、鼠标按下、选中和禁用等情况下的图片，如下图所示。

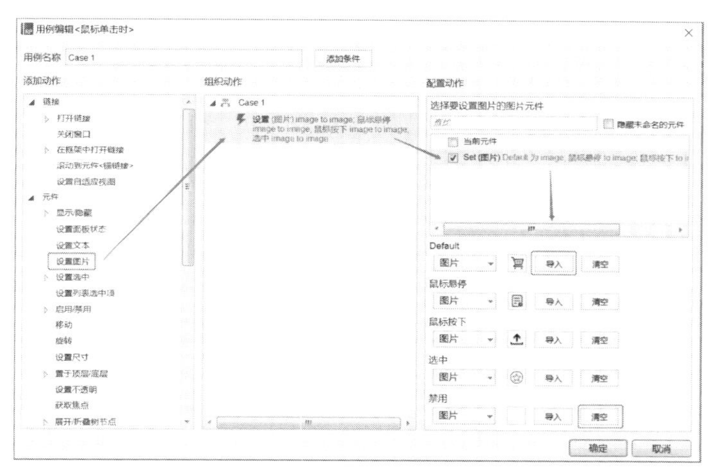

设置图片

❷树节点

展开/折叠树节点经常用在树状菜单上，如下左图所示。

可在窗口右侧的检视面板中进行树状菜单的属性编辑，包括编辑展开/折叠的图标，为树节点编辑图标，以及进行节点的添加、删除、顺序移动，如下右图所示。

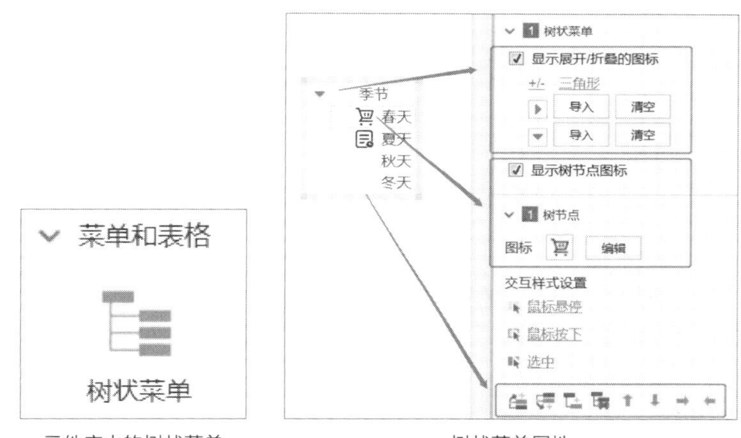

元件库中的树状菜单　　　　树状菜单属性

然后在“用例编辑”对话框中设置鼠标单击时展开树节点，再次单击时折叠，如下图所示。

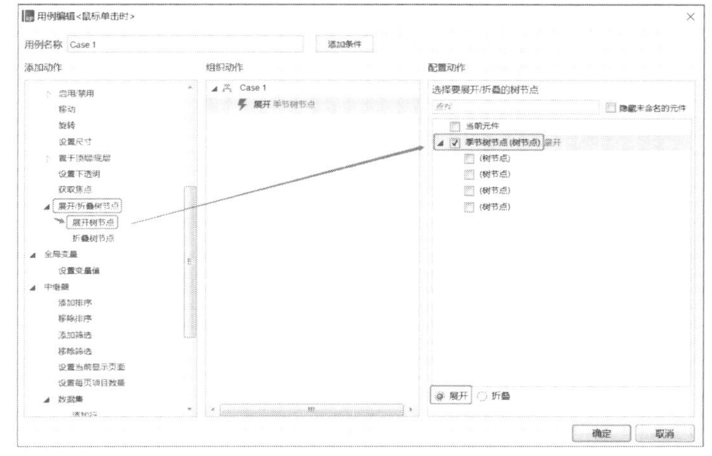

用例编辑器中的树节点配置

设置完成后预览效果，如下图所示。

树节点效果预览

❸触发事件和等待

在一些特殊案例中会用到触发事件和等待，比如倒计时和进度条，如下图所示。

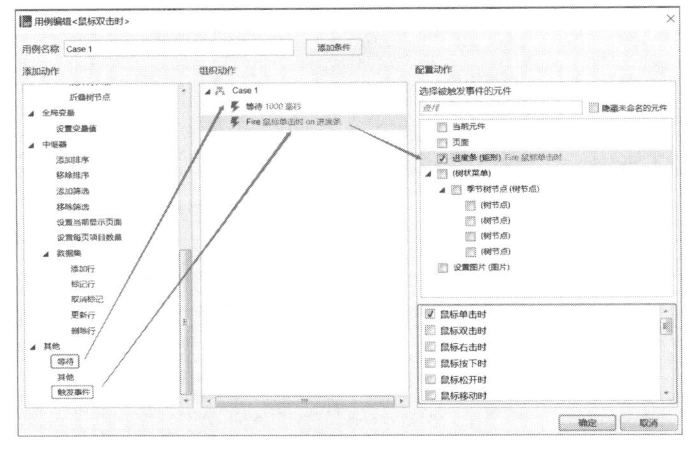

触发事件和等待

等待时间以毫秒为单位进行输入。触发事件可以选择触发的元件，以及触发这个元件启动在什么事件下的动作。此时需要元件单独配置这个元件在这个事件下的交互动作，按以下两个大步骤完成。

先选择被触发事件的元件。

然后配置被触发的动作：要该元件做哪个交互。

❹其他

还可以利用“用例编辑”对话框弹出窗口，具体设置如下图所示。

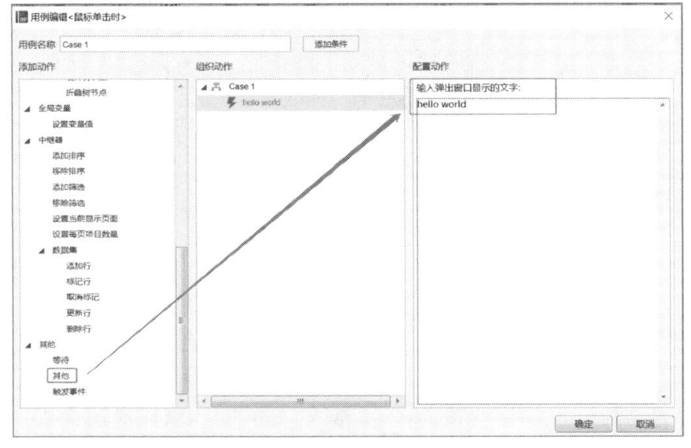

弹出可编辑文本的窗口

预览效果为鼠标单击时弹出系统自带的窗口提示信息，信息为输入的文字，如下图所示。

弹出窗口预览

弹出窗口在App设计中尤为常见，系统弹窗提示等都是利用这个功能进行原型设计的。

4.5 Axure RP交互的注意事项

前面学习了Axure交互事件的添加过程，从选择元件，再到确认事件，然后添加用例，完成交互动作，在这一过程中只有每个细节都注意到才会完成一个复杂的交互设计。本节我们就来总结一下交互过程中应注意的各种事项。

4.5.1 元件

元件是原型设计的基本组成单位，也是发生交互事件最多的地方，在添加用例时要注意以下几个方面。

（1）统一性

一个原型设计要求所有的元件都具有类型的颜色构成或形状构成，一个具备统一性和规范性的元件库会让用户对产品形成良好的第一印象。

（2）注意分层

当交互事件较多时，很容易发生明明动作没有错误但是预览效果中无法达到预期的交互行为，这时大多是因为不同元件之间的层级没有设置正确。要根据情况正确确定重合元件之间哪个元件在顶层，哪个元件在底层，如右图所示。

顶层/底层按钮

（3）隐藏与显示

当页面情况复杂时，设置某些元件的隐藏和显示极其重要，对应的要设置合适的隐藏和显示启动事件及关闭事件，如下图所示。

显示/隐藏动作

（4）元件组合

一些情况下，为了便于管理会将几个元件放在一个组合中，在添加事件时要注意是一个组合的用例或只是其中一个元件的动作，避免选择错误，如下图所示。

元件组合

（5）可扩展性

在进行页面设计时，要考虑到产品迭代及其可扩展性，当需要添加新的功能时，能在之前的基础上进行简单的元件添加，不需要对已有的元件布局进行大幅度调整，如下图所示。

页面可扩展性

（6）着眼细节

除上述内容外，不管是页面美观还是交互流畅，都需要在产品设计中注重细节，如年龄输入项要求字符类型为数字、性别设置为下拉菜单，是否需要对用户输入的信息进行加密展示，元件填充色、边框等都是需要考虑的内容，如下图所示。

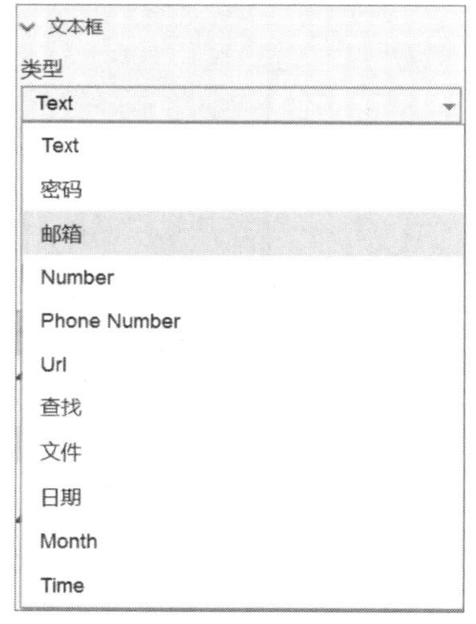

文本类型设置

4.5.2 事件

事件是交互动作的基本单位，与整个业务流程息息相关，事前将整个业务梳理清楚，考虑到所有可能的操作对事件添加极为重要。

（1）注意动作添加顺序

当交互较为复杂时，不同的事件有不同的动作，一个事件下可能有多个动作，此时需要着重注意动作的添加顺序，包括元件的显示与隐藏、文本输入和展示等，如下左图所示。

（2）事件选择正确

在交互动作较多的情况下，需要选择正确的事件并对齐进行用例编辑，很多事件的命名相近，要根据实际情况准确添加交互动作，如下右图所示。

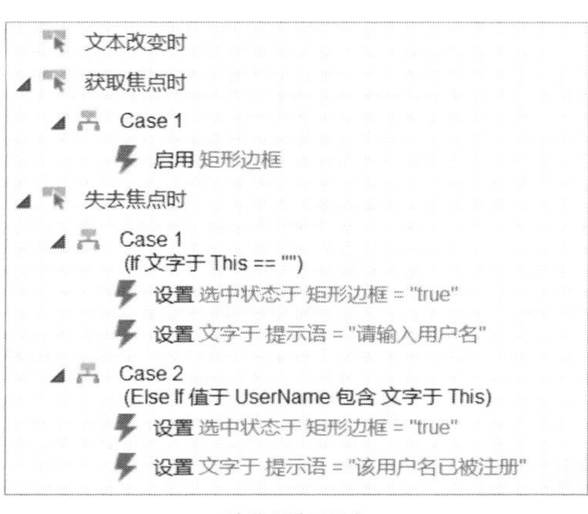

动作添加顺序

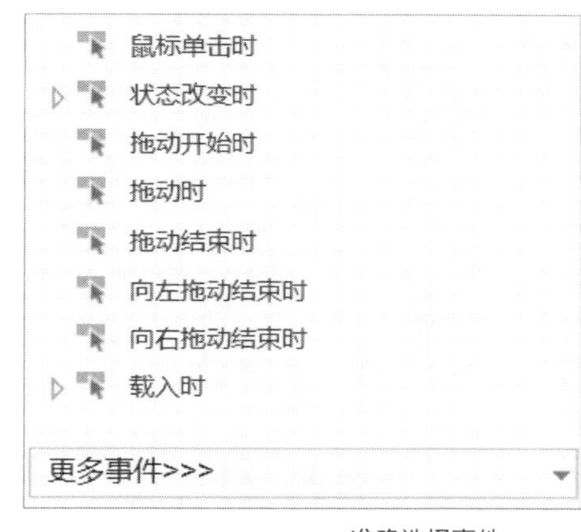

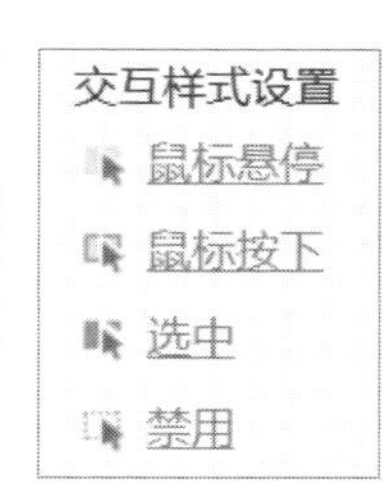

准确选择事件

（3）条件判断

在交互流程清晰、事件选择正确的情况下，条件判断必不可少，一个交互用例可能建立在多个条件同时满足的基础上，或者只要符合一个条件就触发，这些也都是需要提前明确的，如下左图所示。

（4）函数使用

交互事件情况复杂时，函数应用不可避免，对于一些没有编程基础的同学，函数使用起来可能难以理解，且因为其中都是英文字符，发生错误很难定位。Axure中常使用的函数并不多，主要是全局变量和局部变量的基本函数调用，其他的可以在需要时进行查询，在熟练使用Axure后会逐渐熟悉这些函数，如下右图所示。

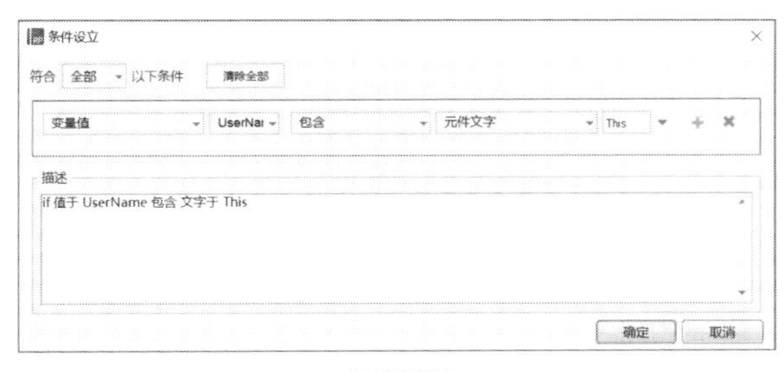

条件判断

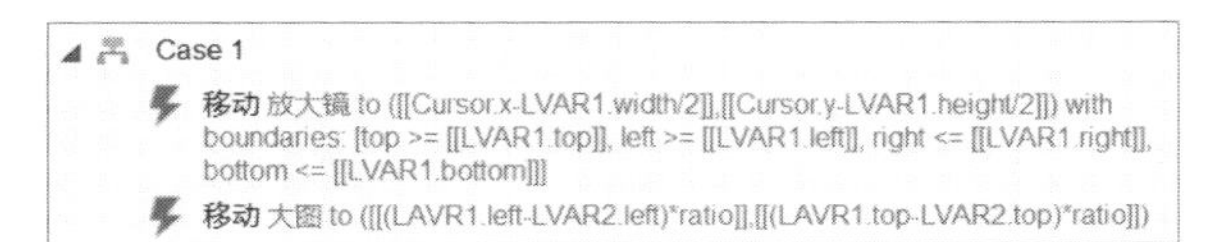

函数使用

4.5.3 为元件命名

在原型设计中，会出现各个页面、各个元件重叠在一起的情况，此时元件的命名非常重要，可以帮助用户更快地确定这个元件是在哪个子页面，以及它对应的位置、显示的信息。

同时也要学会把部分相关的元件放在一起，放进一个文件夹中并重命名，这样便于对整个原型图页面进行管理。具体命名操作为：选中相关的元件，单击右键，选择“组合”，这些元件就会被放在一个文件夹下，再在检视窗口进行重命名即可，效果如右图所示。

元件和组合的重命名对交互动作的定位、用例编辑过程中元件的选择有极大的帮助。下面通过一个案例展示元件重命名的相关操作。

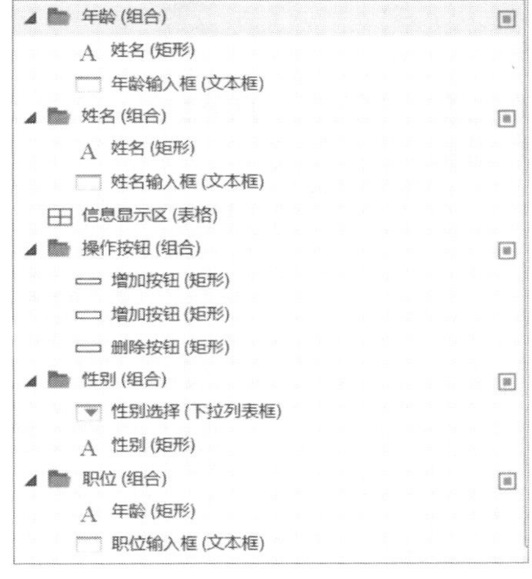

元件命名

案例 实现放大镜效果

一些商品展示页上都会有放大镜效果，可以查看局部细节。下面我们就来实现这个放大镜的效果。

❶元件搭建

Step 01 选择一张图片，命名为“小图”；在右下角插入一个图片1/4大小的矩形，设置为黄底黄边，不透明度为30%左右，初始状态设置为“隐藏”，命名为“放大镜”；再在图片右侧插入一个与图片大小一致的动态面板，初始状态设置为“隐藏”，命名为“放大窗口”，并且在state1面板状态中放置一张放大2倍的图片（与“小图”为同一张图片，尺寸设置可根据需要更改比例），命名为“大图”，如下图所示。

元件搭建

❷添加页面整体载入用例

Step 02 所有组件摆放完毕，下面添加用例。在用例中添加全局变量——比例，即代表大图和小图的比例，如下左图所示。

Step 03 比例即为大图和小图的宽度比例，即大图宽度：小图宽度，要注意局部变量与比例的对应，如下右图所示。

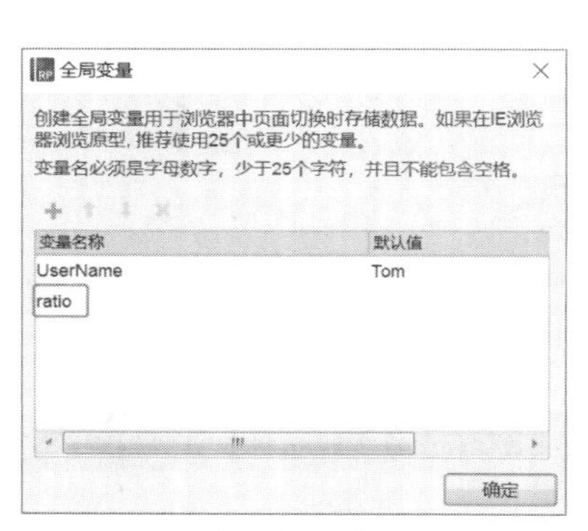

全局变量设置

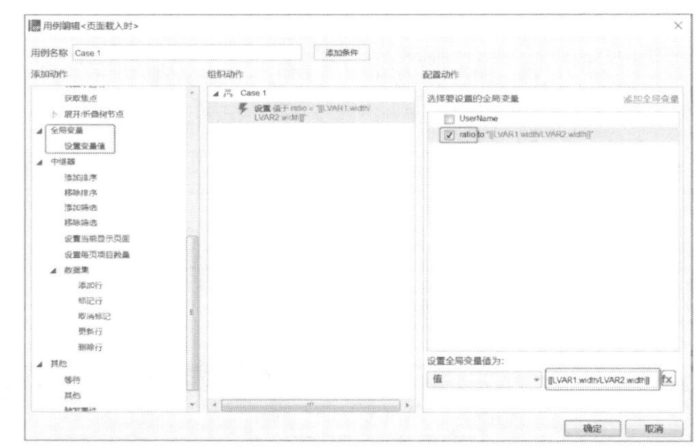

全局变量函数设置入口

Step 04 再设置两个局部变量分别代表大图和小图，然后编辑函数代表大图的宽度/小图的宽度，如下图所示。

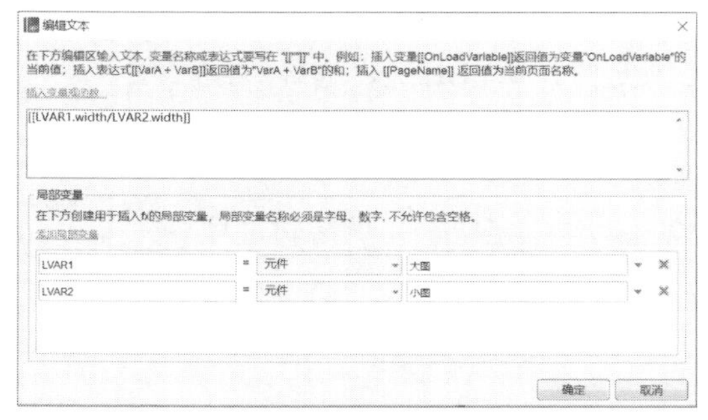

全局变量函数编辑

③放大镜的鼠标移动用例

放大镜的移动主要分为放大镜的移动和大图的移动。

Step 05 放大镜的移动。x轴移动到“鼠标的x坐标-“放大镜”宽度的一半”，如下左图所示。y轴移动到“鼠标的y坐标-“放大镜”高度的一半”，如下右图所示。

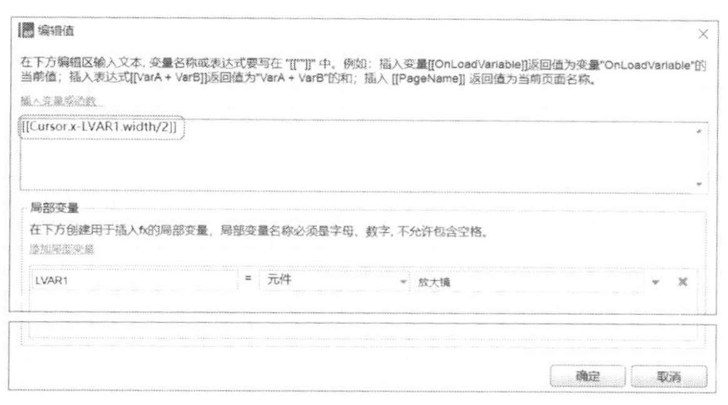

放大镜x坐标移动

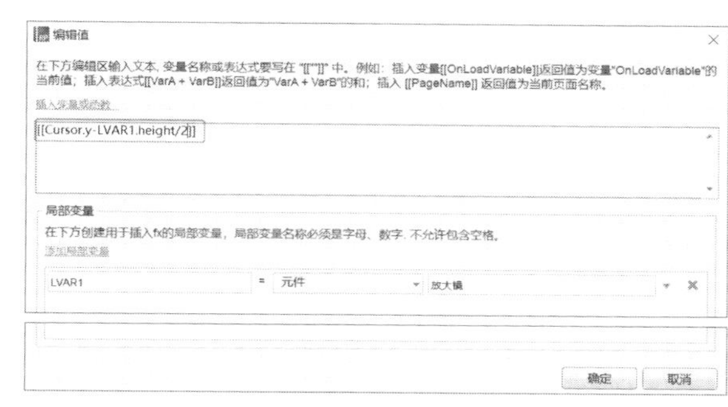

放大镜y坐标移动

并且左侧、右侧、顶部和底部的边界分别为“小图”的左侧、右侧、顶部和底部，如下图所示。

放大镜移动边界

Step 06 大图的移动。设置完移动“放大镜”的动作后继续添加移动“大图”的动作，移动“大图”不需要添加边界设置。绝对移动“大图”，x坐标移动到（“小图”左侧-“放大镜”左侧）*ratio，y坐标移动到（“小图”顶部-“放大镜”顶部）*ratio，如下图所示。

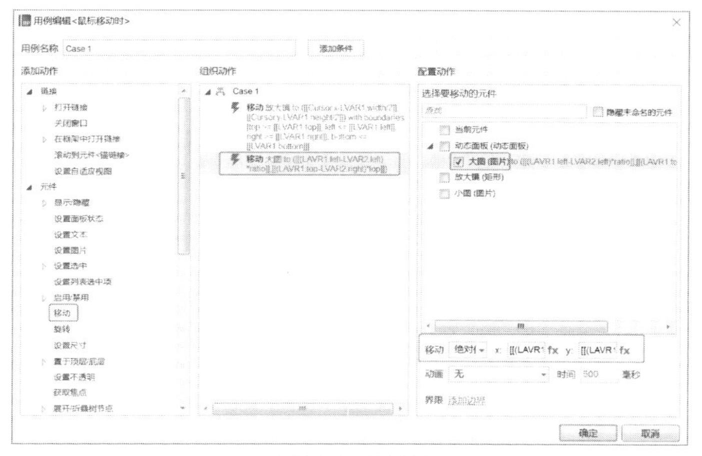

大图移动用例编辑

❹ 小图的鼠标移动用例

Step 07 该用例与“放大镜”的鼠标移动时用例一样，直接复制粘贴即可，如下左图所示。

❺ 小图添加鼠标移入用例

Step 08 当鼠标移入时，显示放大镜和动态面板，如下右图所示。

小图的鼠标移动用例编辑

小图鼠标移入的用例编辑

Step 09 设置完成后就可以进行效果预览了，效果如下图所示。

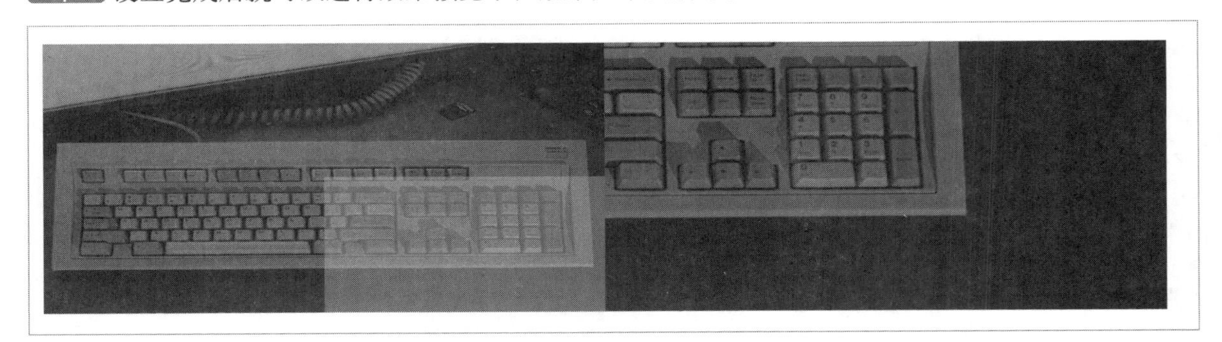

放大镜效果预览

4.6 课后练习——绘制Tab页签效果

大多数网站和App的首页都是在轮播图下方利用动态面板添加不同的Tab页签，本章的课后练习我们就来完成Tab页签的制作。

下面分步骤介绍实现的具体流程。

❶ 元件组建

Step 01 拖入一个矩形，命名为tab1，并且只保留下单边，设置边框的颜色与背景色不同，如下图所示。

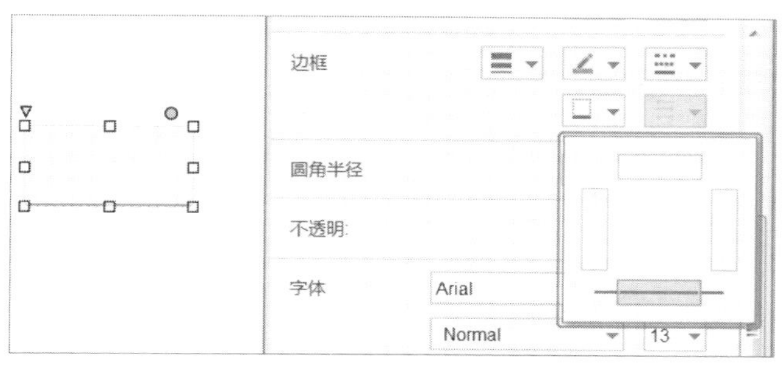

tab页签属性设置

Step 02 设置元件在鼠标悬停时以及被选中时的样式，如下图所示。

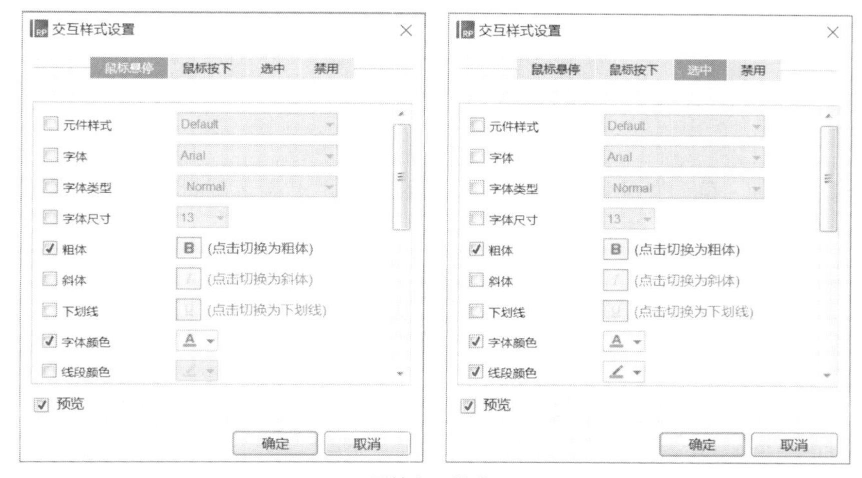

tab页签交互样式设置

Step 03 完成后复制两个一样的矩形，分别命名为tab2和tab3，设置这三个矩形为选项组来实现单选效果。默认加载时显示选中tab1，即勾选“选中”选项，如下图所示。

复制页签并设置默认加载时显示tab1

Step 04 在页签下方拖入一个动态面板，宽度与三个页签的宽度之和一致，并设置动态面板的三个状态分别为tab1-box、tab2-box和tab3-box，如下图所示。

动态面板状态管理

Step 05 单击状态进入每一个状态编辑页面，拖入一个与动态面板等大小的矩形，并在其中输入与状态名称相同的文本。注意为矩形命名，如下图所示。

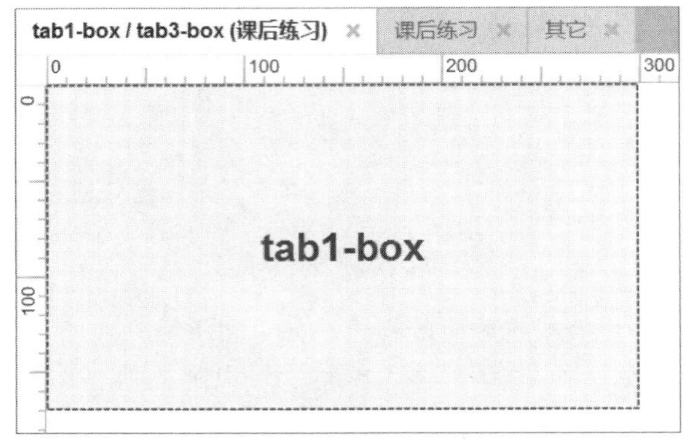

编辑动态面板状态

❷交互动作

Step 06 为每个页签添加“鼠标单击时”的动作，当鼠标单击对应页签时，这个页签被选中，并设置对应动态面板的状态保持一致，如下图所示。

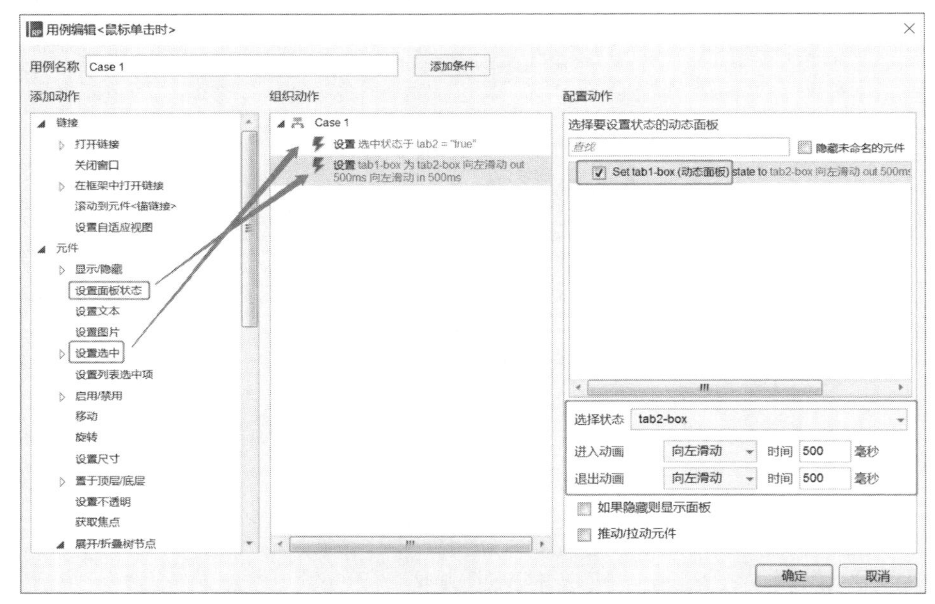

页签与面板的交互动作

❸效果图

至此本练习编辑完成，单击预览效果，如下图所示。

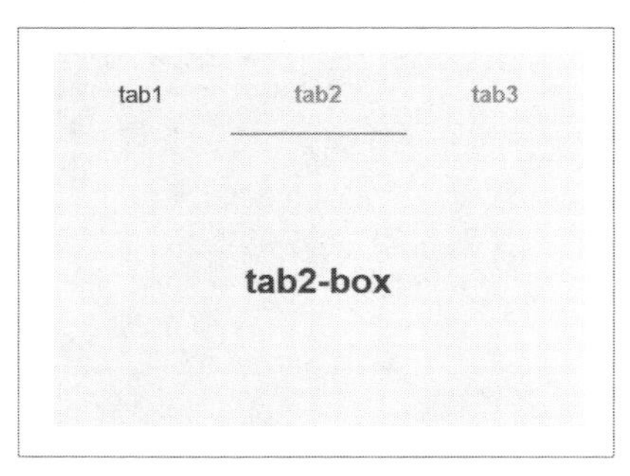

tab页签效果图

Chapter

05 元件库、母版及动态面板

前面章节我们学习了利用Axure添加交互动作，从选择元件到设置触发事件、添加用例，进而完成交互动作。其中将元件库中的元件拖到设计区域是完成原型设计的第一步，元件也是原型图的最小组成单位。本章我们就来深入学习元件库、母版及动态面板的应用，了解它们的详细功能。

5.1 使用元件库

Axure RP中自带的元件库有三种，默认元件库（Default）、流程元件库（Flow）和图标元件库（Icons），如右图所示。这些元件是最基础的，但是在设计不同的产品原型时，已有一些成熟的配套的母版和元件库，如公司内部的logo和icon库等。在设计时导入这些元件库可以节省大量不必要的重复工作，专注于核心功能的设计与创新。

基本元件库

元件库的文件类型后缀为.rplib，单击元件库右侧的≡按钮，会出现一系列下拉菜单，包括“下载元件库”“载入元件库”“从AxureShare载入元件库”以及“创建元件库”。单击“下载元件库”，会出现Axure官网自带的元件库，可在其中选择合适的元件库进行下载和阅读说明文档，如下图所示。

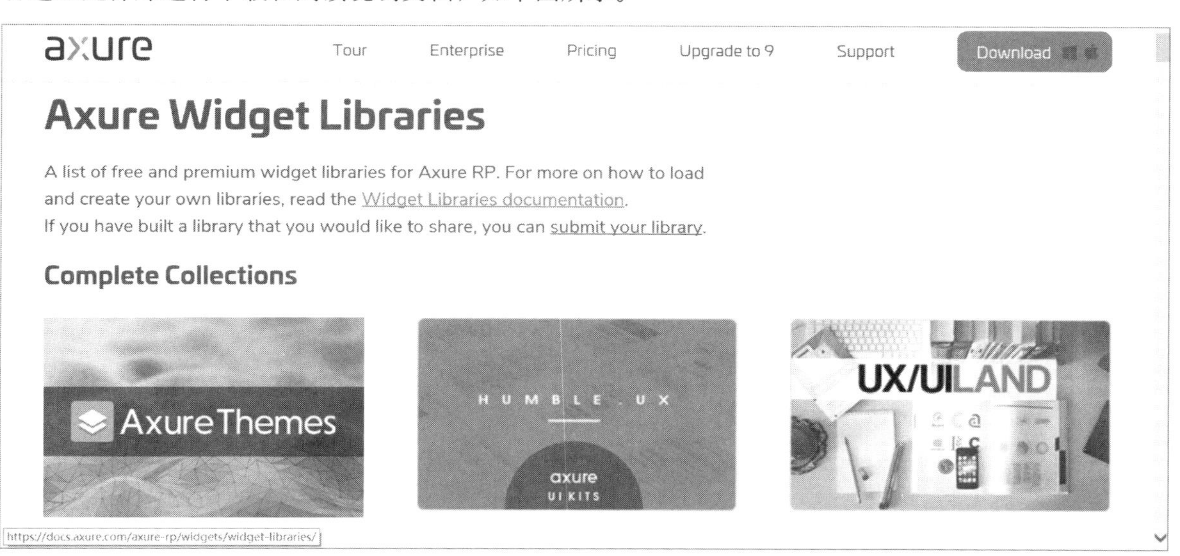

Axure官网元件库

❶ 载入元件库

也可以从一些设计网站下载自己所需的元件库，下载后在Axure内单击“载入元件库”载入。载入后元件库的可选下拉菜单中会出现新导入的元件库，这样就可以随意调用这些元件和基本元件一起进行原型图的设计了，如下左图所示。

小组合作共同完成原型设计时，可以从AxureShare中选择团队协作文件中的元件库并进行导入。单击“从AxureShare载入元件库”，输入元件库ID，或单击扩展按钮进行选择，然后载入即可，如下右图所示。

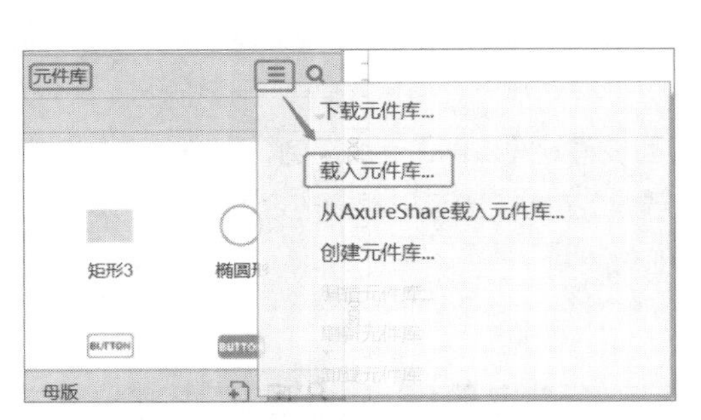

载入元件库

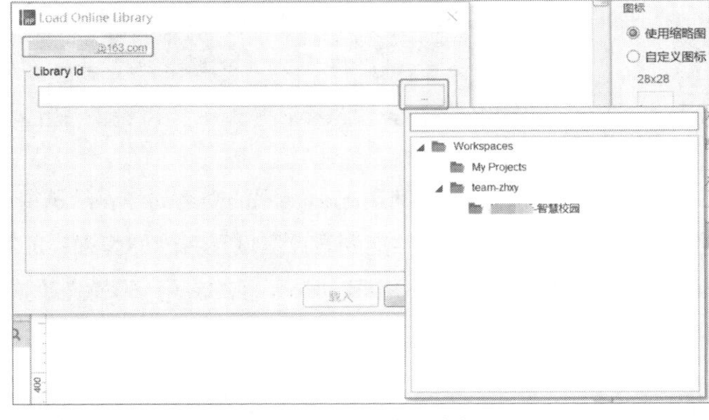

载入团队协作的元件库

❷编辑元件库

有些情况下需要对已有的元件库进行修改，此时需在文件库中选中要编辑的元件库，再单击"编辑元件库"，如下左图所示。

Axure会自动打开一个新的项目工程页面，此时左侧显示的并不是"页面"（pages），而是元件库的每个页面（Widget Library Pages），页面的名称就是元件的名称，如下右图所示。

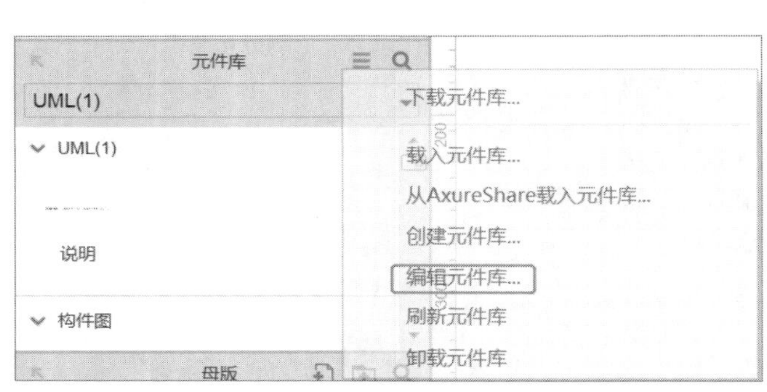

编辑元件库

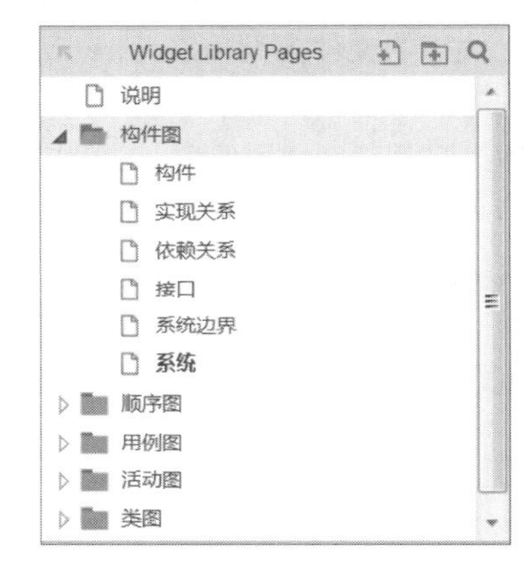

元件库页面

双击页面可对此元件进行编辑，编辑操作与对普通元件的操作相同。另外，可以在右侧窗口检视面板的属性标签中选择图标，单击刷新元件库即可看到效果，如下图所示。

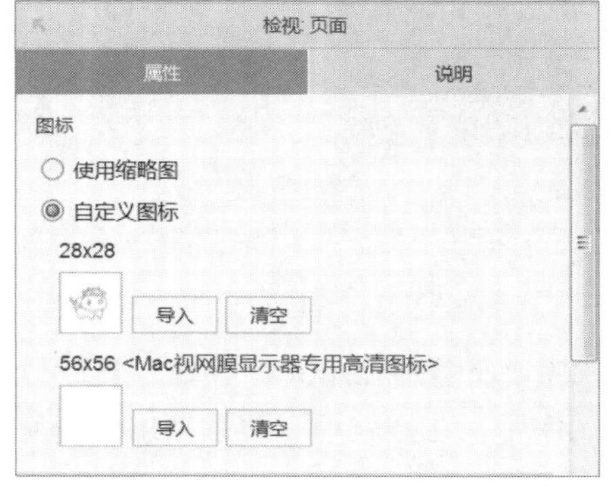

为元件添加图标

还可以在右侧窗口检视面板的属性标签中设置元件提示信息，如下左图所示。

单击刷新元件库，可以在窗口左侧的元件库中看到提示信息，如下右图所示。

输入元件提示信息

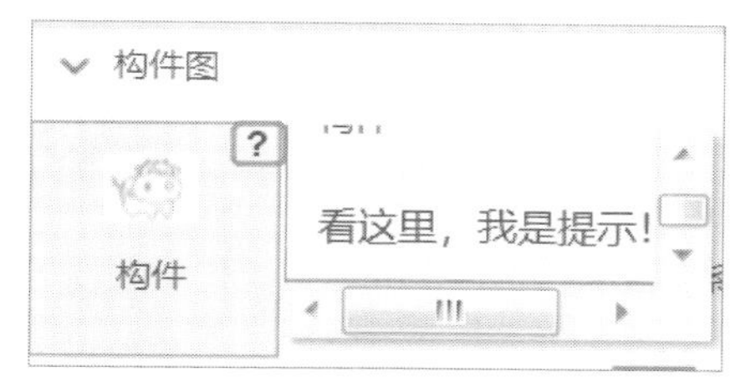

元件提示信息

导入元件库之后，要学会使用元件库，高效使用元件库中的元件对制作原型图有非常大的帮助，接下来我们通过绘制搜索框学习元件库的使用。

案例 绘制搜索框

❶元件组建

Step 01 搜索框需要搜索和删除的元件，首先导入icon的元件库，如下左图所示。

Step 02 再从元件库中拖入一个矩形、一个文本框以及两个icon，可以根据情况更改尺寸和透明度。其中清除按钮默认隐藏，如下右图所示。

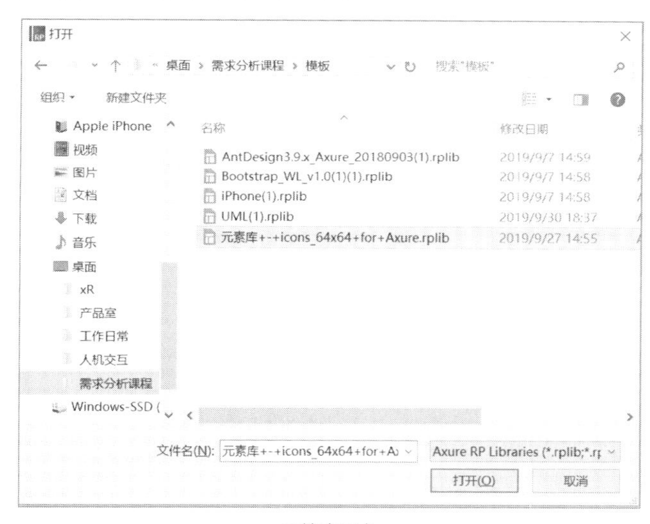

元件库导入

元件搭建

Step 03 设置文本框的“提示文字“内容为“搜索”，并设置为“隐藏边框”，如下左图所示。

Step 04 移动矩形框、文本框以及两个icon的位置，形成如下组合，如下右图所示。

设置文本框属性

移动元件位置

❷设置交互

Step 05 完成元件的搭建后，开始添加交互动作。首先设置文本框“文本改变时”的交互动作，为当“元件文字长度”不等于0时设置交互动作，如下图所示。

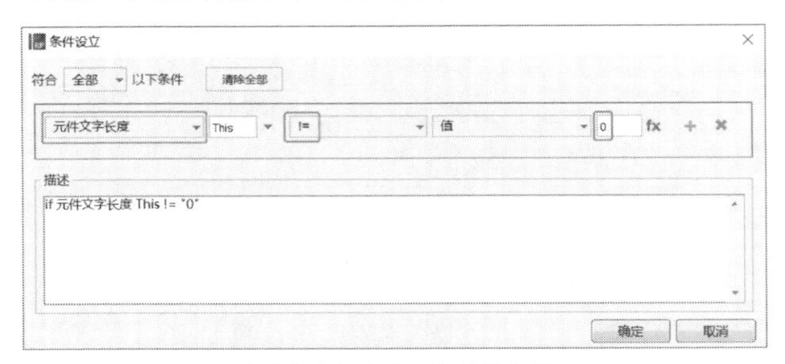

设置文本框内容不为空的条件

Step 06 当输入的文字不为空时，显示清除按钮，如下左图所示。

Step 07 对应的，当“元件文字长度”为0时，隐藏清除按钮。文本框全部交互动作如下右图所示。

文本框内容不为空的交互动作

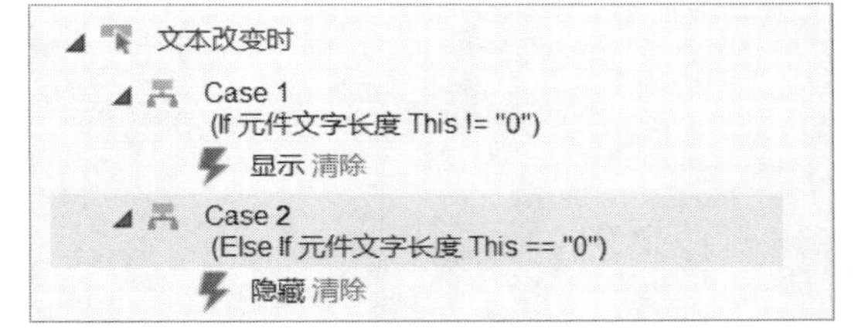

文本框全部交互动作

Step 08 设置清除按钮的交互动作，当单击清除按钮时，清空文本框的内容，并将焦点设置在文本框，如下图所示。

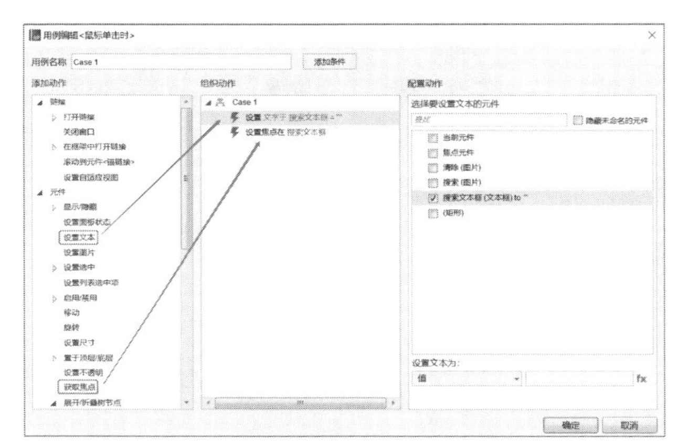

清除按钮的交互动作

Step 09 完成搜索框的基本制作，元件库的调用节省了绘制元件的时间，预览效果如下图所示。

搜索框效果预览

5.2 新增的标记元件

自Axure8.0开始，元件库中加入了标记元件，主要用于对原型设计进行标注及补充说明，帮助平面设计、开发、测试等产品相关人员更好地理解产品需求。标记元件主要包括页面快照、箭头、便签、标记四种，下面将详细介绍标记元件的使用。

5.2.1 页面快照的使用方法

页面快照是最常用的标记元件，主要用于引用某个页面表示操作流程中的一个步骤，再通过其他标记元件进行连接、添加文字说明，完成整个原型设计的流程说明。

页面快照的使用与其他元件类似，把元件库中的“页面快照”拖入到页面中，如下图所示。

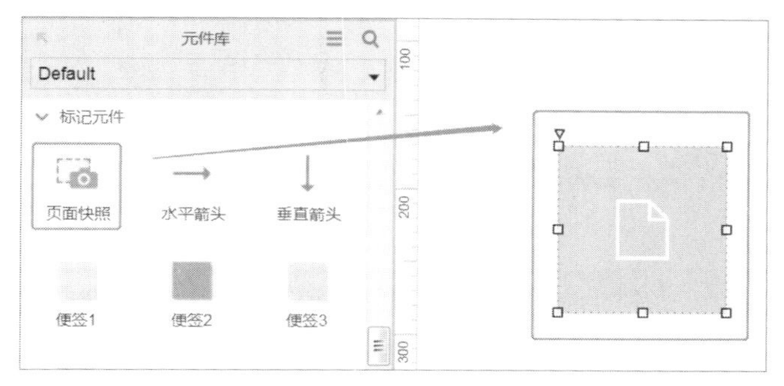

页面快照

在上面双击，可以指定让它预览显示某个页面或母版，如下左图所示。

也可以单击属性标签中的“搜索”进入引用页面，如下右图所示。

引用页面

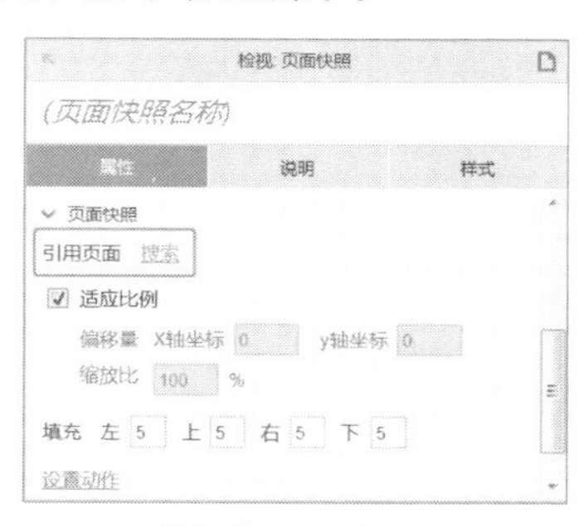

属性标签下的引用页面

5.2.2 适应比例

确认引用页面后，可以在属性标签中选择是否适应引用页面的比例，如下图所示。

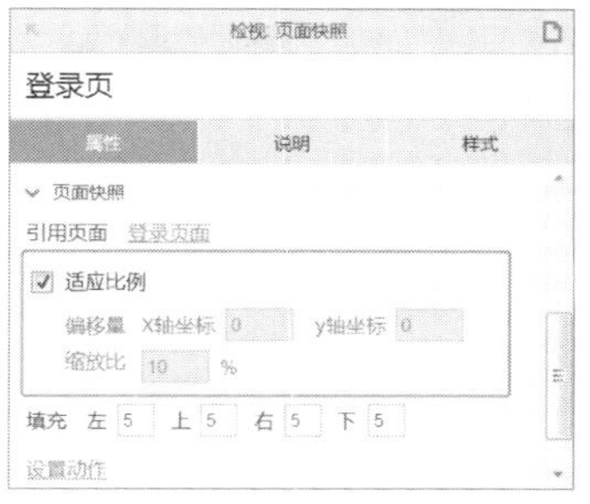

页面快照——适应比例

当选择“适用比例”时，在页面快照中的引用页面长度和宽度始终为固定的比例，大小则根据页面快照元件的大小进行缩放，如下图所示。

页面快照适应比例效果

5.2.3 放大和缩小

如果取消“适应比例”勾选，在页面快照中显示的页面将恢复为在原始界面中的偏移量和大小，如下左图所示。

为了适应页面快照元件的大小，我们可以调整“引用页面”在“页面快照”元件界面中的大小和缩放比，使得它在页面快照中的位置更符合要求，如下右图所示。

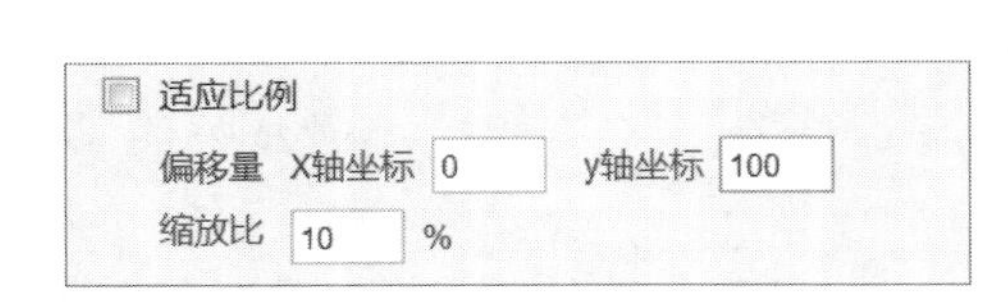

页面快照——偏移量及缩放比

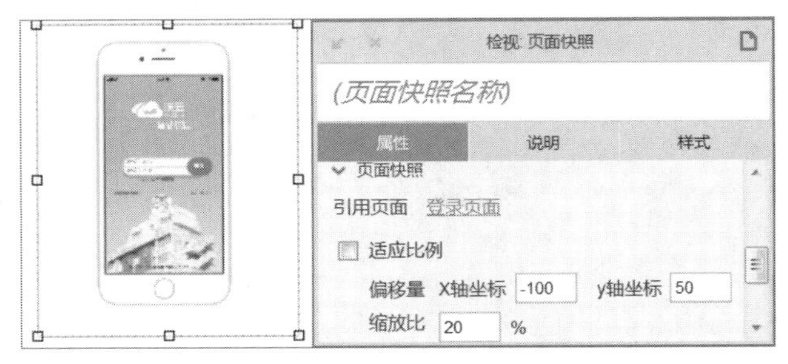

页面快照——缩放及偏移效果

此外，还可以设置“页面快照”的区域上、下、左、右四个方向的裕量，使得引用页面的快照在区域的中间位置，如下图所示。

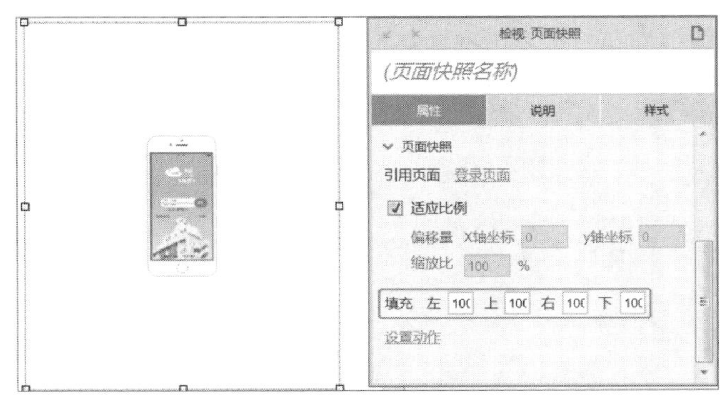

页面快照——填充

5.2.4 设置动作

页面快照不但可以预览显示快照页面静态的状态，还可以在设置一些应用动作之后显示快照页面变化之后的状态。设置动作按钮在属性标签底部，如下左图所示。

单击“设置动作”后，弹出与“用例编辑”对话框相似的“页面快照动作设置”对话框，在该对话框中可以进行页面快照动作设置，且配置动作中的元件全部是引用页面的元件，如下右图所示。

页面快照——设置动作

页面快照动作设置

设置完成后此引用页面的页面快照会显示动作配置完成后的页面效果，如下图所示。

配置效果

5.2.5 页面快照的交互行为

除可配置每个页面快照内的引用页面的动作外，还可以通过普通的元件交互事件和页面交互事件对页面快照进行交互编辑，此时的页面快照与普通的元件并无区别，“用例编辑”对话框一致，可以对页面快照内的引用页面进行编辑，如下图所示。

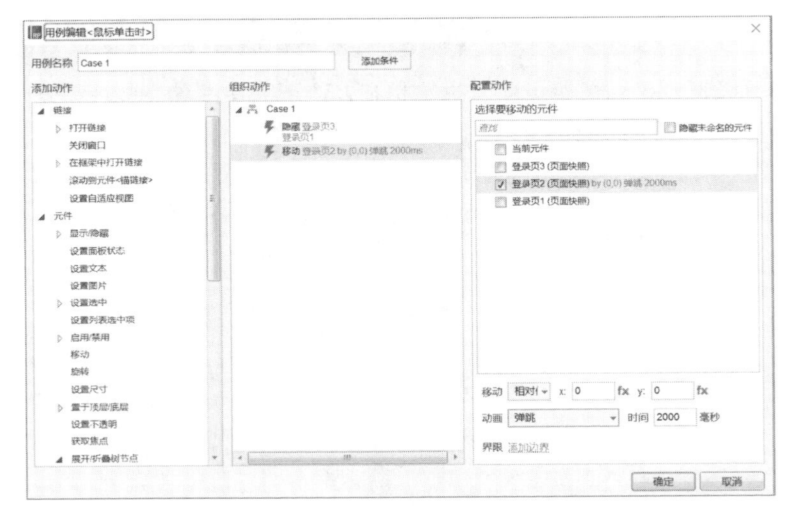

页面快照交互行为

5.2.6 其他标记元件

除了页面快照外，还有水滴标记、圆形标记、箭头、便签在内的四种标记元件，在元件库中显示如下图所示。

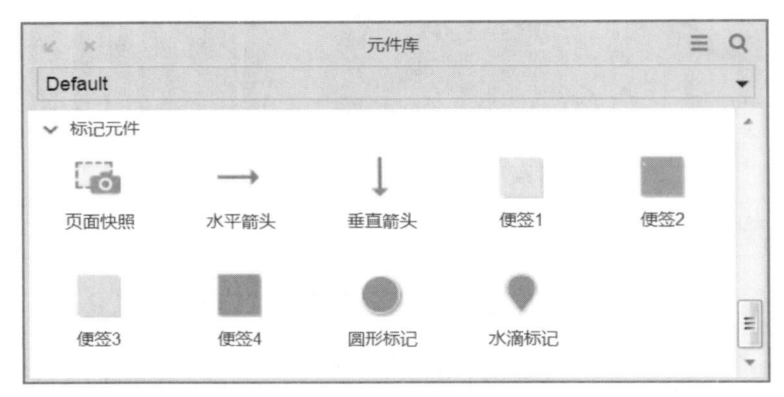

标记元件

这几种标记元件的作用如表5-1所示。

表5-1 标记元件的作用

标记元件	作　用
水滴标记	可做操作步骤引导编号
圆形标记	常用于表示页面跳转的触发按钮
箭头	主要用于步骤之间、流程之间的连接
便签	可做大量的标注文字，不同颜色的标签用作区分

可利用页面快照以及这些标记元件完成原型图流程绘制和产品需求补充说明。下图为登录页面的流程图，每个页面快照上都是对应的引用界面。水滴标记编号和顺序，圆形标记显示某个页面上的跳转按钮，箭头用来连接，便签用于标注补充文字，如下图所示。

这样的流程图与传统流程图表现形式不同，但是对于开发、测试人员来说更直观。绘制过程中无需生搬硬套，清晰明了、简明扼要更为重要。

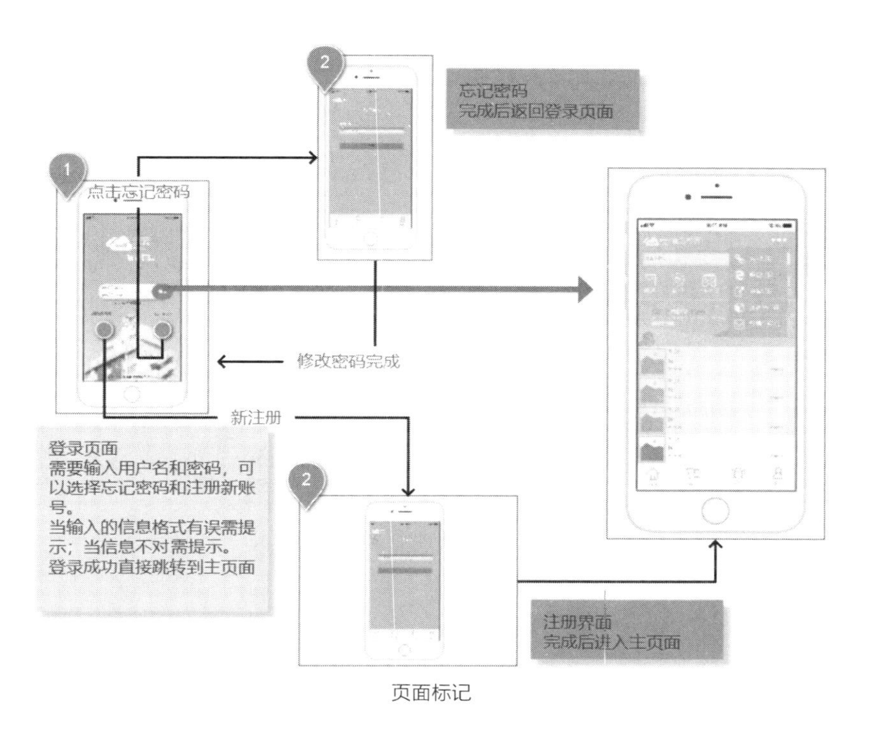

页面标记

5.3 创建自己的元件库

除了可以使用别人的元件库以外，还可以自己绘制元件库，本小节主要讲解如何创建自己的元件库。

5.3.1 创建一个元件库

单击元件库右上角的 ≡ 按钮，进入创建元件库的页面，如下左图所示。

此时会弹出新元件库的文件命名，注意元件库的文件后缀为.rplib，与普通的Axure元件的.rp文件有所区别，如下右图所示。

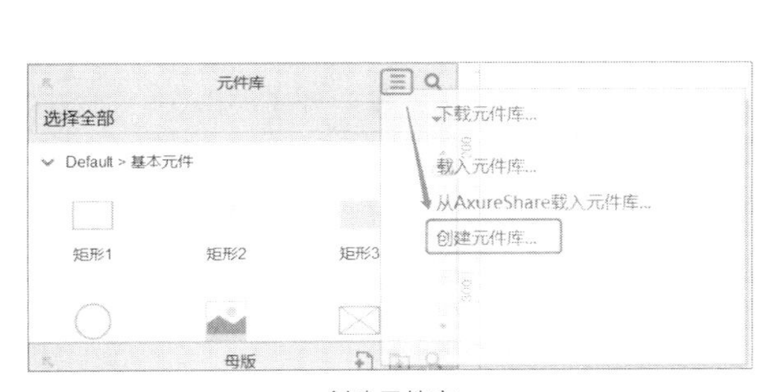

创建元件库

为新元件库文件命名

保存之后Axure会自动打开元件库的编辑界面。

5.3.2 认识元件库界面

元件库的界面与普通的原型设计界面大致相同，左侧是元件的集合页面，每个页面都是一个元件。右侧检视面板中只有元件的属性和说明，无法进行交互操作，如下图所示。

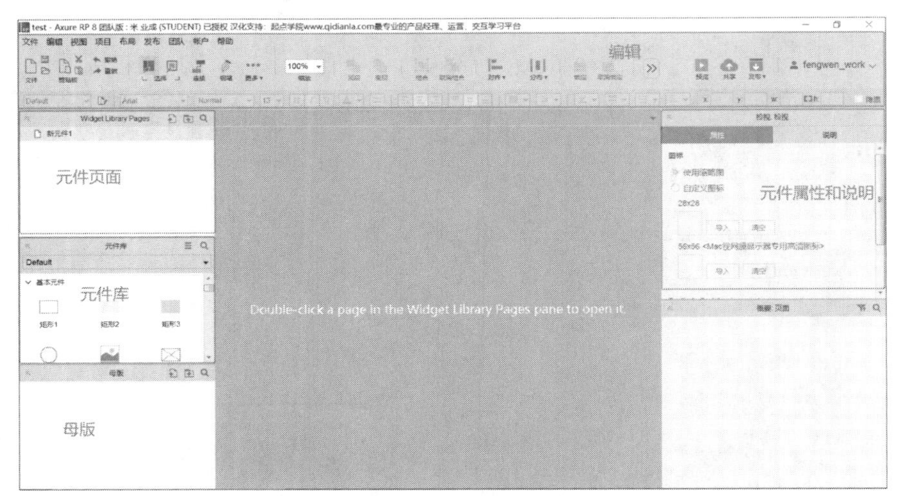

元件库界面

单击左侧的元件页面就可以进入元件的绘制和编辑，如下图所示。

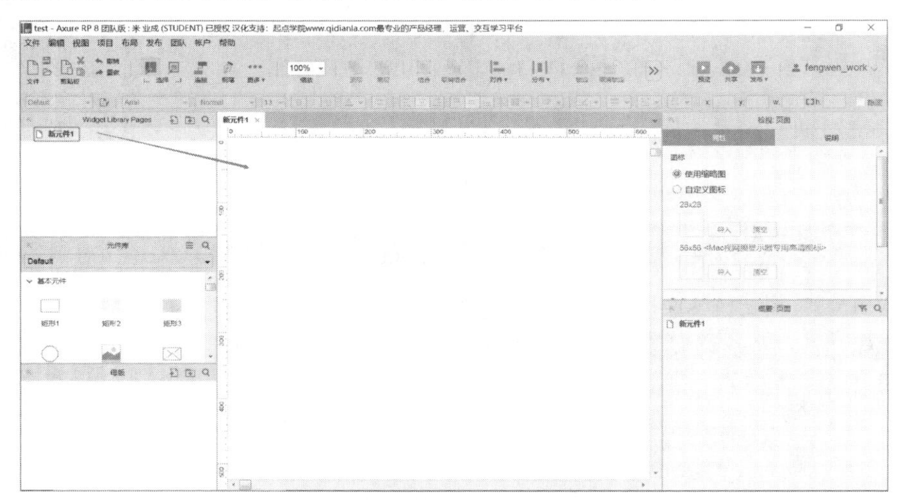

新建元件

5.3.3 自定义元件

这里我们在元件编辑页面用四个心形和一个圆形组成一个小花朵作为示范，如下图所示。

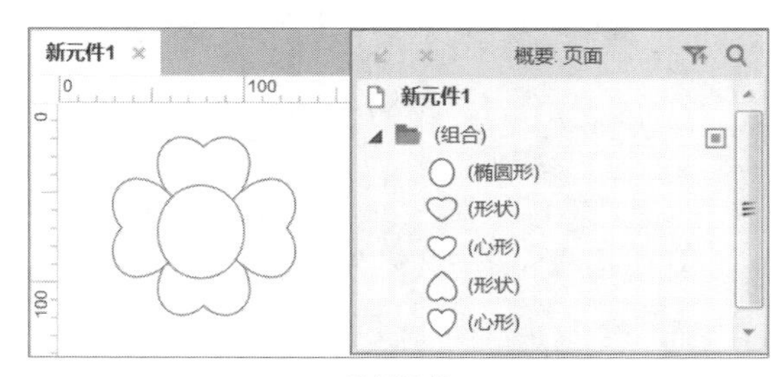

绘制元件

完成后可在右侧属性标签中选择图标，并输入提示信息，如下左图所示。

编辑好的元件还可以进行重命名，方便以后在元件库中搜索查找。还可以新增元件页面，进行多个元件编辑，如下右图所示。

选择元件图标

元件重命名

5.3.4 在项目文件中刷新元件库

完成新的元件库中新的元件之后，要想在其他已经在使用这个元件库的文件中调用新更新的元件，需要在项目文件中刷新元件库。

先需要在元件库中选中这个元件库，然后单击≡按钮，选择“刷新元件库”，缓冲片刻就可以看到最新版本的元件库内容，如下左图所示。

刷新后的元件库显示最新的设置，如下右图所示。

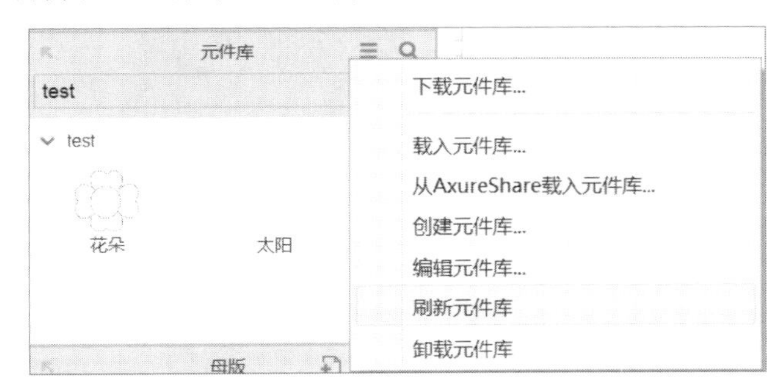

刷新元件库

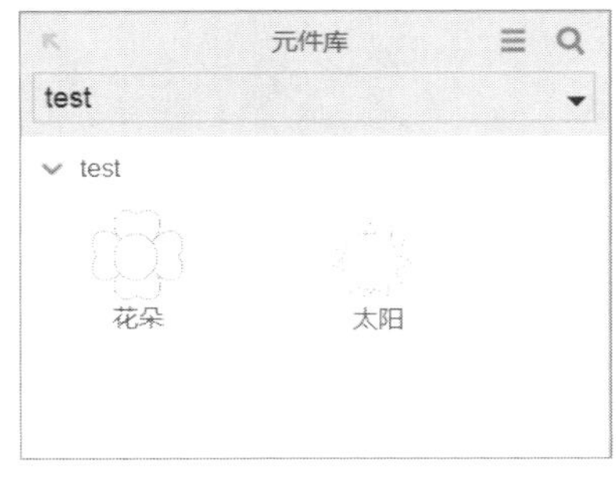

刷新后的元件库预览

会使用元件库，会自己创建元件库，在原型图的制作中以及在团队协作完成项目中都能简化工作流程，提高工作效率。

5.4 使用母版

除了会使用及创建元件库以外，将常用的界面、组件当作母版来使用也能节省很多时间。本小节主要介绍Axure中母版的使用，帮助用户减少重复工作，提高制作效率，并统一修改维护，提高中途修改的效率。

5.4.1 创建母版内容

Axure整个页面的左下角是母版管理的页面，可以单击按钮创建新的母版内容，也可以新建文件夹，单击按钮实现对母版进行管理，如下图所示。

创建母版

命名新母版的名字后双击，即可进入母版的编辑界面。我们以创建网页的页头为例演示母版建立的流程。

案例 创建某网页的页头

网页的页头大部分是由之前学习过的Tab页签构成。

❶元件组建

Step 01 在设计区域拖入一个矩形作为整个页头的背景栏，再添加几个文本标签，以及同底色的矩形作为Tab页签，修改文字的内容及格式，如下左图所示。

Step 02 "首页""热门活动""公司介绍""限时优惠"四个矩形的边框设置为只有底部边框，且默认颜色与背景颜色相同，如下右图所示。

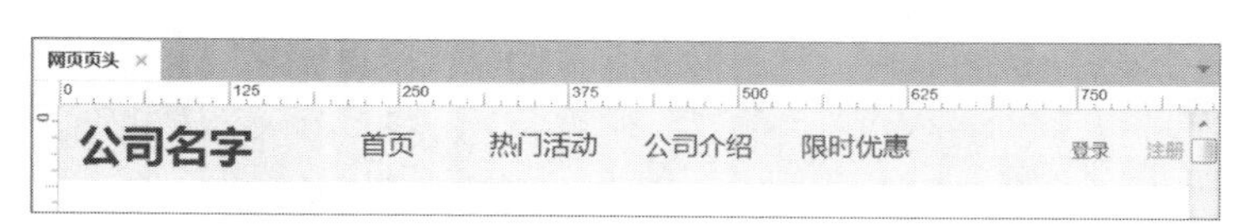

元件组建并设置

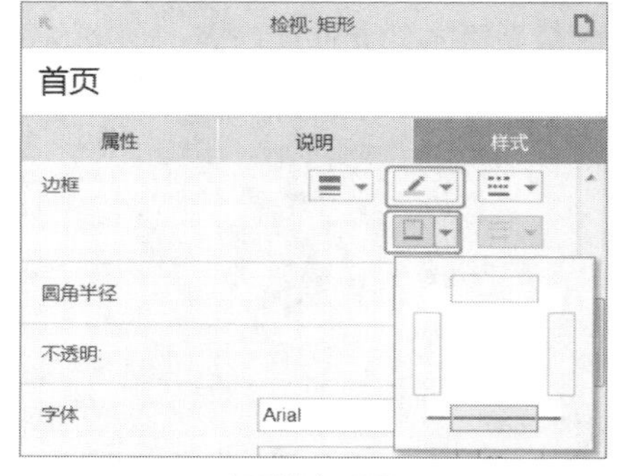

矩形边框设置

❷交互样式设置

Step 03 为四个矩形设置鼠标悬停以及鼠标按下时的交互样式，如下图所示。

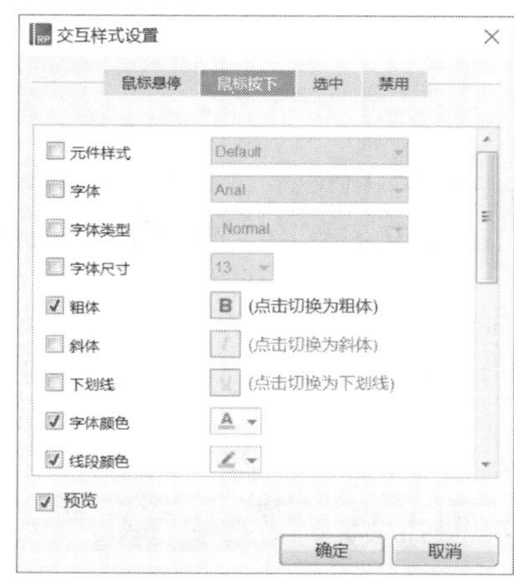

矩形交互样式设置

Step 04 将这四个矩形同时选中设置为一个选项组，实现单选效果，同时只能单击一个选项。可单击右键，选择“设置选项组”，在“设置选项组名称”对话框中进行设置，如下左图所示。

也可以直接在窗口右侧属性标签中输入选项组的名称，如下右图所示。

设置选项组

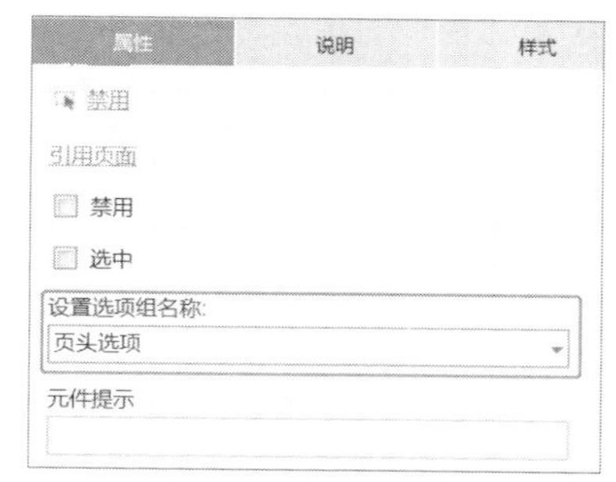

设置选项组名称

③母版使用

Step 05 完成后即可在其他页面中拖入网页页头的母版，放置在任意位置，如下图所示。

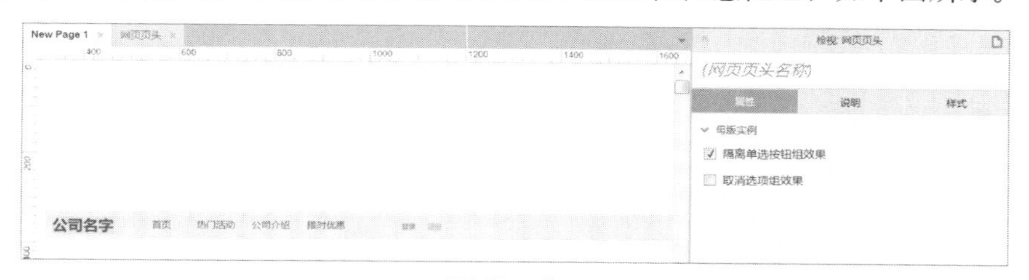

母版使用效果

也可以在窗口右侧属性标签的“母版实例”中勾选“隔离单选选项效果”、“取消选项组效果”进行设置，这里需要根据实际情况来决定，一般情况下网页的页头要保持选项组效果。

5.4.2 转换为母版

转换为母版是指在设计过程中发现一些组件重复使用，为提高效率可在设计完一个后将其转换为母版。举例来说，在App的原型设计中，一般以iPhone的页面作为背景，可以先利用元件库中的元件，以及Axure自带的功能设计完成iPhone外框以及顶部导航栏的设计，如下左图所示。

设计完成后，在设计区域选中所有的元件，单击鼠标右键，选择“转换为母版”，如下右图所示。

页面绘制

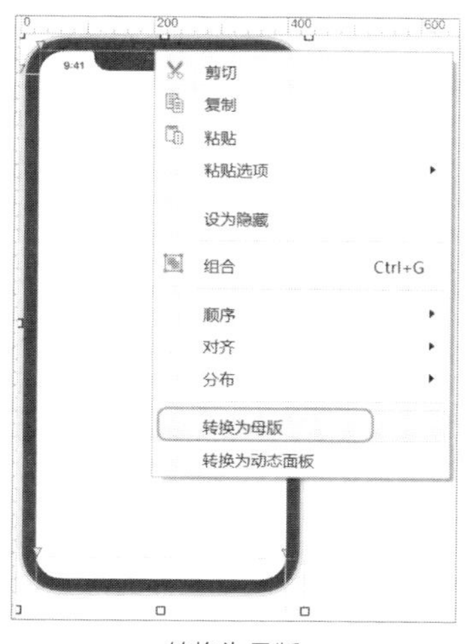

转换为母版

此时会弹出“转换为母版”对话框，设置新建的母版的名称，以及母版的拖放行为，如下左图所示。

拖放行为包括任何位置、固定位置、脱离母版三种，我们将对这三种拖放行为进行对比。首先将iPhone的背景复制到页面中，并转换为不同拖放行为的母版，三种形式的图标有所不同，如下右图所示。

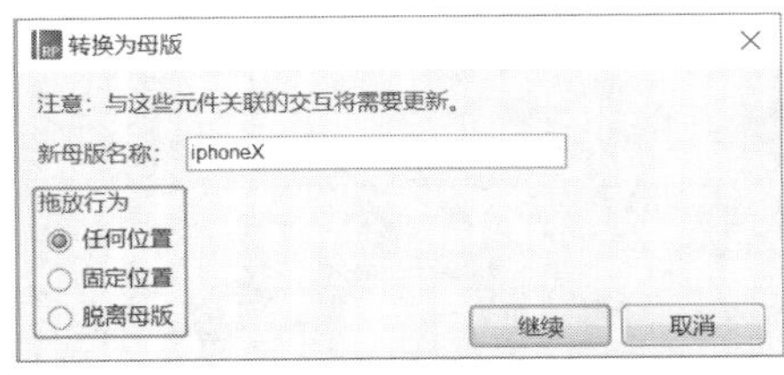

设置新母版名及拖放行为

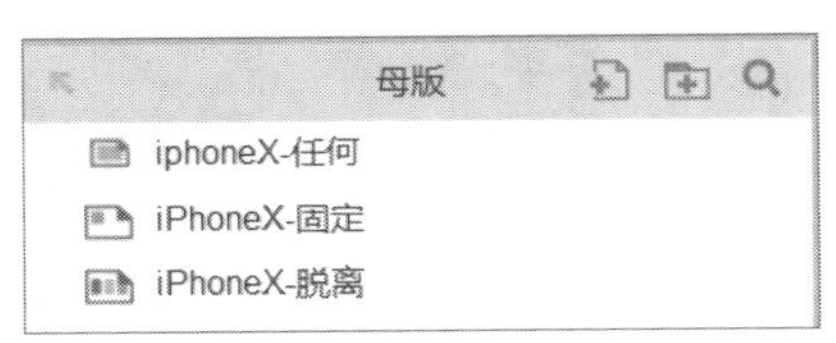

不同拖放行为图标

❶任何位置

选择了“任何位置”拖放的母版可以拖放到设计区域的任意位置，如下图所示。

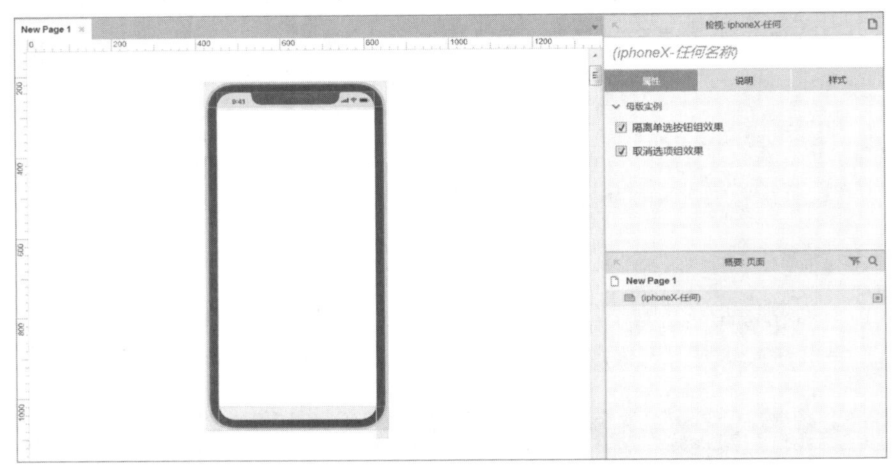

母版——任意位置

❷固定位置

选择了“固定位置”拖放的母版拖到设计区域时无法移动位置，只能保持在母版设计的位置，如下图所示。

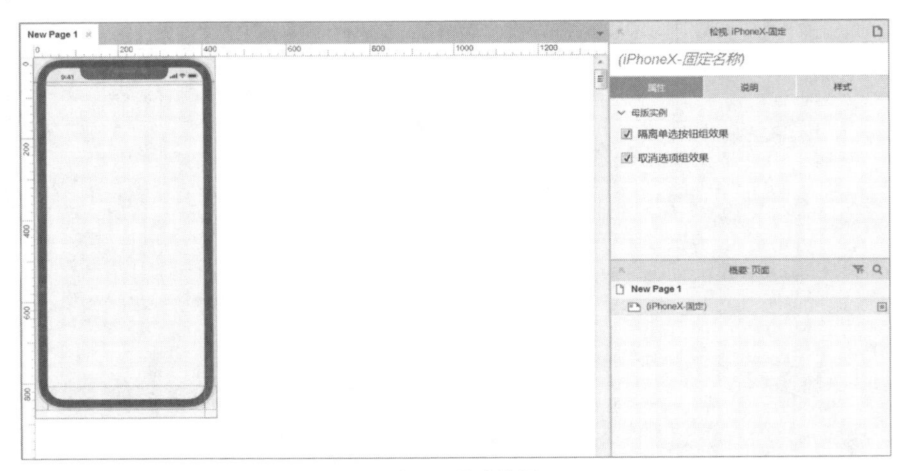

母版——固定位置

❸ 脱离母版

拖放行为为“脱离母版”的母版，在设计区域中每个元件都是可编辑的，可以根据需要对其进行修改和调整，如下图所示。

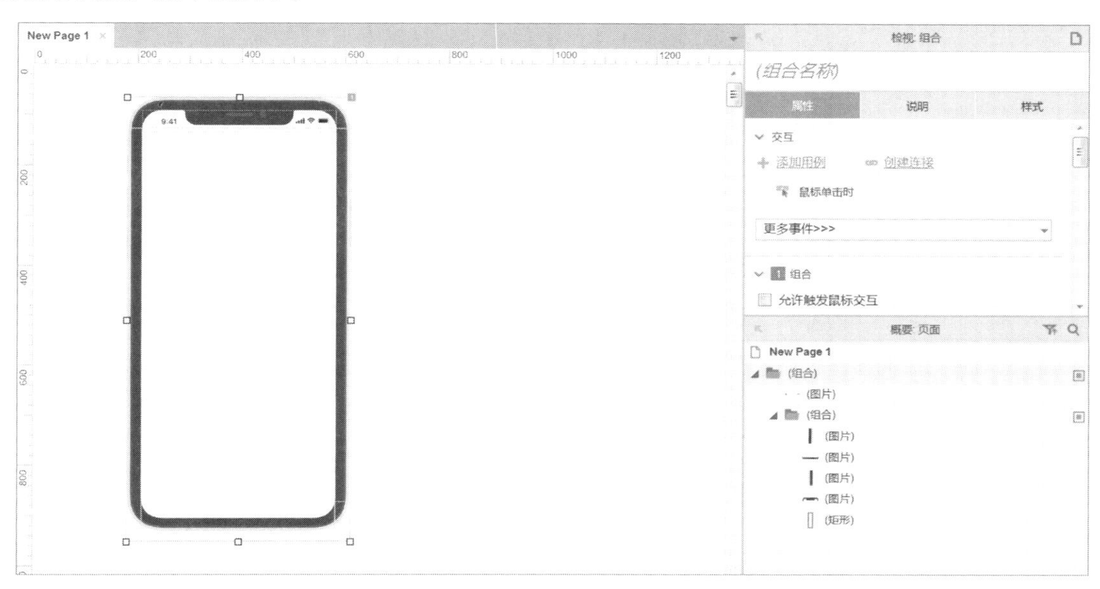

母版——脱离母版

5.4.3 子母版

与页面界面一样，页面具有子页面，母版也有子母版。长按需要成为子母版的母版页面，会出现一个蓝色的分界线，然后将子母版放在分界线下就会变成这个母版的子母版，如下图所示。

子母版

在调用过程中，母版与子母版的调用是分开的，将母版拖入设计区域，子母版并不会被拖入。当母版与子母版都被拖入设计区域时是并列关系，并不存在子系、父系关系，如下图所示。

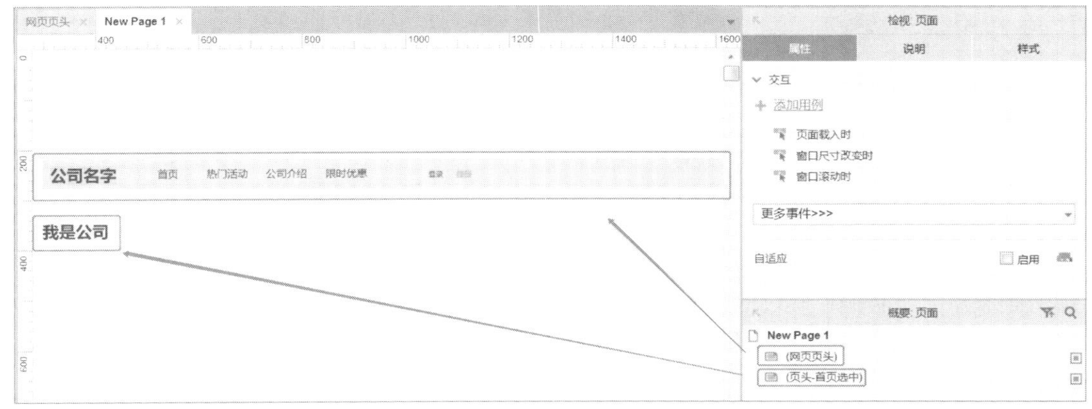

母版与子母版的调用

5.4.4 管理母版

对母版的管理主要是通过子母版和文件夹两种方式，与页面管理类似，如下图所示。

母版管理

文件夹内主要是同一类型的整理放在一起，具有承接关系、递进关系的母版使用子母版的形式进行管理。

5.5 动态面板

前面我们已经学习了动态面板的创建，通过控制状态的切换或显示/隐藏来实现一些常见的交互效果。事实上，除了自己创建动态面板以外，还可以将制作好的页面转换为动态面板来实现不同页面的切换。

5.5.1 创建动态面板

首先从元件库中拖入动态面板，如下左图所示。

双击动态面板，打开“面板状态管理”对话框，可以设置一共有几个状态进行切换，如下右图所示。

动态面板图标

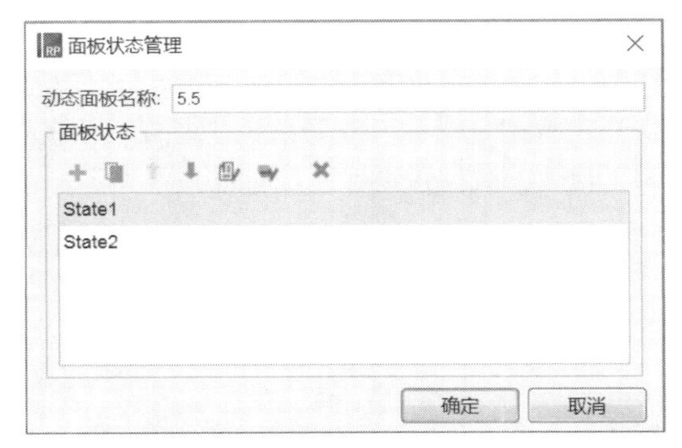

动态面板状态管理

选中一个状态之后单击相应的编辑按钮编辑状态，或者直接双击该状态进入这个状态的编辑页面。编辑区域左上角有一个蓝色框线，框线内就是动态面板的显示区域，可在其中进行状态编辑。

完成动态面板所有状态的编辑之后可以为此动态面板添加交互动作，主要包括面板切换模式、切换动画及时间间隔等，如下图所示。

交互动作配置完成后即完成此动态面板的制作。

动态面板交互配置

5.5.2 转换为动态面板

在实际的原型设计展示中，根据不同的展示目的，常用动态面板来实现核心功能的演示，主要是将要演示的页面转换为动态面板，当触发动作发生时切换为下一页，也就是下一个动态面板。动态面板转换的最大好处是可以只制作这些演示页面，从而节省了大量的时间和精力。

本小节以登录页面及扩展页面为例进行演示，将登录页面制作完成后，全部选中并单击右键，选择“转换为动态面板”，如下左图所示。

与创建面板不同的是，这里的动态面板默认为State1，不会提示是否要新建其他状态，如下右图所示。

转换为动态面板

转换的动态面板状态

当需要增加其他状态时，需要选中该动态面板，并单击右键，选择“管理面板状态”。或根据需要选择最上方的“添加状态”或“编辑全部状态”，如下左图所示。

或者在选中该动态面板时，单击页面右侧的+按钮，都会进入管理面板状态，如下面右上图所示。

也可以对每个状态进行顺序调整、状态编辑。选中需要进行操作的状态，在其右侧可以单击进行面板状态的复制，如下面右下图所示。

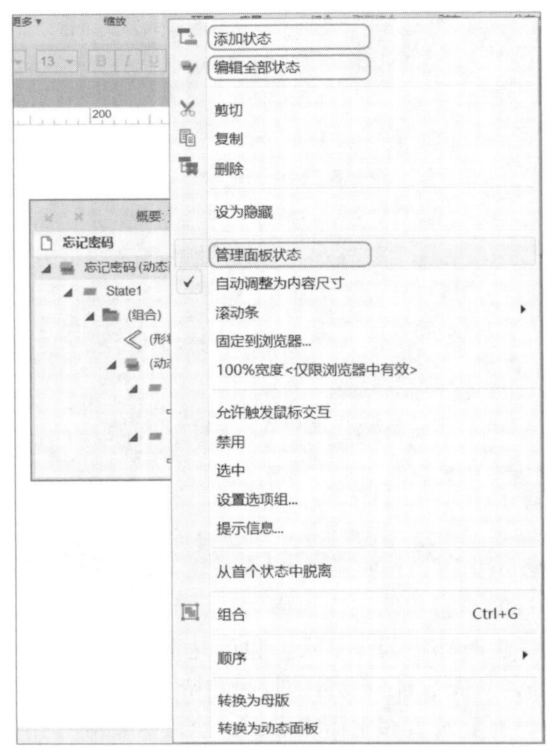

管理面板状态

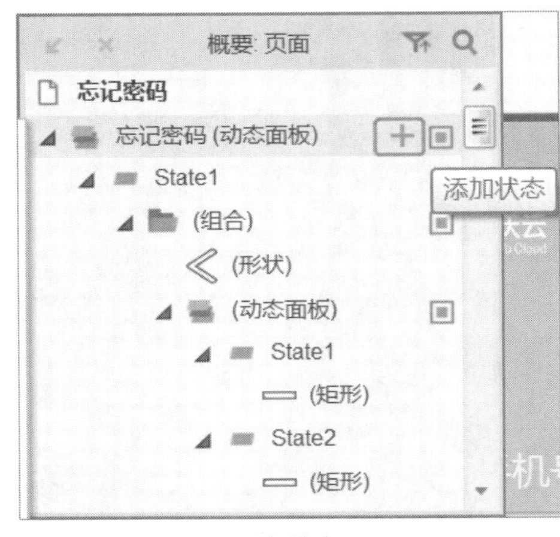

添加状态

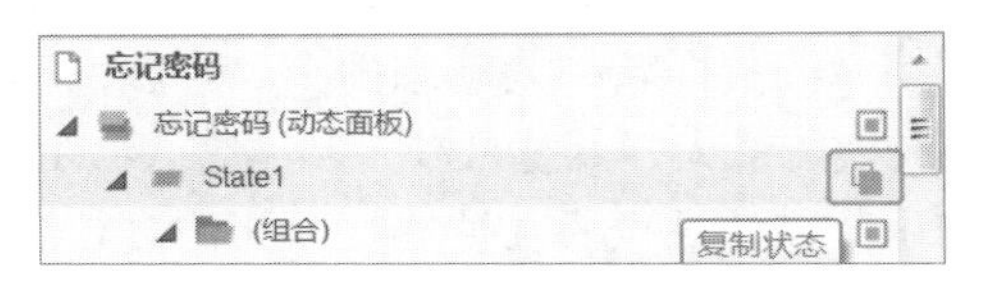

复制状态

也可以单击鼠标右键，在快捷菜单中选择“编辑”“添加状态”“复制状态”移动顺序以及删除，如下左图所示。

当想取消切换为动态面板的操作时，可以选中动态面板，单击右键，选择“从首个状态中脱离”。这与页面转换为动态面板时默认为首个状态的逻辑是一致的，如下右图所示。

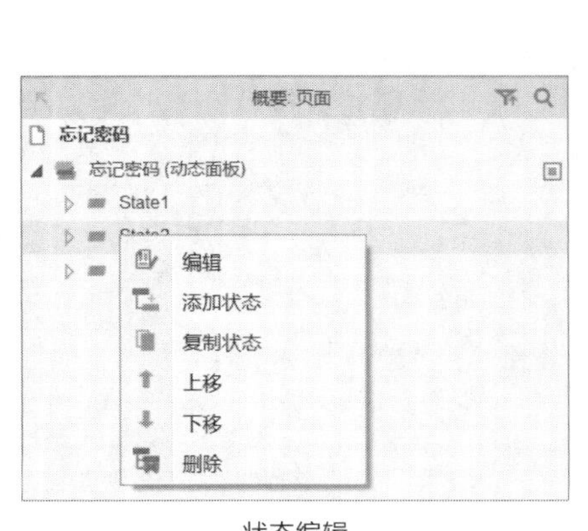

状态编辑

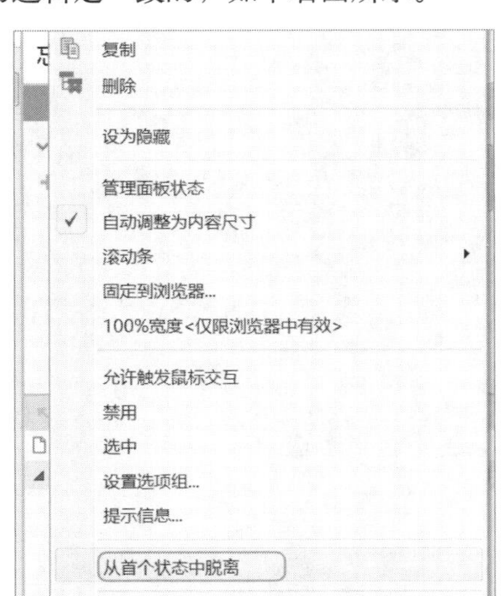

从首个状态中脱离

其余交互动作的添加、组织和配置都与创建动态面板一致。

5.6 课后练习——将无线网图标绘制成元件

App的原型图中页面顶部一般都有网络信号、时间、电池的电量以及无线网图标，其中无线网图标常用但难以用Axure自带的形状绘制完成，如果将其绘制成一个元件，调用起来很方便了。

❶ 编辑元件库

Step 01 单击元件库右侧的☰按钮，在展开的列表中选择“编辑元件库”，或者在“创建元件库”之后再进行编辑，如下左图所示。

Step 02 进入元件库编辑界面后，在左侧新建一个元件，命名为“WiFi”，如下右图所示。

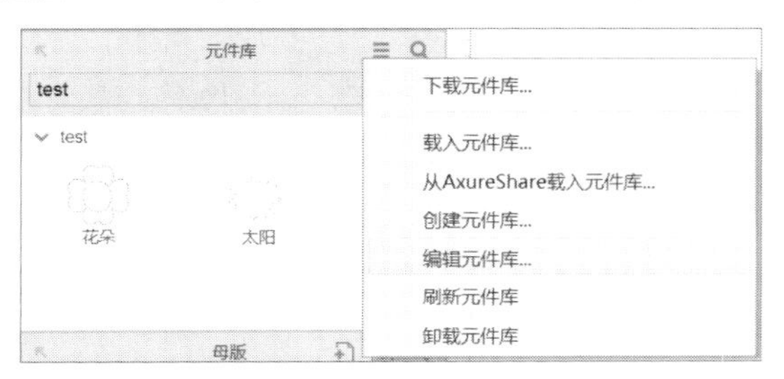

编辑元件库

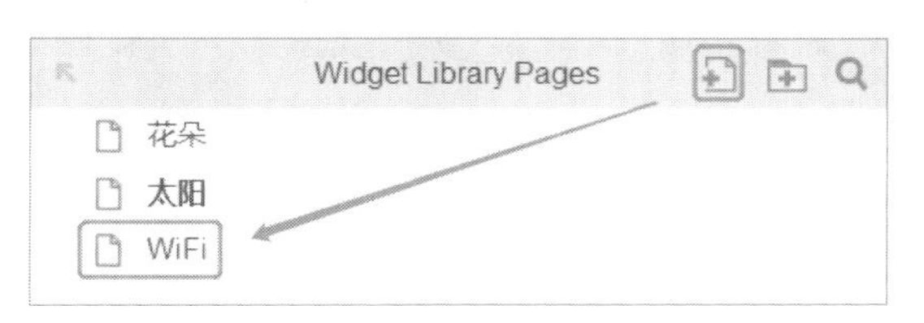

新建元件

❷ 元件搭建

Step 03 双击新元件，进入元件编辑界面。拖入五个圆，直径分别为30、60、90、120和150，保持五个圆的圆心在同一位置，如下左图所示。

Step 04 对第一个、第三个、第五个圆的内部进行填充，填充颜色与边框一致，如下中图所示。

Step 05 拖入任一形状，更改图形的形状，如下右图所示。

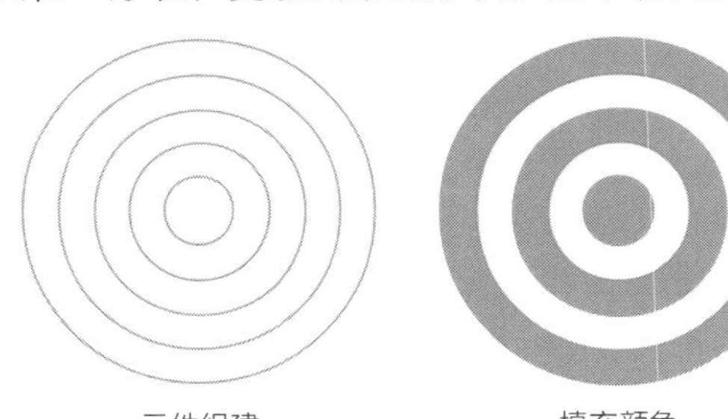

元件组建　　填充颜色

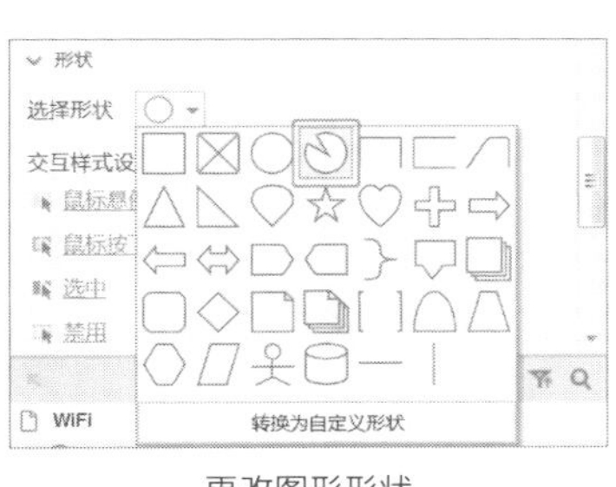

更改图形形状

Step 06 调整这个形状被截去的部分圆心角为90°，元件的角度为45°，如下左图所示。

Step 07 将此元件覆盖在之前已经制作完成的五个圆上，圆心一致，并设置此元件没有边框，如下中图所示。

Step 08 WiFi图标制作完成，保存文件，在其他项目中刷新元件库就可以看到这个图标了，如下右图所示。

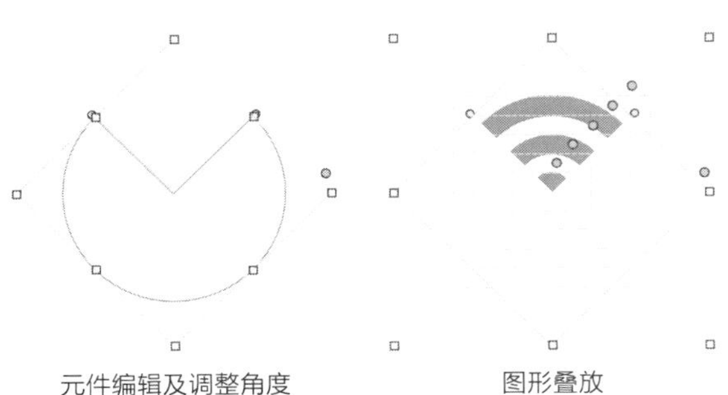

元件编辑及调整角度　　图形叠放

刷新元件库

Chapter

06 项目输出

通过前几章的学习，我们已经可以完成一个完整的原型设计。接下来要解决的问题是把原型图展示给不同的群体，包括目标用户、公司领导、开发测试等，因目标群体不同，对设计稿的关注点也不一样，对项目输出的形式也有不同的要求。Axure软件在设计之初就考虑了这个问题，可以在原型制作完成后生成不同类型的文件以满足要求。本章就介绍如何用Axure生成不同的文档。

6.1 生成原型并在浏览器中查看

在浏览器中查看原型是最常用的发布方式。制作原型的过程中常需要不断地预览，以确保交互设计的动作添加正确，保证页面设计按照产品需求进行，常用的预览方式是直接单击“预览”按钮（快捷键为F5），如下图所示。

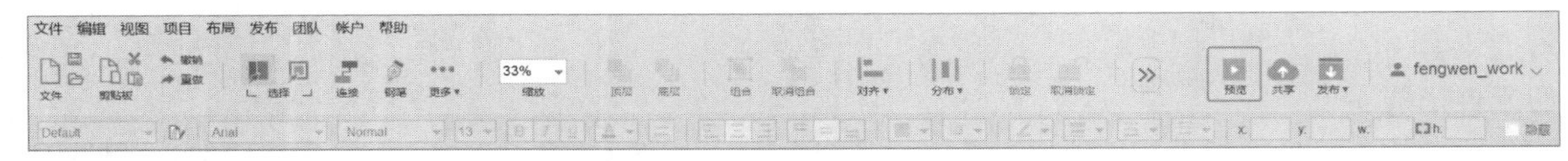

单击“预览”按钮预览界面

也可以单击“发布”菜单按钮，在下拉菜单中选择“预览”选项进行预览，如右图所示。

发布界面——预览

单击“预览”后整个项目的所有原型设计会跳转到默认浏览器进行展示。网址内容信息由Axure进行分配，标签页名称为当前展示的页面的名称，默认在展示区域左侧显示页面导航窗格。在整个页面的主体区域可对这个页面进行单击、输入文本信息、计算等各种交互动作，以此验证动作配置是否正确，页面流程是否符合逻辑，如下图所示。

预览界面

❶PAGES

PAGES页面主要提供导航作用，显示所有的页面信息。与Axure中的页面对应，如下左图所示。

与Axure页面管理部分一样，导航栏也具有搜索功能，如下中图所示。

导航栏还具有两项特殊的功能，可以单击右上角的 按钮获得该页面的链接，根据需要选择是否使用左侧的导航栏，并确定当需要时导航栏是否需要最小化、展开、隐藏标注以及是否需要把具有交互动作的元件高亮，如下右图所示。

对应的页面列表

页面列表搜索

页面链接生成

还可以单击 按钮，将含有交互动作的元素进行高亮标注，如下图所示。

发布界面——预览

❷NOTES

在最左侧单击NOTES，会显示这页的页面说明，如下左图所示。

这里的页面说明与页面检视中的说明对应，如下中图所示。

标注部分可以前后页切换，显示上一页和下一页的页面说明，如下右图所示。

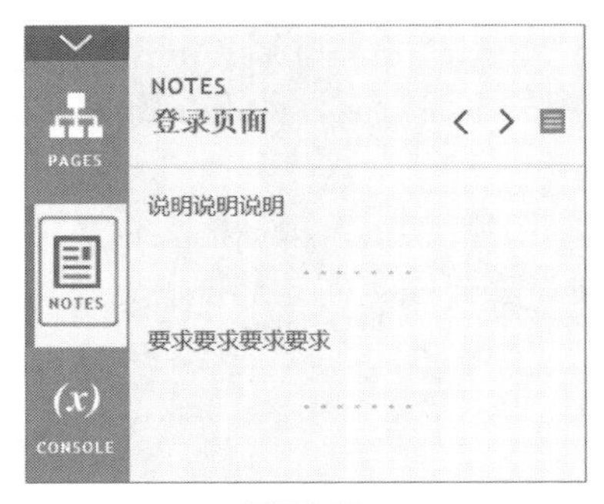

页面标记

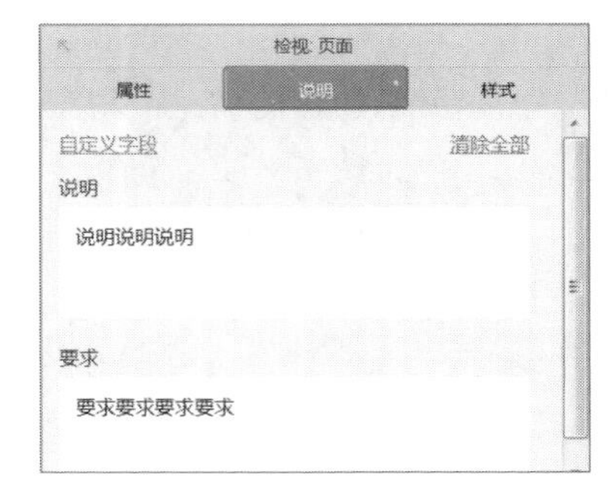

对应的页面说明

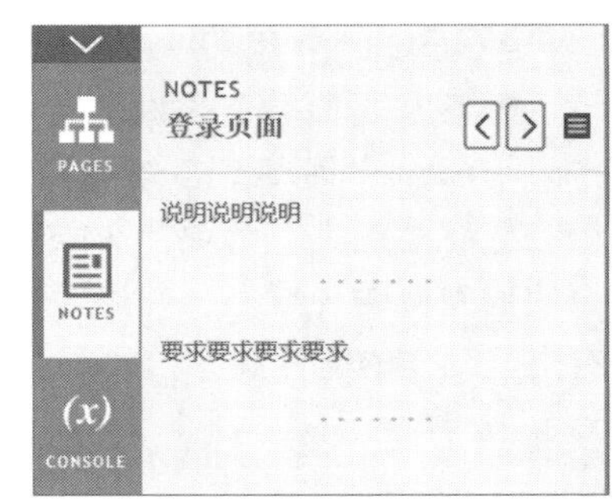

前后页面切换

在控件上添加注释后，控件的右上角会显示一个黄色方块，称为脚注（footnotes）。单击NOTES部分的▤按钮，可以进行脚注切换，如右图所示。

脚注切换

❸CONSOLE

左侧还有一个导航栏CONSOLE，CONSOLE 对象用于 JavaScript 调试，在这里主要显示变量信息以及交互动作。可以单击重置变量对全局变量进行修改，还可以清空已发生的交互动作的痕迹，如下左图所示。

❹主要展示区

在画布区域展示页面的核心功能和流程才是最重要的，这是一个产品原型设计的最终产物，其页面跳转、动作配置、交互设计都将决定这个产品的未来，如下右图所示。

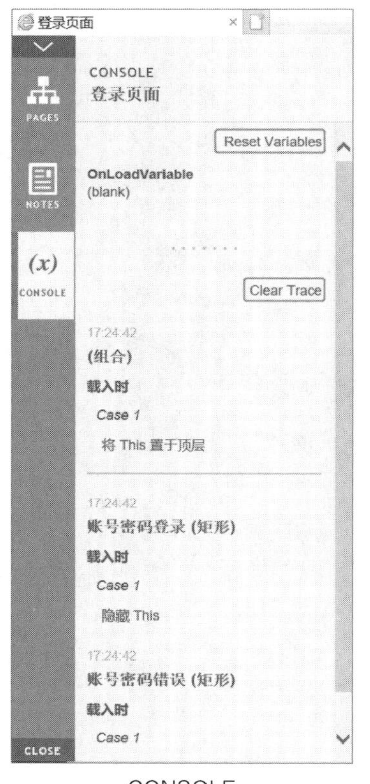

CONSOLE

主要展示区

6.2 更改Axure RP的默认打开页面

除了可以单击“预览”按钮直接跳转到默认浏览器查看页面外，还可以在“发布”菜单中选择“预览选项”，打开“预览选项”对话框，更改浏览器及显示配置。预览选项主要包括两部分内容，“选择预览HTML的配置文件”以及预览页面的打开情况，如下面两图所示。

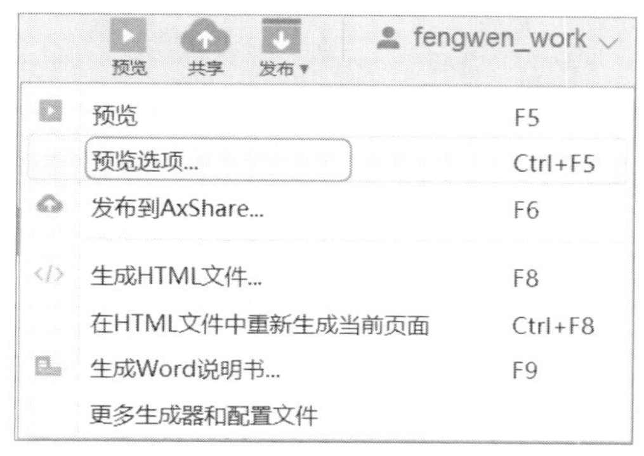

预览选项入口

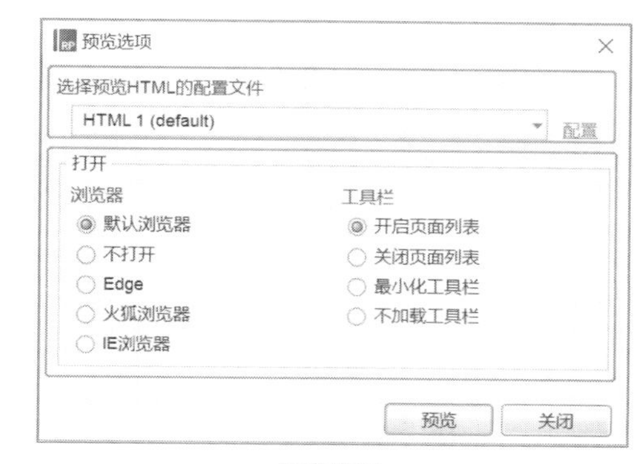

预览选项

这里主要介绍预览选项的设置，其中预览打开浏览器的设置中主要包括两部分，即浏览器及工具栏。

❶ 浏览器

浏览器设置中可以选择默认浏览器中打开、不打开、选择在自己安装的其他浏览器上打开。

选择完成后，单击“预览”按钮（F5），直接跳转到选择的浏览器，打开新的标签页进行展示，如下图所示。

选择浏览器后预览效果

❷工具栏

工具栏设置有以下四种：

（1）开启页面列表

开启页面列表后会显示工具栏以及页面导航，与上文中的展示一致。

（2）关闭页面列表

关闭页面列表后只显示工具栏，无法单击预览其他页面的情况，如下右图所示。

（3）最小化工具栏

最小化工具栏后可以单击按钮展开工具栏，但是无法显示页面列表，如下右图所示。

关闭页面列表

最小化工具栏

（4）不加载工具栏

不加载工具栏后预览只展示页面情况，不显示工具栏和页面列表。

❸配置文件

此处的配置文件是在浏览器中预览的HTML格式的配置文件，如下图所示。

HTML配置文件

6.3 原型、Word文档及生成器

Axure RP提供了自动生成需求规格说明书的功能，对需求设计人员来说非常实用。这也要求我们在设计的过程中做好注释，如网页说明和组件说明，输出规格文件的时候，Axure RP会自动整理所有页面和说明文字，可以节省很多撰写产品说明文档的时间。

6.3.1 原型

Axure是专业的快速原型设计工具，让负责定义需求和规格、设计功能和界面的人员能够快速创建应用软件或Web网站的线框图、流程图、原型和规格说明文档，让不同的人关注到他们想要的原型设计的重点。

（1）产品经理：便于规划整个设计并确定迭代计划。

（2）公司领导：产品的核心功能及商业模式。

（3）目标用户：是否满足需求，用户体验是否良好。

（4）开发及测试人员：了解开发目标，确定开发步骤。

用Axure完成原型设计后，其产品框架、界面元素、使用流程、业务逻辑的模型是整个制作过程输出的重要文件，如下图所示。

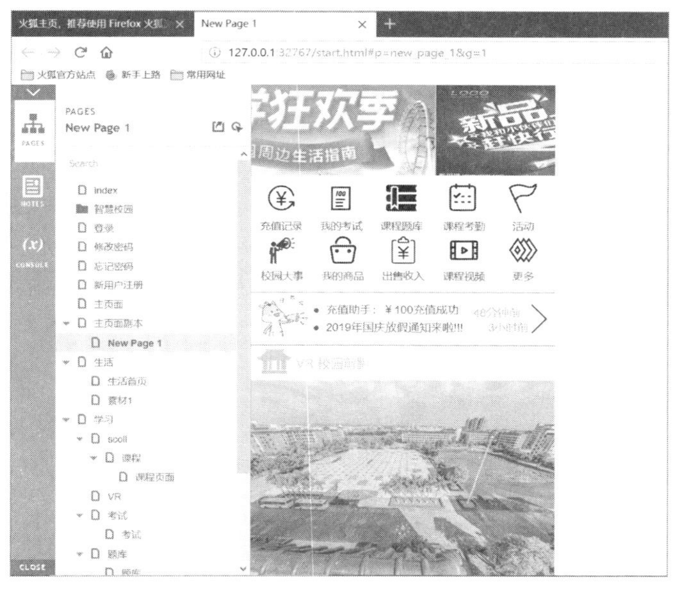

原型设计

6.3.2 生成Word文档

除原型以外，Axure RP还可以自动生成需求规格说明书。输出需求规格说明书之前，需要电脑做相关的配置，使之支持这种输出。输出Word格式规格文件之前，电脑必须事先安装好Microsoft Word。

单击“发布”菜单按钮，在菜单列表中选择“生成Word说明书”，会弹出关于Word说明文档的配置文件，如右图所示。

生成Word说明书入口

❶常规

配置设置包括常规、页面、母版、页面属性、屏幕快照、元件表、布局和Word模板。其中“常规”项用于设置输出的Word文档存储的位置。一般情况下，输出的文档默认会存放在的我的文档——My Axure RP Specifications文件夹下面，如下左图所示。

❷页面

页面部分主要是选择生成哪些页面，以及是否生成目录和标题，如下右图所示。

Word文档设置——常规

Word文档设置——页面

❸母版

母版的配置与页面类似，选择生成哪些母版的页面，以及是否生成标题和母版目录，如下左图所示。

❹页面属性

这一部分是确定Word文档中是否包含页面的说明和要求，是否包含页面交互、在页面/母版中使用的母版列表，母版使用情况，以及是否包含动态面板和中继器，如下右图所示。

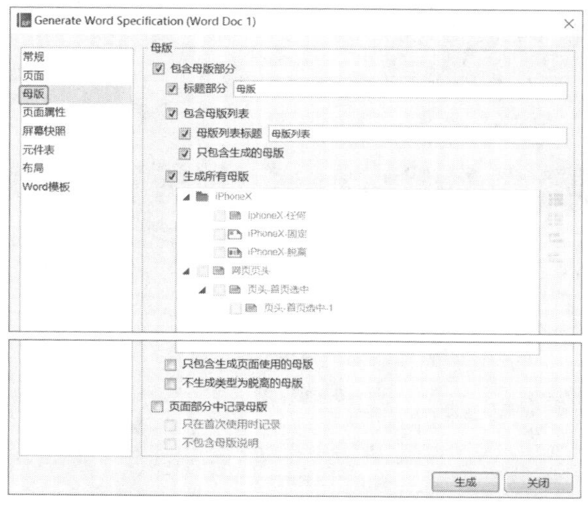

Word文档设置——母版

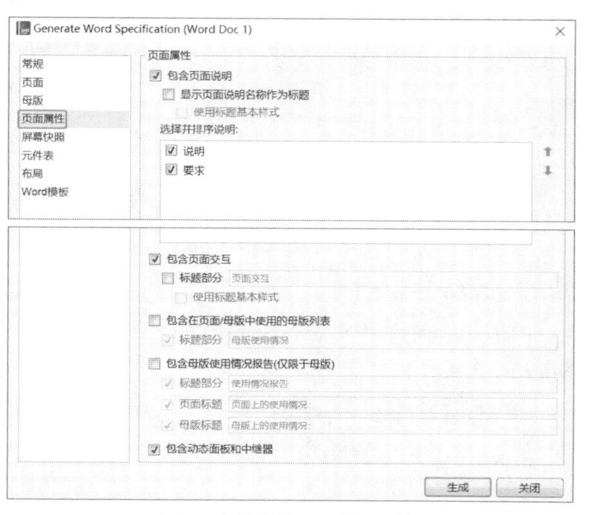

Word文档设置——页面属性

❺屏幕快照

屏幕快照部分主要是针对标记元件中的页面快照而设置的，可以选择是否在Word说明文档中包含屏幕快照，以及屏幕快照的标题、尺寸、菜单设置等配置，如下左图所示。

❻元件表

元件表也是Word生成文档中重要的一部分，每个页面包含的元件及其交互动作是原型设计的关键。元件表的设置主要包括脚注、名称、交互、说明、元件文字、元件提示、列表选项、位置尺寸等，如下右图所示。

Word文档设置——屏幕快照

Word文档设置——元件表

❼布局

布局是指生成的Word文档的布局，可以选择单列或双列排布，并为每个页面的几部分进行排序，如下左图所示。

❽Word模板

生成的Word文档可在Axure中设置样式，包括标题格式、表格格式以及单元格文字，还可以导入其他模板，如下右图所示。

Word文档设置——布局

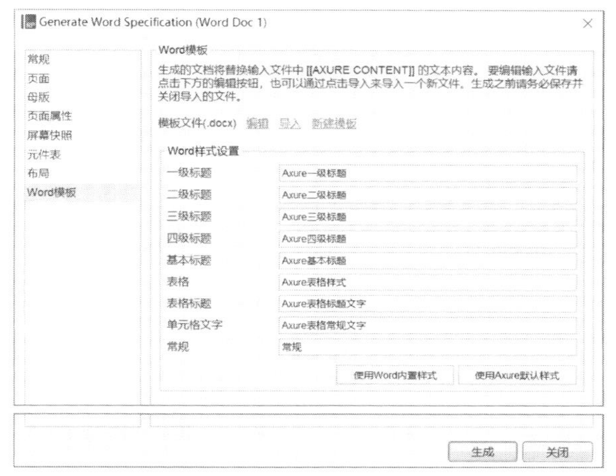

Word文档设置——Word模板

生成的说明文档如下图所示。

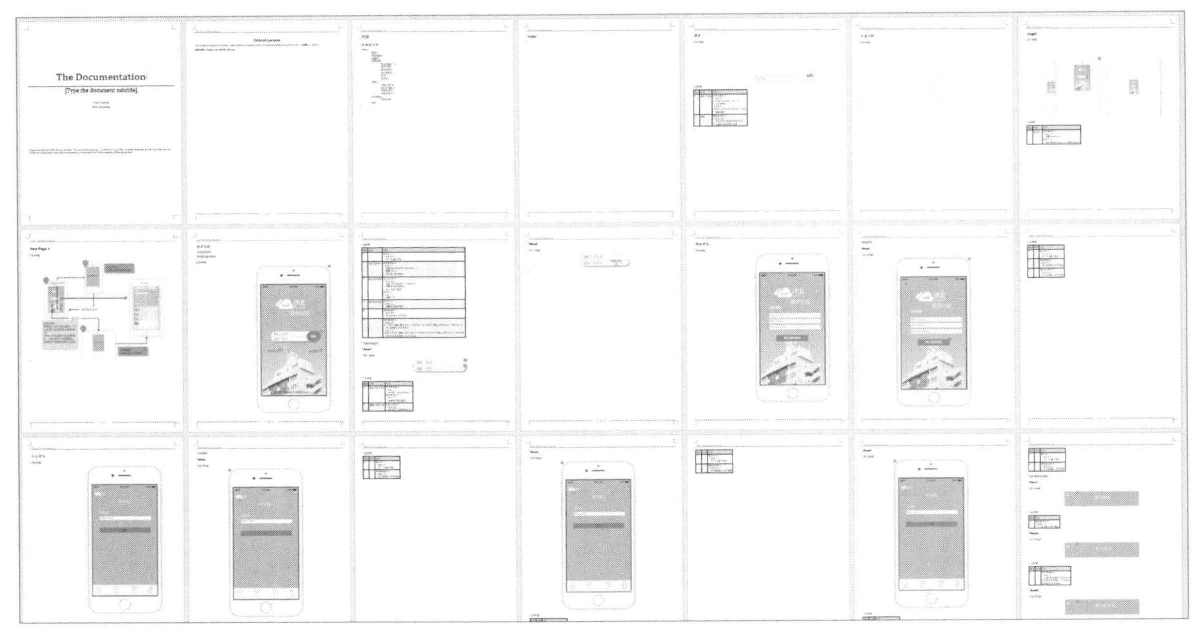

Word说明书效果预览

6.3.3 生成器和配置文件

除了可以在浏览器中预览或生成HTML文件，以及生成Word说明书以外，还可以在“发布”菜单中选择“更多生成器和配置文件”查看其他的生成器和其对应的配置，如下左图所示。

Axure可以输出的文件包括四种，HTML、Word说明书、CSV报告以及打印文档，双击要生产的文件类型会弹出有关配置的窗口。本章后面的章节中会详细介绍这四种生成器及其配置文件，如下右图所示。

更多生成器和配置文件

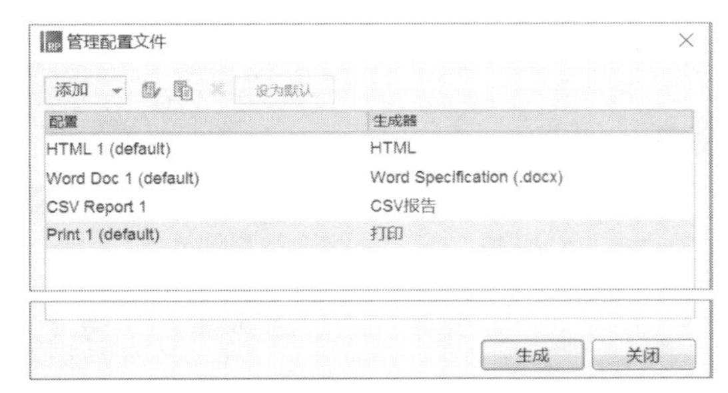

管理配置文件

6.4 HTML和Word生成

HTML和Word文件是最常见的生成器类型，多用HTML文件进行预览和展示，用Word说明书作为产品说明文档的一部分。

6.4.1 HTML生成器

HTML（Hyper Text Markup Language）是超文本标记语言，它包括一系列标签，通过这些标签可以将网络上的文档格式统一，使分散的Internet资源连接为一个逻辑整体，用浏览器打开。本章前面介绍的预览原型其实就是直接在浏览器中打开对应的HTML文件。

实际上还可以直接生成全部页面的HTML文件，或只生成本页面的HTML文件，如下图所示。

生成HTML文件

也可以在“更多生成器和配置文件”中选择HTML文件并生成。HTML生成器的配置文件较多，下面逐一介绍。

❶ 常规

这里的设置主要是指存放HTML文件的目标文件夹，以及打开生成的HTML文件的有关配置。与预览设置一样，包括在哪个浏览器打开以及是否展示工具栏和列表，如下左图所示。

❷ 页面

页面部分的设置可以帮助选择要生成哪些页面的HTML文件，如下右图所示。

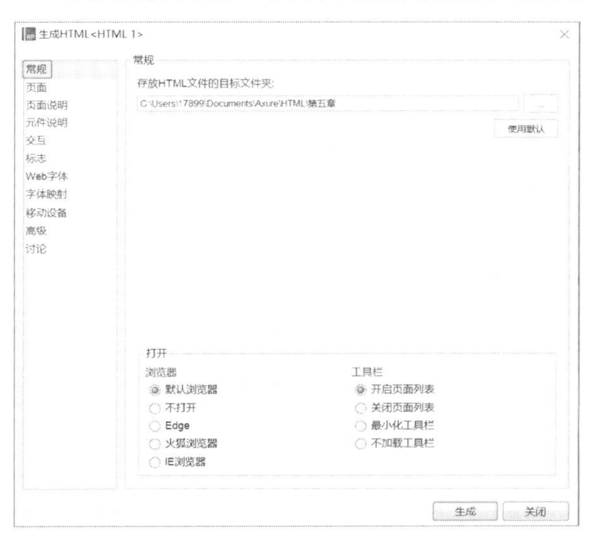

HTML文件配置——常规

HTML文件配置——页面

❸ 页面说明

可在这个页面选择是否生成页面说明和其名称，还可以选择和排序页面报告中的页面说明及要求，如下左图所示。

❹ 元件说明

元件是原型设计的重要部分，元件说明可以选择并排序元件说明包含的字段，是否包含脚注和名称，如下右图所示。

HTML文件配置——页面说明

HTML文件配置——元件说明

❺交互

交互主要是确定是否在文件中包含调试，以及用例行为、元件引用页的有关配置，如下左图所示。

❻标志

这里的标志是指这个页面的图片标识及标题，如下右图所示。

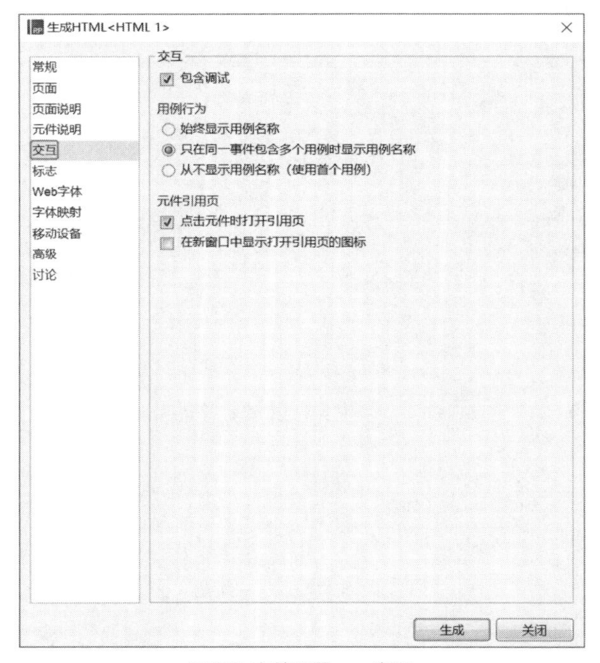

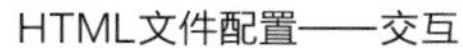

HTML文件配置——交互

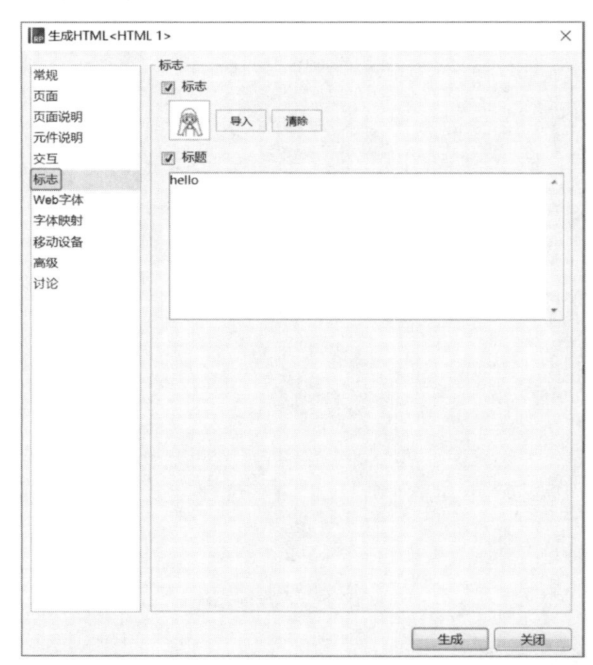

HTML文件配置——标志

导入图片并输入标题后，标志和标题显示在页面列表的上方，如下左图所示。

❼Web字体

Web字体是一种CSS特性，可以帮助大家指定在访问时随输入的网站一起下载的字体文件，这意味着任何支持Web字体的浏览器都可以使用所指定的字体，如下右图所示。

HTML文件配置——标志效果

HTML文件配置——Web字体

❽ 字体映射

因为浏览器及Axure的版本和兼容问题，并不是所有的字体都会按照原格式显示。HTML文件可以使用font-family属性来控制，需要提供一个或多个字体种类名称，浏览器会在列表中搜寻，直到找到它所运行的系统上可用的字体，如下左图所示。

❾ 移动设备

在移动设备上的HTML文件会有一个主屏图标，我们可以设置此产品的极限缩放倍数，还可以针对iOS系统为其设置启动画面和状态栏的样式。这些细节问题的设置会为用户带来更好的体验，如下右图所示。

HTML文件配置——字体映射

HTML文件配置——移动设备

❿ 高级

高级设置中只有两个配置，即字体大小是否以点为单位代替像素，以及是否使用草图效果。另外，草图效果是在“项目”>“页面样式编辑”中进行设置的，如下左图所示。

⑪ 讨论

选中包含讨论后，可以让访问者在浏览时与创建者进行互动，我们能够在share.axure.com网站上进行管理和保护，如下右图所示。

HTML文件配置——高级

HTML文件配置——讨论

配置完成后可以生成原型设计的HTML文件并在选择的浏览器中打开。

6.4.2 Word生成器

Word生成器的生成方式及配置与上文生成Word文档的配置相同，此处不赘述。配置包括常规、页面、母版、页面属性、屏幕快照、元件表、布局及Word模板的管理，如下图所示。

Word说明书配置

6.5 CSV报告和打印生成器

除了HTML文件和Word文档，Axure还可以生成CSV报告和打印文档。下面介绍这两种生成器的配置文件。

6.5.1 CSV报告生成器

CSV（Comma-Separated Values）文件，被称为逗号分隔值或字符分割值，其文件以纯文本的形式存储表格数据。CSV文件是一个字符序列，可以由任意数目的记录组成，记录间以某种换行符分割，所有的记录都有完全相同的字段序列，相当于一个结构化表的纯文本形式。用文本文件、Excel或者类似文本文件的格式都可以打开CSV文件。

CSV文件常用做数据库的导入和输出文件格式，Axure输出的CSV文件可以用配置文件进行设置，帮助输出更符合需求的文件。

❶常规

与上述的HTML和Word类似，常规设置中可以定义CSV格式的页面报告存储位置，以及元件库报告存储位置，如下左图所示。

❷页面

页面部分可以选择生成哪些页面的CSV格式的报告，如下右图所示。

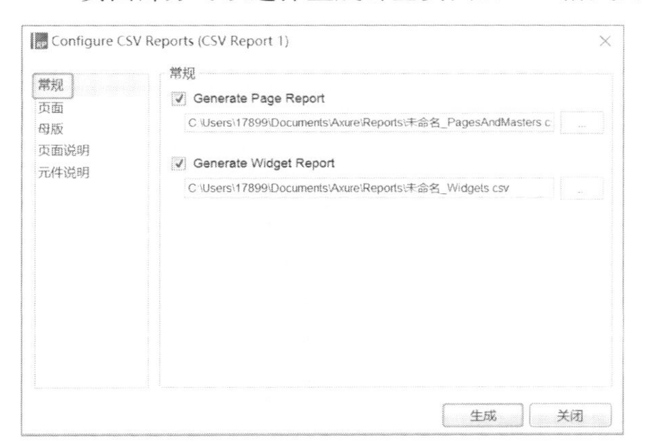

CSV报告设置——常规

CSV报告设置——页面

❸母版

选择生成哪些母版页面，还可以选择生成只包含生成页面使用的母版，以及是否不生成类型为脱离母版的母版页面，如右图所示。

CSV报告设置——母版

❹ 页面说明

选择CSV文件中是否包含页面、母版名称、序号、交互、说明、要求等，并为这些类型进行排序，如下左图所示。

❺ 元件说明

元件说明与页面说明类似，可以选择是否生成并排序使用元件的页面/母版名称、脚注序号、交互、说明、名称等不同类型的部分，如下右图所示。

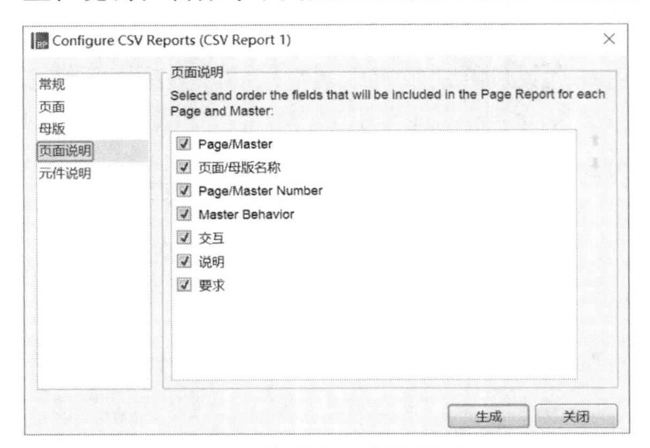

CSV报告设置——页面说明

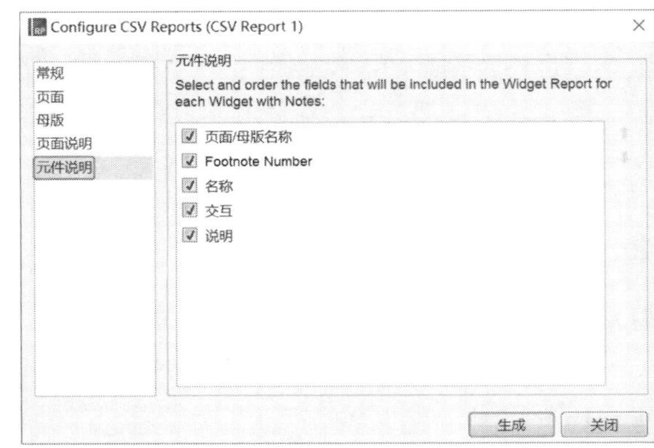

CSV报告设置——元件说明

设置完成后可以生成CSV文件，元件文档和页面文档在Excel中打开后效果如下面两图所示。

	A	B	C	D
1	页面/母版名称	Footnote N	名称	交互
2	搜索	1	搜索文本框	文本改变时: Case 1 (If 元件文字长度 This != "0"): 显示 清除 Case 2 (Else If 元件文字长度 This == "0"): 隐藏 清除
3	搜索	2	清除	鼠标单击时: Case 1: Set 文字于 搜索文本框 = "" 设置焦点在 搜索文本框
4	page3	1	登录页2	鼠标单击时: Case 1: 隐藏 登录页3, 登录页1 移动 登录页2 by (0,0) 弹跳 2000ms
5	登录页面	1		载入时: Case 1: 将 This 置于顶层
6	登录页面	2	手机号登录	鼠标单击时: Case 1 设置 手机号验证码 为 State2 隐藏 This 显示 账号密码登录
7	登录页面	3	账号密码登录	鼠标单击时: Case 1: 设置 手机号验证码 为 State1 隐藏 账号密码登录 显示 手机号登录 载入时: Case 1: 隐藏 This
8	登录页面	4	账号密码错误	载入时: Case 1: 隐藏 账号密码错误
9	登录页面	5		鼠标单击时: Case 1: 在 当前窗口 打开 链接
10	登录页面	6		鼠标单击时: Case 1 (If 文字于 请输入账号111 == "111111" and 文字于 请输入密码111 == "111111"): 在 当前窗口 打开 链接 Case 2 (Else If 文字于 请输入账号111 != "111111" and 文字于 请输入密码111 != "111111"): 显示 账号密码错误 bring to front

CSV报告——元件报告

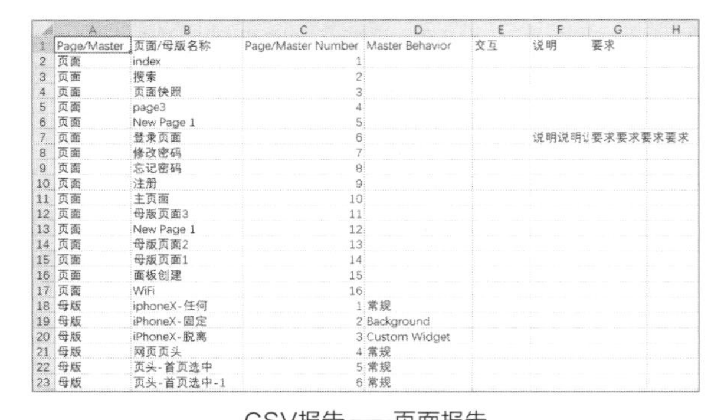

	A	B	C	D	E	F	G	H
1	Page/Master	页面/母版名称	Page/Master Number	Master Behavior	交互	说明	要求	
2	页面	index	1					
3	页面	搜索	2					
4	页面	页面快照	3					
5	页面	page3	4					
6	页面	New Page 1	5					
7	页面	登录页面	6			说明说明i 要求要求要求要求		
8	页面	修改密码	7					
9	页面	忘记密码	8					
10	页面	注册	9					
11	页面	主页面	10					
12	页面	母版页面3	11					
13	页面	New Page 1	12					
14	页面	母版页面2	13					
15	页面	母版页面1	14					
16	页面	面板创建	15					
17	页面	WiFi	16					
18	母版	iphoneX-任何	1	常规				
19	母版	iPhoneX-固定	2	Background				
20	母版	iPhoneX-脱离	3	Custom Widget				
21	母版	网页页头	4	常规				
22	母版	页头-首页选中	5	常规				
23	母版	页头-首页选中-1	6	常规				

CSV报告——页面报告

6.5.2 打印生成器

打印生成器输出的文件是页面和母版的预览图，可以在配置文件中确认生成的效果方案。

❶ 缩放

打印生成的文件主要是对纸张尺寸的适应，包括图表到纸张的缩放比例，还可以编辑纸张尺寸，如下左图所示。

❷ 页面

与其他的配置文件一样，页面部分主要是选择生成哪些页面的打印文件，如下右图所示。

打印文件设置——缩放

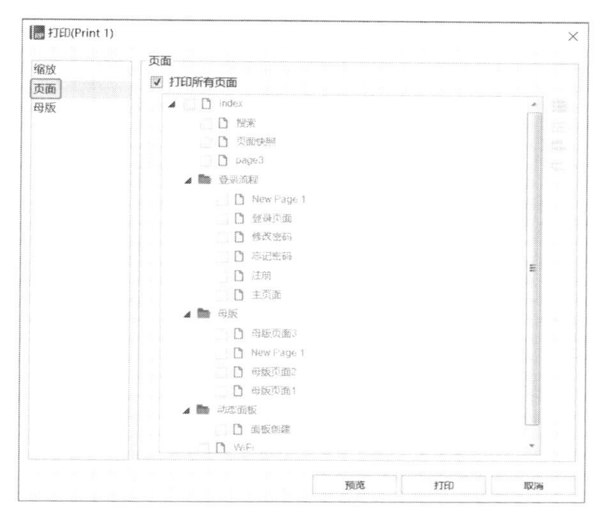

打印文件设置——页面

❸ 母版

此部分的设置用于选择生成哪些母版的页面，如下左图所示。

设置完成后可以直接打印，也可以先转化为PDF文件，效果如下右图所示。

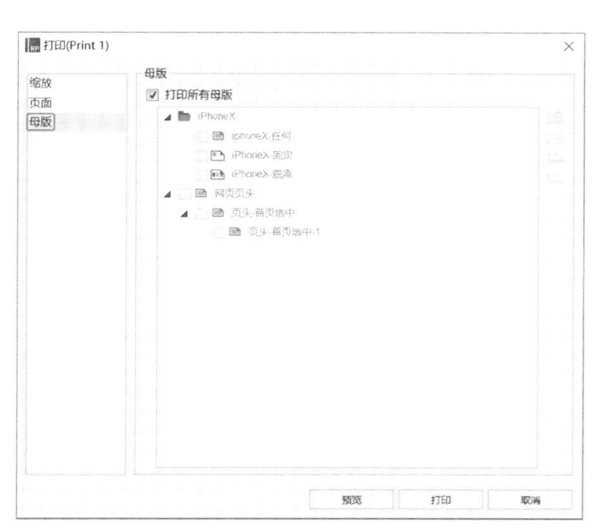

打印文件设置——母版

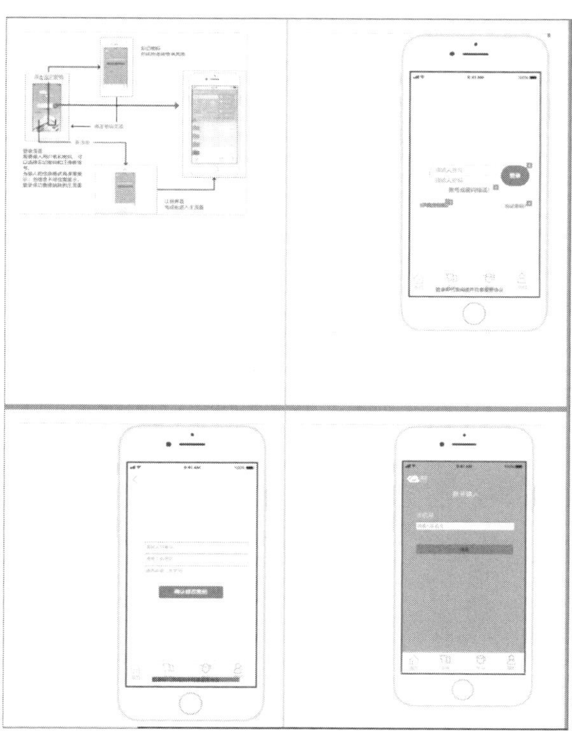

打印文件效果

6.6 课后练习——数字增减效果

在电商的商品购买页常出现数字增减按钮，对应购买的数量，本章课后练习我们就用Axure制作增减数字按钮。

❶元件组建

Step 01 在空白页面拖入两个按钮以及一个一级标题，如下左图所示。

Step 02 调整按钮的边框圆角半径为0，在按钮中分别输入“-”和“+”，并设置三个元件上下居中、水平对齐，并为其命名，如下右图所示。

拖入元件　　元件编辑

❷交互设置

Step 03 为减号按钮设置交互事件，数字减1的前提是已有的数字大于等于1，如下图所示。

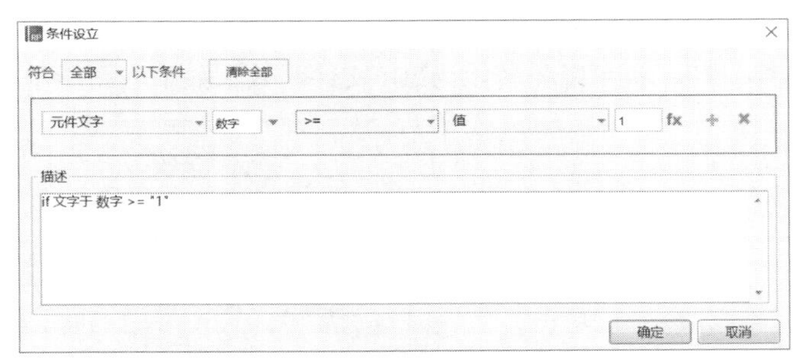

减号按钮条件设立

Step 04 当满足这个条件时，“数字”元件上的数字减1。首先为“数字”设置函数，如下图所示。

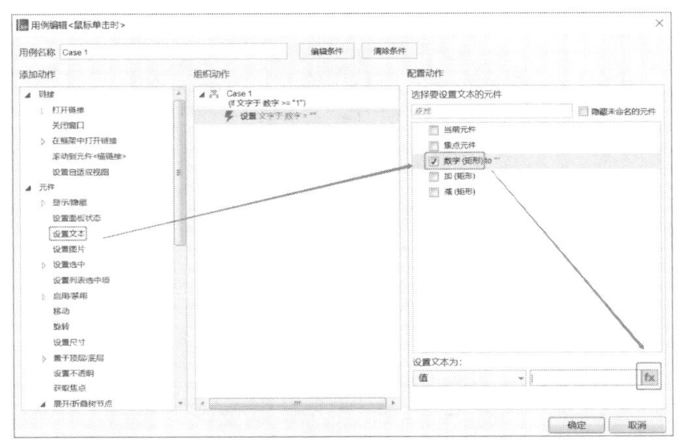

减号按钮函数编辑

Step 05 函数编辑文本中，设置“数字”元件的文本为局部变量number，单击减号，局部变量减1，如下图所示。

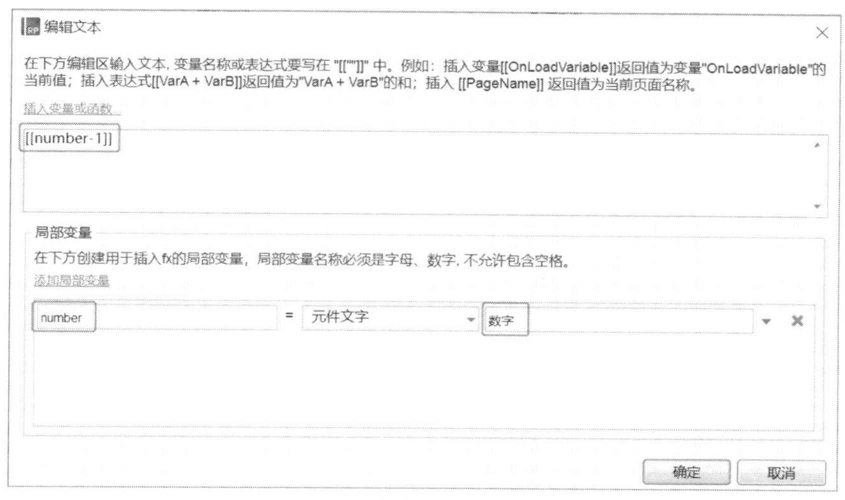

减号按钮用例编辑

Step 06 为加法按钮设置交互事件，此时不需设置条件（某些情况下需要设置数字的上限），如下图所示。

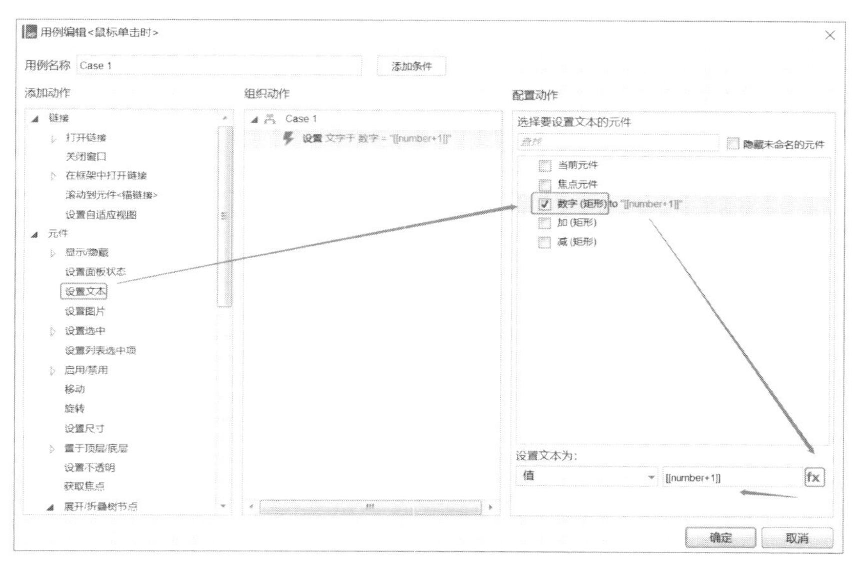

加号按钮用例编辑

❸ 效果预览

Step 07 设置完成后单击“预览”按钮预览，效果图如下所示。

效果预览

Chapter
07 团队协作

目前我们已经可以自己产出一个原型设计及对应的其他文档，但在项目较复杂、页面较多的情况下还是需要一个团队的合作来共同完成。Axure RP团队版和企业版都支持团队协作，可以创建和管理团队项目，实现多人共同创作一个原型。本章主要介绍如何利用Axure实现团队协作完成项目。

7.1 团队项目介绍

团队项目，顾名思义是多人合作共同完成一个项目。Axure团队项目可以创建在Axure Share或者SVN上。创建在Axure Share上时，邀请成员加入团队项目后，团队成员通过网页接受邀请，所有人获得项目文档后，可以在企业版或团队版的Axure上登录账户后编辑项目文档，签入签出，获得变更。另一种是SVN工具，主要是用来管理代码和文档版本，便于进行版本控制。

7.1.1 了解团队项目

不管是建立一个团队项目还是编辑团队项目，首先都需要有一个Axure账户。在网页管理平台上登录，如下图所示。

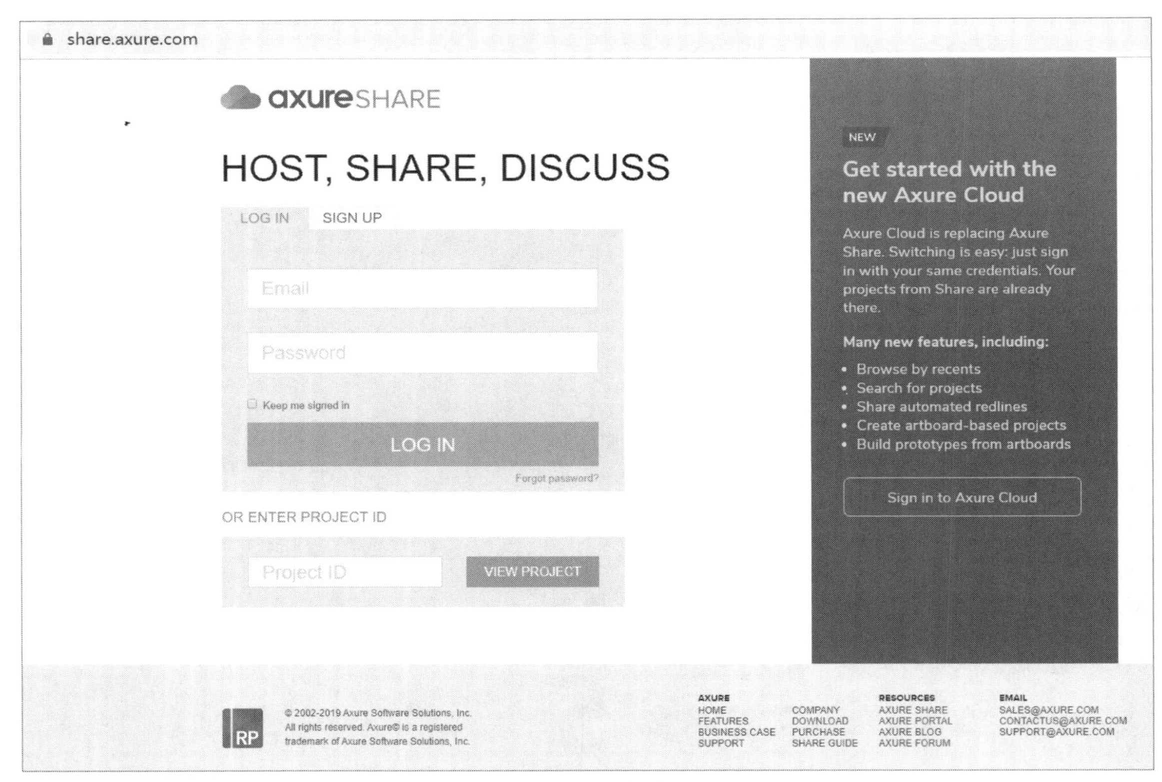

Axure Share登录页面

登录成功后，可以在工作区查看到所有参与的团队项目文件，并且可以对其进行管理和查看，还可以新建工作区便于后续新建团队项目，如下图所示。

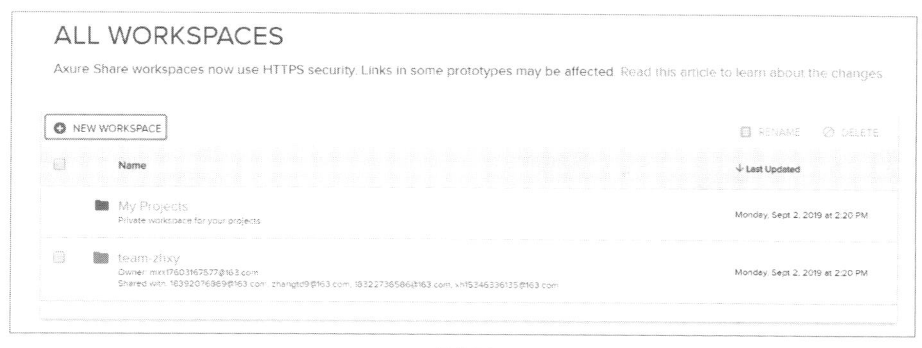

工作区

团队项目与普通的项目文件名后缀不同，团队项目的文件后缀是在普通文件后缀后加prj（project），文件图标为红色。普通文件的图标是蓝色，后缀为.rp；元件库的图标是绿色的，后缀为.rplib（library），如下左图所示。

同时，也需要在Axure RP上进行登录，对项目文件进行编辑，如下右图所示。

不同文件的图标及后缀

Axure登录页面

7.1.2 团队合作项目的环境

团队合作项目建立后，可在Axure Share上看到项目管理员，以及其他参与人员，如下图所示。

项目团队成员

管理员可以邀请其他成员参与到此项目中，也可以选择移除某个成员，或把管理员权限移交给他人，如下图所示。

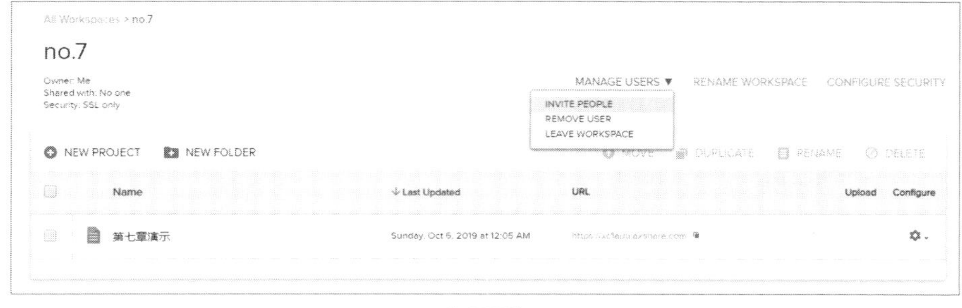

管理团队

选择invitepeople，输入邀请的成员的账户名称，可以邀请成员，可同时邀请多人，不同的邮箱地址之间用逗号隔开。还可以设置被邀请人的权限，选择他们是否只能查看，无法编辑，如下图所示。

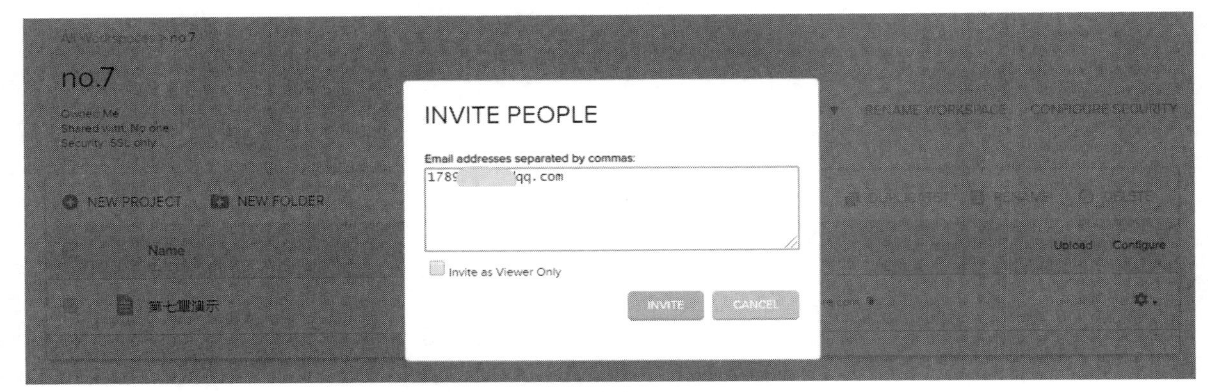

邀请成员

受邀请的成员在Axure Share上登录自己的账号后，可以在工作区查看到邀请通知，单击ACCEPT，就成为了团队项目的一员，如下图所示。

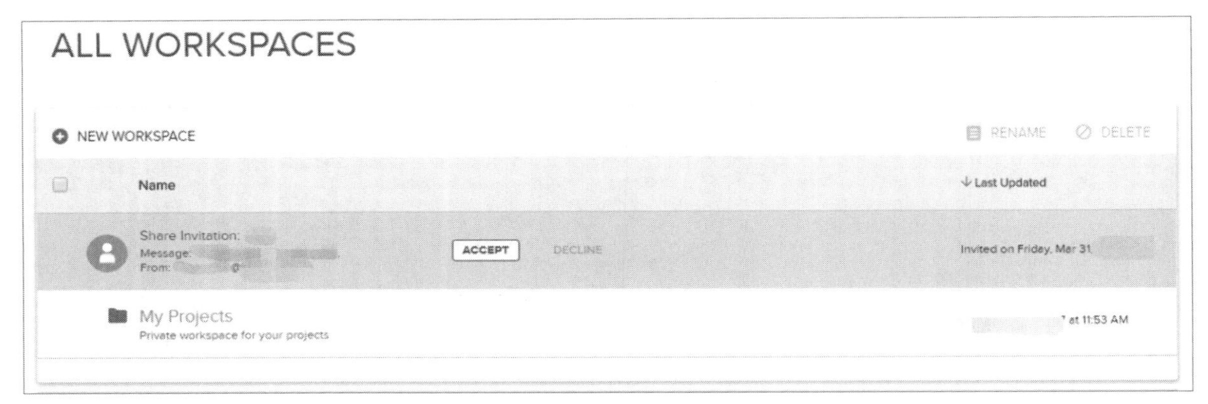

接受邀请

接受邀请后，进入团队项目后会发现页面的图标与普通文件的图标有所不同，项目文件的图标前加了蓝色的菱形，如下图所示。

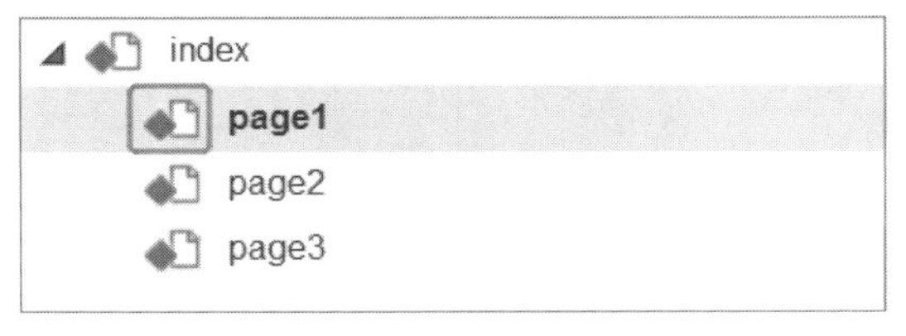

团队项目页面图标

编辑团队文件时有如表7-1所示的几种状态及图标显示。

表7-1 状态及图标显示

图　标	含　义
page1	签出状态，正在编辑该页面。
New Page 1	新建立的页面，当前用户新添加的，且可进行编辑。
page2	签入状态，当前用户不可编辑。

此外，还有冲突状态及非安全签出状态，以及可能发生无法签出的情况，这一般是因为其他团队成员正在编辑这个页面，或者操作不当。

在Axure中也可以对团队项目的历史记录进行查看，并管理团队项目，如下左图所示。

管理团队项目中，可以更新团队项目页面、母版、属性的状态并获取更新，如下右图所示。

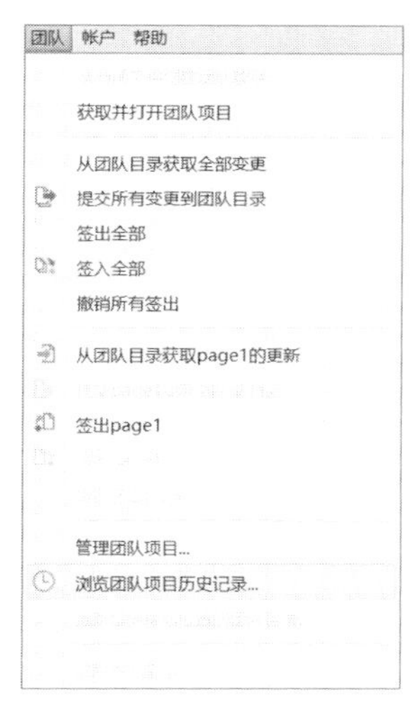

浏览团队项目历史记录

管理团队项目

团队共享目录: https://share.axure.com/versions/XC1AUU

点击下方按钮更新团队项目中的页面、母版和文档属性的状态。右键单击条目可以签入、签出，并且获取更新。点击标题可以排序浏览。

刷新

类型	名称	我的状态	团队目录状态	需要获取变更	需要提交变更
Property	CSV Report 1	无变更	可签出	No	No
Property	HTML 1	无变更	可签出	No	No
页面	page3	无变更	可签出	No	No
页面	New Page 1	无变更	可签出	No	No
页面	page1	无变更	可签出	No	No
页面	page2	无变更	可签出	No	No
页面	index	无变更	可签出	No	No
Property	Print 1	无变更	可签出	No	No
Property	Word Doc 1	无变更	可签出	No	No

关闭

在历史记录中能查看到一段时间内的操作记录，包括进行操作的成员姓名、签入时间和签入说明，如下图所示。

团队项目历史记录

一些设置与在Axure Share中的内容是重复的，都能帮助团队更好、更高效率地进行项目管理和合作。

7.1.3 签出及签入状态

打开团队项目时只能进行浏览，无法编辑。当要编辑团队项目文件时，需要左键单击该页面，在快捷菜单中选择“签出”选项进行签出，如下左图所示。

或者直接单击页面提示信息上的“签出”，修改页面状态，如下右图所示。

设置页面签出

页面签出提醒

在编辑过程中，与经常保存文件类似，团队成员可以在完成一些功能后“提交变更”，如下左图所示。

提交变更后，页面、母版和项目属性的变更会同步到团队目录中，可以输入项目变更说明，帮助团队了解项目进度，如下右图所示。

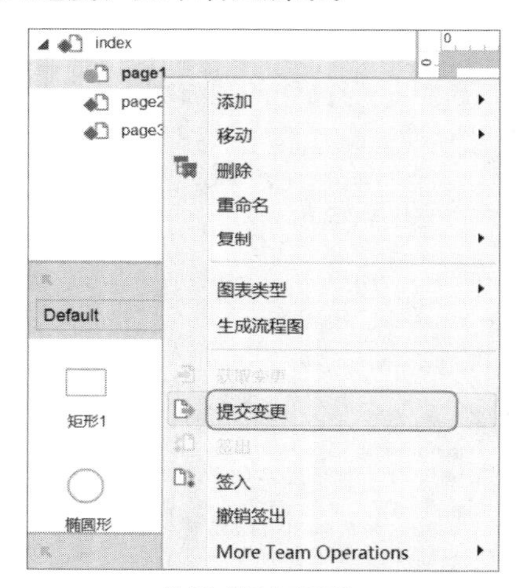

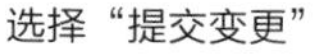

选择“提交变更”

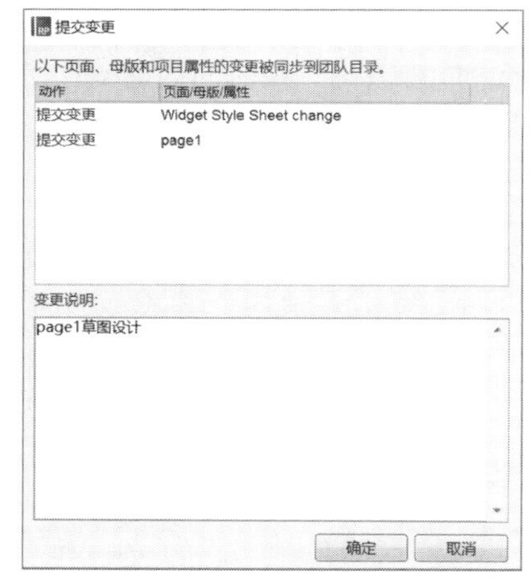

提交变更说明

在经过一段时间的缓冲后，项目变更提交完成，如下图所示。

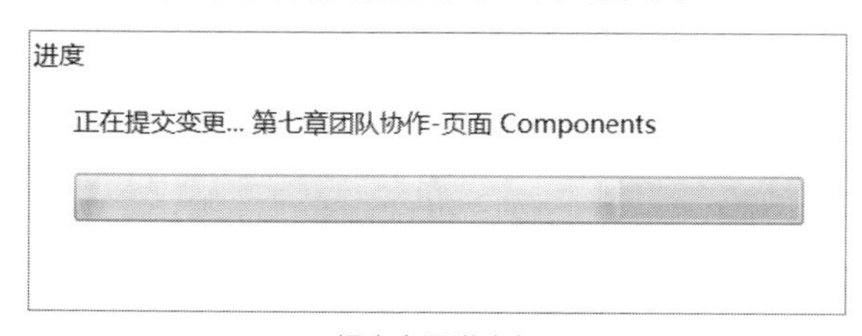

提交变更进度条

当完成自己的工作任务后，或者需要其他成员编辑本页面时，则需要签入。同样是右键单击本页面，在快捷菜单中选择“签入”，放弃本页面的编辑权限，如下左图所示。

需要注意的是，签入是在内容更新的同时放弃编辑权限。签入后就不可以编辑了，除非再次签出。同时别人可以签出进行编辑。而提交更新只是把内容更新，当没有变更时，不需要填写任何签入的说明；当有变更时，填写的内容与提交变更相同，如下右图所示。

设置页面签入　　　　签入说明

每次签出只能编辑当前页面，当需要编辑其他页面时需要先签入本页面，放弃编辑权限，再单击其他页面进行签出和编辑。当其他人正在编辑这个页面时，无法签出。签入后，page1的图标变为普通的团队文件图标。

7.2 创建团队项目

作为团队的一员，每个人迟早都会成为一个项目的管理者，只掌握上文的参与团队项目进行工程编辑是不够的，本小节就来介绍一下如何创建团队项目。

7.2.1 创建团队项目

在浏览器登录 Axure Share，新建一个工作区，并为其命名，如下图所示。

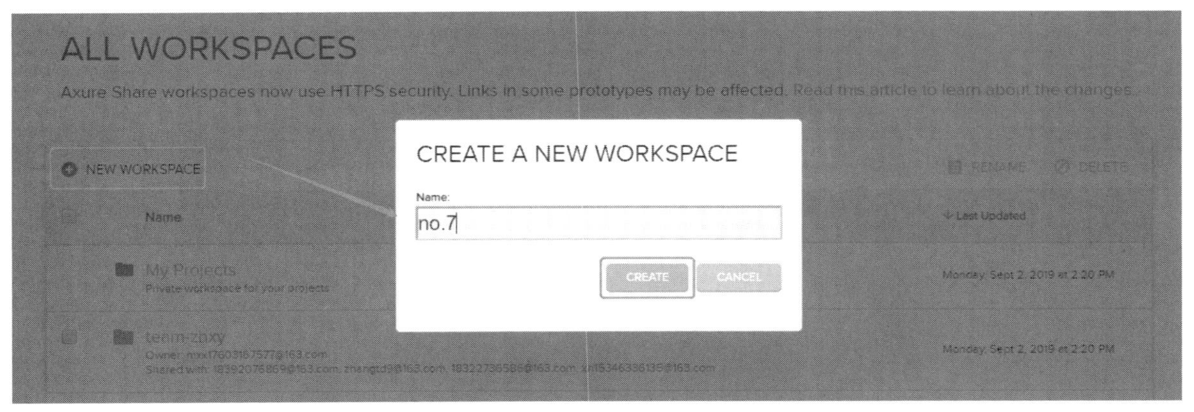

新建工作区

在Axure中建立工作区后，打开Axure，执行“文件”>“新建团队项目”命令，新建团队文件，如下左图所示。

或者打开要进行团队协作的文件，将其创建为团队项目，如下中图所示。

在创建团队项目时，可以把新建的项目存放在之前在Axure Share中建立的文件夹中，不选择的话默认将新建的项目放在My Projects中。为团队项目进行命名，设置它在本地编辑时存放的位置，以及选择是否为URL链接增加密码，如下右图所示。

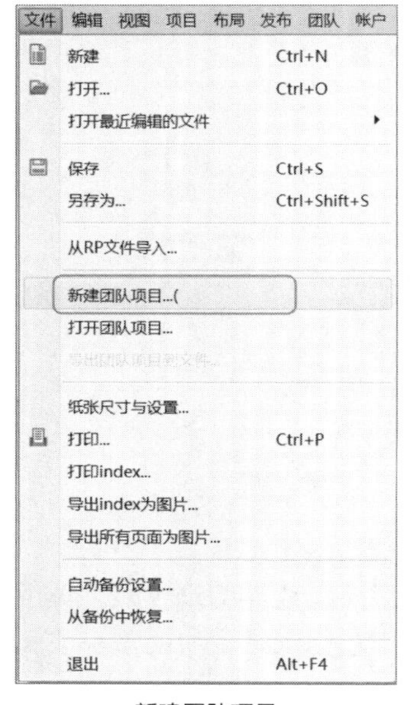

新建团队项目

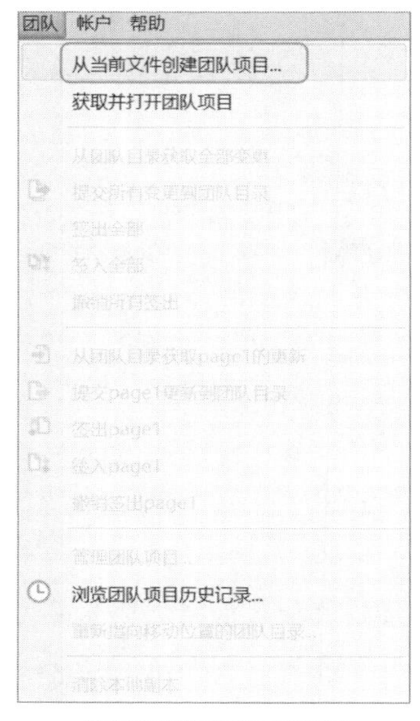

从当前文件创建团队项目

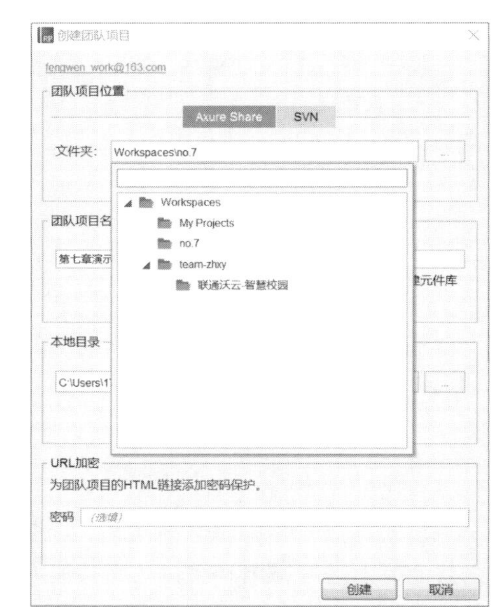

创建团队项目设置

设置完成后，会显示项目创建进度条，如下左图所示。

项目完成后会在Axure上弹出提示页面，如下右图所示。

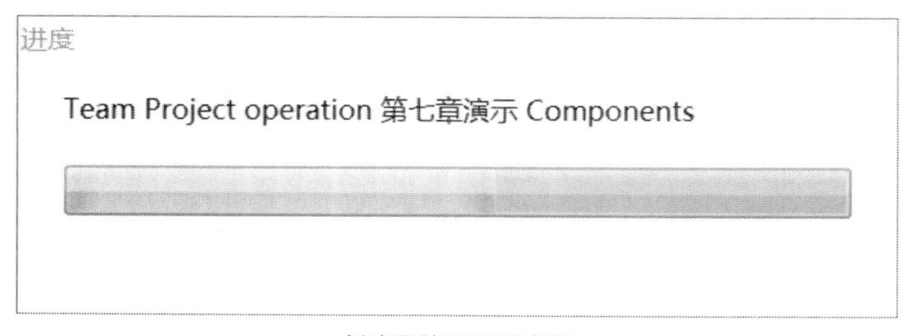

创建团队项目进度条

成功

团队项目"第七章演示"已成功创建。

确定

创建团队项目完成

至此，一个新的团队项目已经成功创建。

7.2.2 将文件添加到版本控制的状态

SVN是一款项目成员版本管理协同软件。产品开发中，很多时候代码和部分文档都有SVN或者GIT工具进行管理。原型文件其实也需要很好的管理，当一个团队中很多人对同一个rp文件进行频繁修改，没有版本管理会带来很多后续烦琐的版本确认工作，Axure中通过文件共享或者SVN帮助实现完整的版本管理功能。关于如何搭建SVN服务器，此处不详细介绍，在需要时可以寻求开发人员进行帮助。

执行"文件">"新建团队项目"命令，或执行"团队">"从当前文件创建团队项目"命令，在打开的对话框中选择SVN，将文件添加到版本控制的状态，填写SVN地址和工程名称及本地路径，如下左图所示。

创建成功后，在SVN服务器中会自动创建团队文件目录，其余编辑文件、获取变更等操作与Axure Share中的一致。需要注意的是，当需要获取团队项目时，要输入SVN地址及团队文件目录，如下右图所示。

在SVN创建团队项目

在SVN上获取团队项目

还可以在团队项目历史记录中查看SVN下的团队操作情况，如下图所示。

SVN下查看团队历史记录

7.2.3 完成团队项目后的准备工作

完成项目后可以发布到Axure Share让其他人进行查看和讨论，如下图所示。

团队共享项目

单击“共享”按钮（F6），选择创建一个新项目或者替换现有的项目，设置发布链接项目名称及密码，如下左图所示。

稍等片刻后，会弹出发布信息的弹窗，出现在提示框中的链接是生成的HTML文件的链接，如下右图所示。

发布到Axure Share的设置

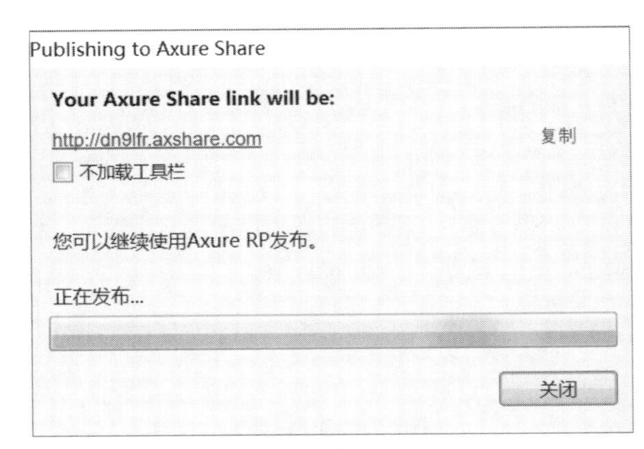

发布进度

无论是否为团队成员，都可以单击这个链接，在有密码的情况下输入密码进行查看和评论。没有设置密码时可以直接评论或者对页面内容进行标注和评论，如下图所示。

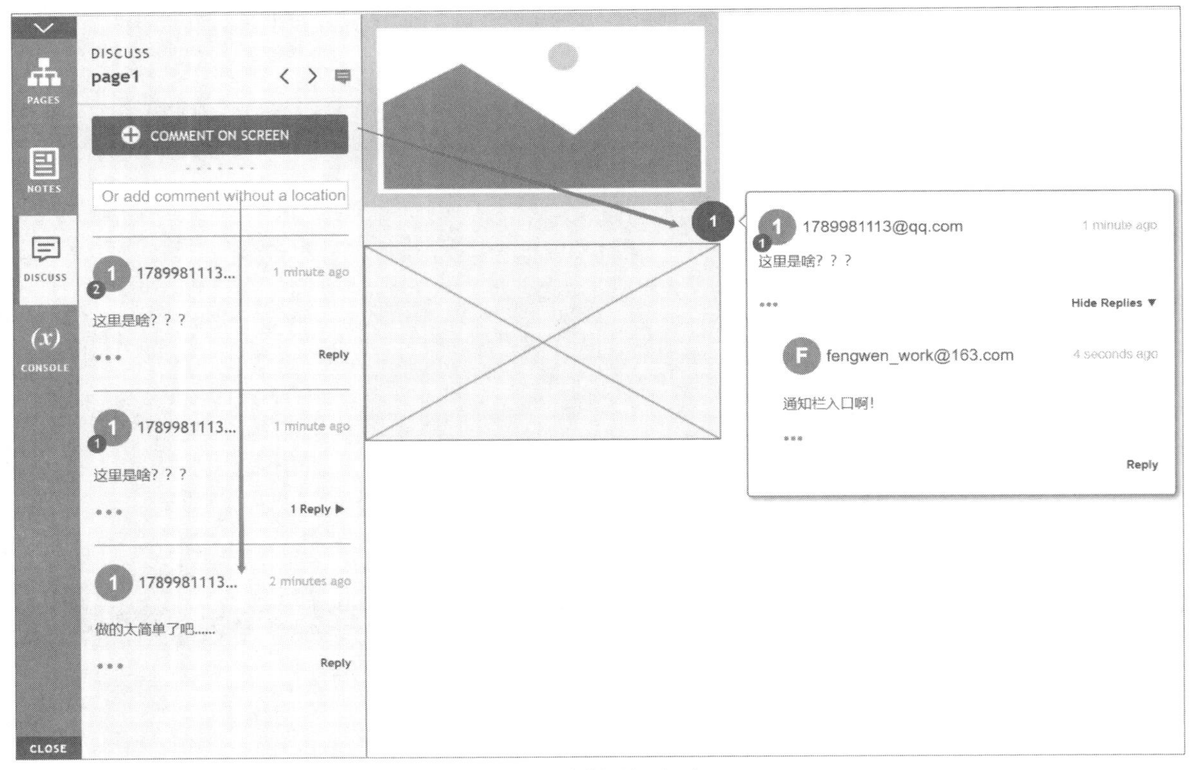

对页面内容标注和评论

大家的意见和建议有助于产品的实现和改进，完成后可以生成HTML文件、Word说明书、CSV报告、打印文件等。

7.3 获取团队项目文件

打开Axure，登录账户，执行“文件”>“打开团队项目”命令，如下左图所示。

打开“获取团队项目”对话框，选择要打开的团队项目，并设置团队项目在本地编辑时的存储位置，如下右图所示。

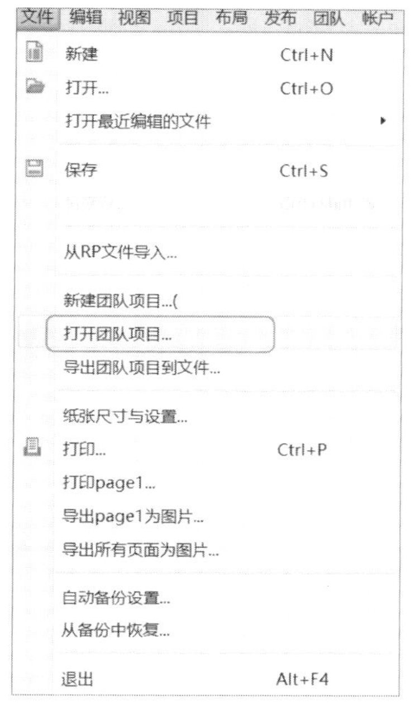

打开团队项目

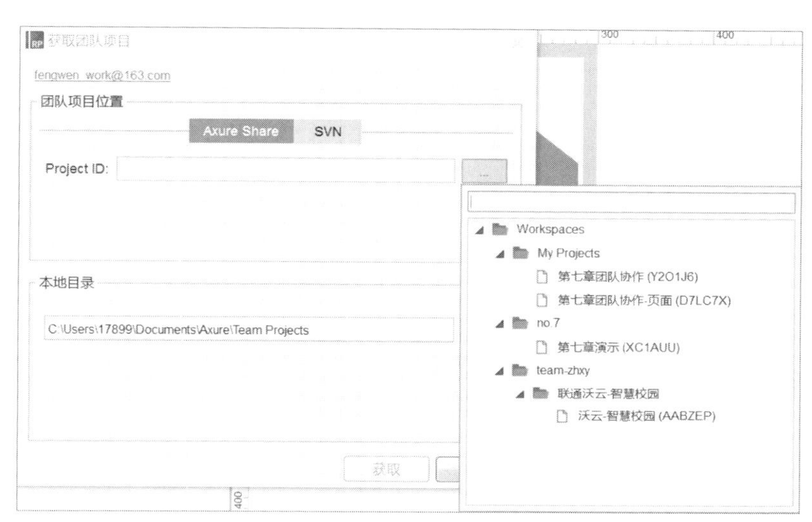

获取团队项目

之后就可以对团队项目文件进行查看，签出进行编辑。除了从“文件”菜单中打开团队项目外，还可以执行“团队”>“获取并打开团队项目”命令打开，如下左图所示。

在团队项目制作过程中，每隔一段时间执行“团队”>“从团队目录获取全部变更”命令，将本地文件同步到最新状态，了解团队进度，如下右图所示。

获取并打开团队项目

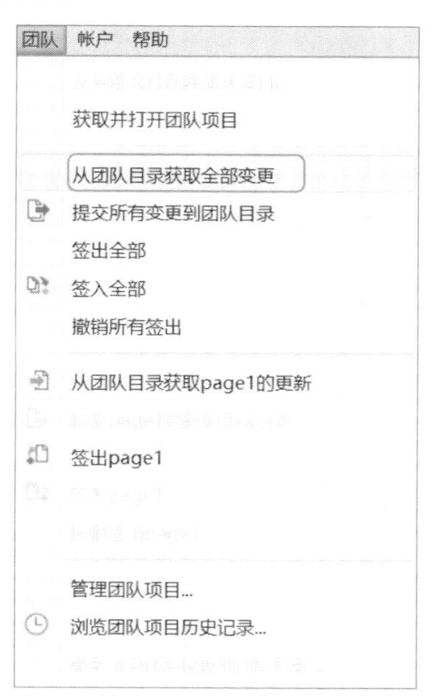

从团队目录获取全部变更

7.4 修改团队项目

获取团队项目后，点击要编辑的页面进行签出，对签出的页面进行编辑，在编辑过程中不断提交变更，或者执行“团队”>“提交所有变更到团队目录”命令，如下图所示。

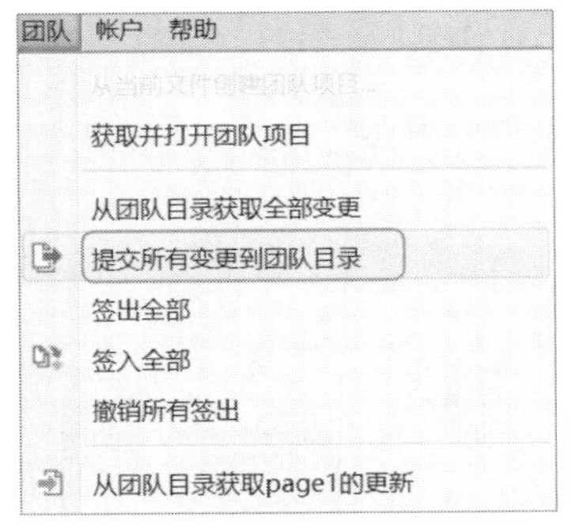

提交所有变更到团队目录

将修改同步到团队项目，保证项目为最新状态。

7.5 “团队”菜单命令

在Axure Share上除了可以查看项目内容外，还可以管理项目文件和设置。在有关工作区中选择该项目文件，单击后面的配置按钮，就进入了团队文件管理菜单，如下图所示。

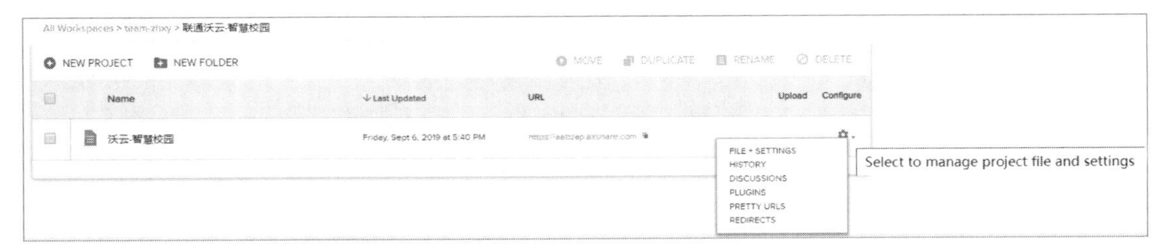

团队项目配置

❶ 项目文件和设置

选择FILE+SETTINGS可以重命名项目名称，复制项目预览链接及项目ID。还可以设置项目URL加密，为团队项目的HTML链接添加密码保护，如下图所示。

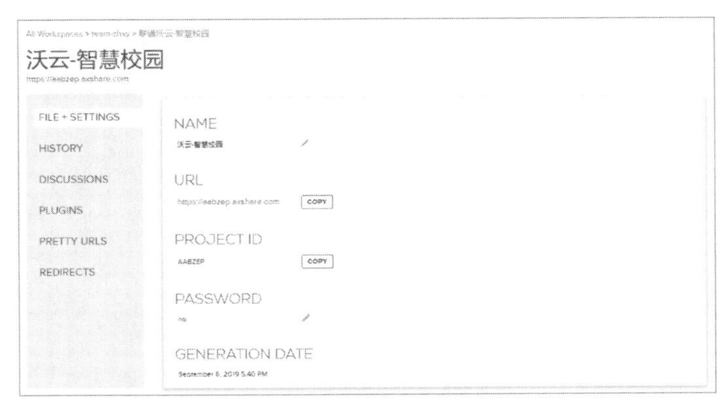

团队项目——文件及设置

❷历史记录

选择HISTORY，可以查看到所有的项目成员对该项目进行的操作，包括增加、修改、删除页面等操作，及其最后完成时的签入时间，如下图所示。

All Workspaces > team-zhxy > 联通沃云-智慧校园

沃云-智慧校园

https://aabzep.axshare.com

FILE + SETTINGS
HISTORY
DISCUSSIONS
PLUGINS
PRETTY URLS
REDIRECTS

Go To Page: 1 2 3 4

↓Revision	User	Notes	Date
156	zhangtd9@163.com	---- Check In Summary ---- [CHANGED] (Page) 视频	September 6, 2019 5:40 PM
155	zhangtd9@163.com	---- Check In Summary ---- [CHANGED] (Page) 课程页面	September 5, 2019 6:12 PM
154	zhangtd9@163.com	---- Check In Summary ---- [CHANGED] (Page) 视频详情页	September 5, 2019 6:08 PM
153	zhangtd9@163.com	---- Check In Summary ---- [CHANGED] (Page) 视频	September 5, 2019 6:04 PM
152	zhangtd9@163.com	---- Check In Summary ---- [CHANGED] Sitemap [CHANGED] Master List [ADDED] (Page) 视频 [DELETED] (Master) 手机模板 less	September 5, 2019 5:55 PM
151	zhangtd9@163.com	---- Check In Summary ---- [CHANGED] Sitemap ...more	September 5, 2019 5:42 PM
150	zhangtd9@163.com	---- Check In Summary ---- [CHANGED] (Page) 生活首页	September 5, 2019 5:40 PM
149	zhangtd9@163.com	---- Check In Summary ---- [CHANGED] (Page) 主页面	September 5, 2019 5:12 PM
148	zhangtd9@163.com	主页新增 ...more	September 5, 2019 5:11 PM
147	zhangtd9@163.com	---- Check In Summary ---- [CHANGED] (Page) 个人信息	September 5, 2019 4:24 PM
146	mxx17603167577@163.com	---- Check In Summary ---- [CHANGED] 站点地图 ...more	September 5, 2019 4:20 PM
145	zhangtd9@163.com	---- Check In Summary ---- [CHANGED] (Page) 个人信息	September 5, 2019 4:20 PM

团队项目——历史记录

❸讨论

选择DISCUSSIONS，关于项目的讨论内容会展示在这里，还可以设置项目是否可评论，如下图所示。

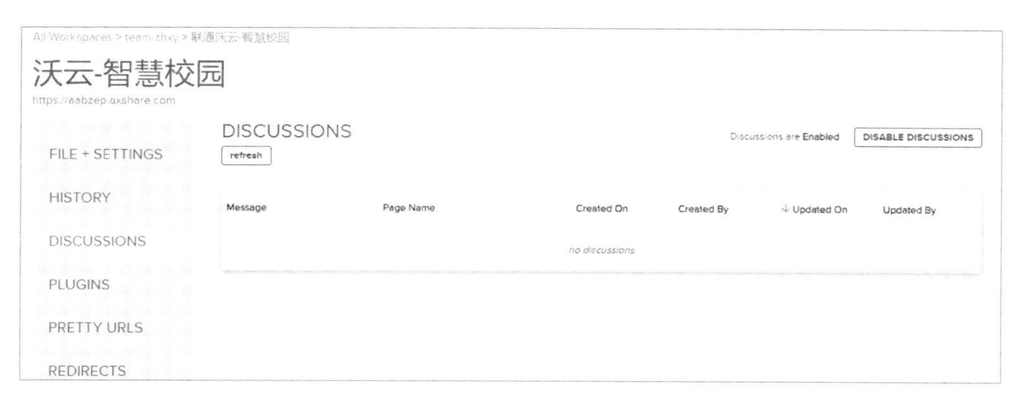

团队项目——讨论

❹插件

选择PLUGINS，Axvre提供了云插件帮助页面更好地展示，云插件作为原始HTML插入项目页面。JavaScript代码必须包装在<script>标记中，CSS代码必须包装在<style>标记中。当插入了插件后，这个页面会显示插件名称、位置及其优先级，如下图所示。

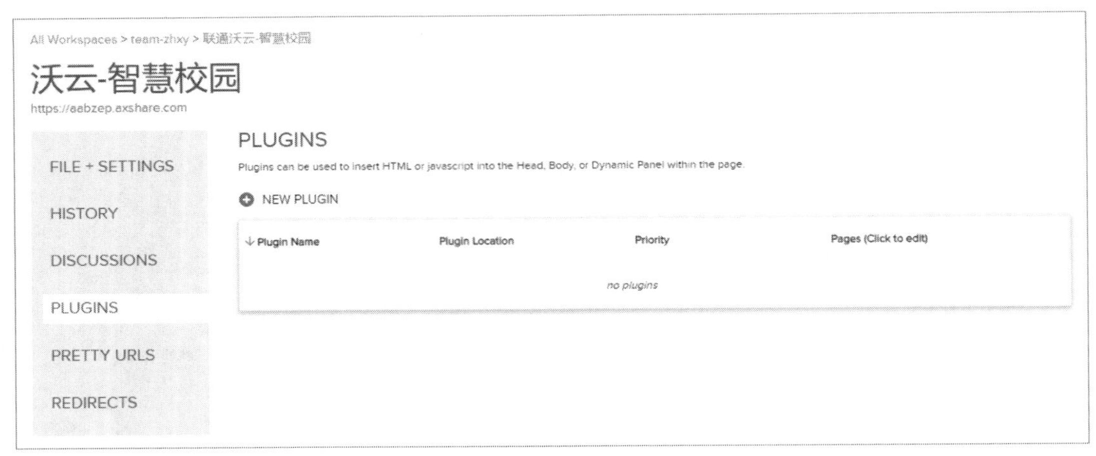

团队项目——插件

❺设置页面URL

选择PRETTY URLS，发布项目后会发现，项目链接都是以.html结尾的，其实可以通过这个设置为一些页面设计漂亮的URL。还能为在打开项目URL时选择一个默认的页面，选择在浏览不存在的页面时显示的404页。这些细节问题都会为用户带来更好的体验，如下图所示。

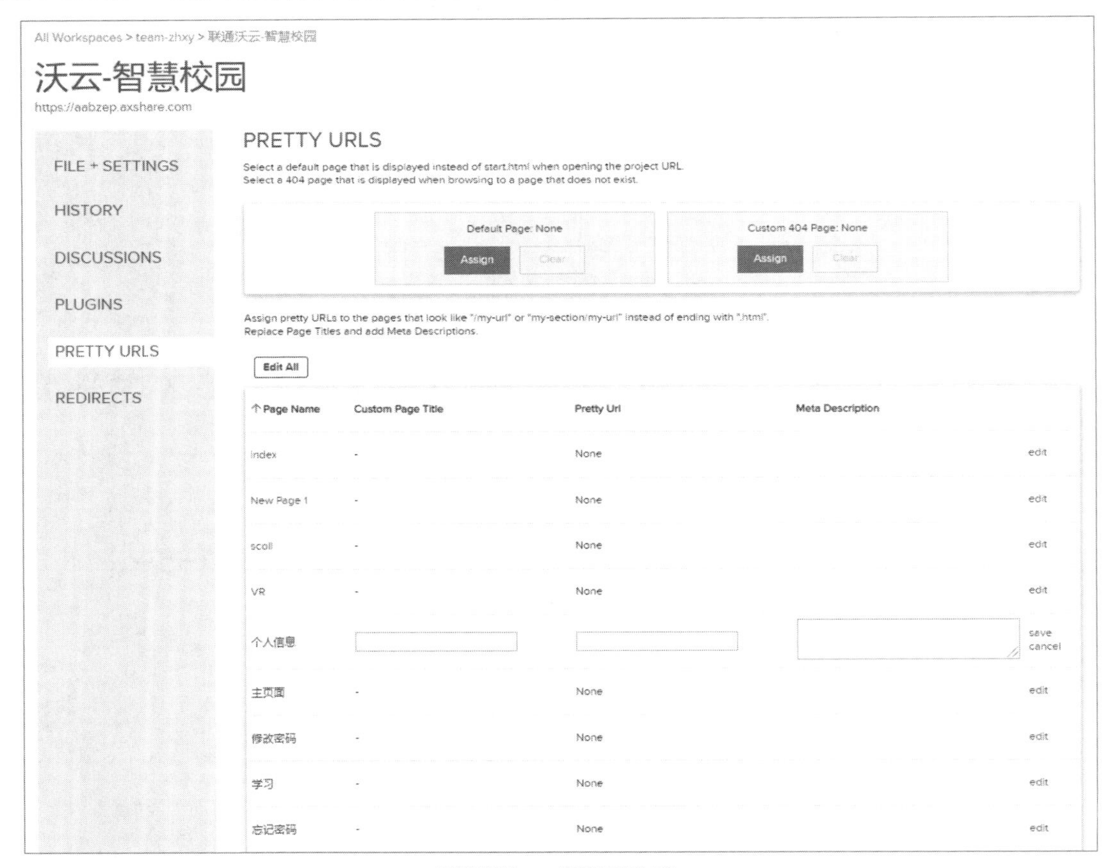

团队项目——设置页面URL

❻重新指向

当发生较大的项目改版时，原有的页面将不再使用，此时可通过REDIRECTS将旧页面的链接指向新页面，避免了重新推广链接，如下图所示。

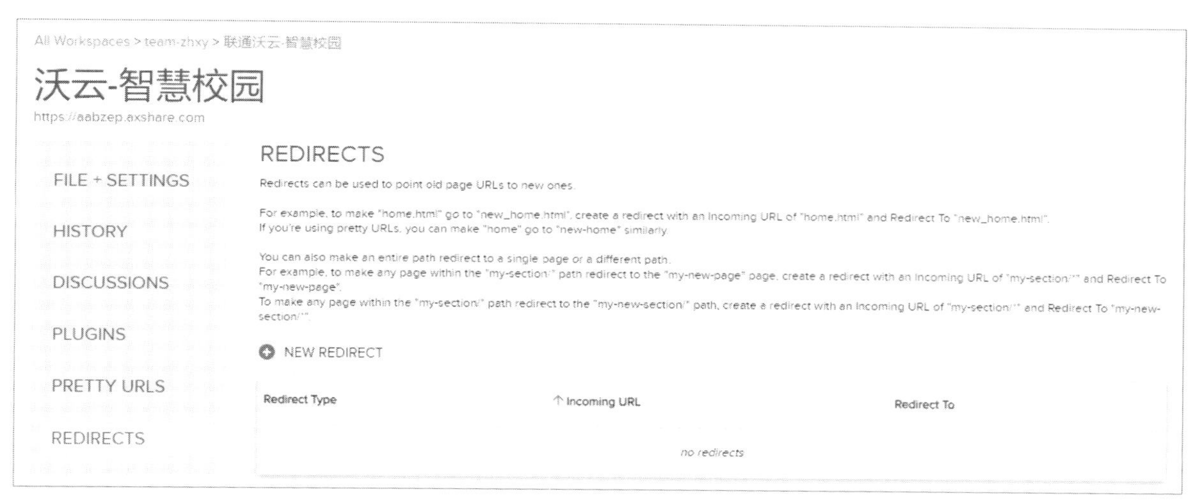

团队项目——重新指向

7.6 课后练习——下拉菜单

本章的课后练习我们通过一个案例实现团队协作完成下拉菜单。不管是网页中还是App上，下拉菜单都会经常用到。

❶签出

Step 01 右键单击要编辑的页面，在快捷菜单中选择“签出”，如下左图所示。

❷元件组建

Step 02 从元件库中拖入一个动态面板，命名面板名称为目录，并添加两个状态，分别命名为State1和State2，如下右图所示。

签出

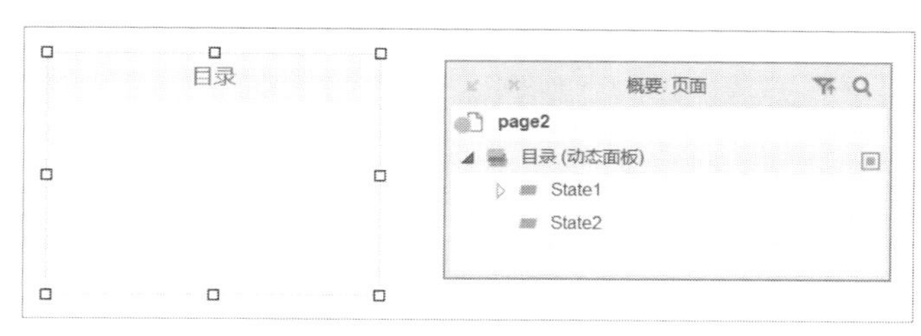

拖入动态面板

Step 03 双击State1，添加矩形并且命名为目录，如下图所示。

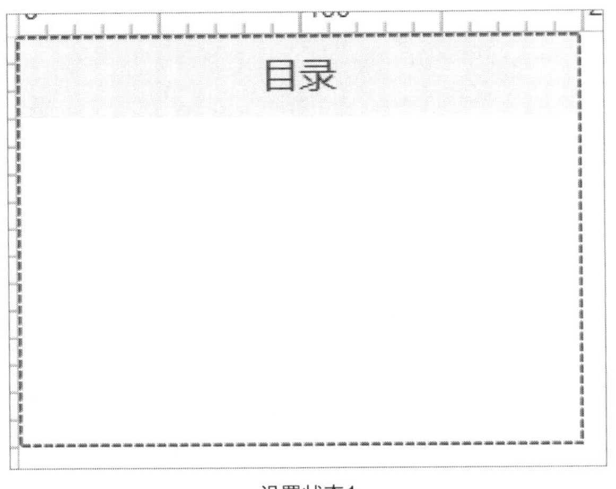

设置状态1

Step 04 双击State2，在动态面板内插入四个一样的矩形并命名，如下图所示。

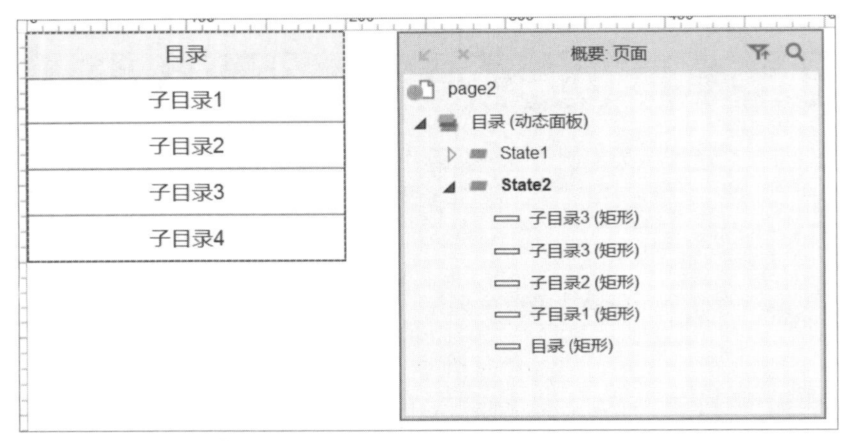

设置状态2

❸交互

Step 05 先设置State1的交互事件，当鼠标移入目录矩形时，动态面板切换到State2，如下图所示。

设置鼠标移入时交互

Step 06 然后在State2中编辑当鼠标移出目录矩形的用例，此时状态面板切换到State1，如下图所示。

设置鼠标移出时交互

❹ 效果预览

Step 07 完成后即可生成HTML文件，查看效果，如下左图所示。

❺ 签入

Step 08 预览确认效果满意后签入页面完成编辑，如下右图所示。

效果预览

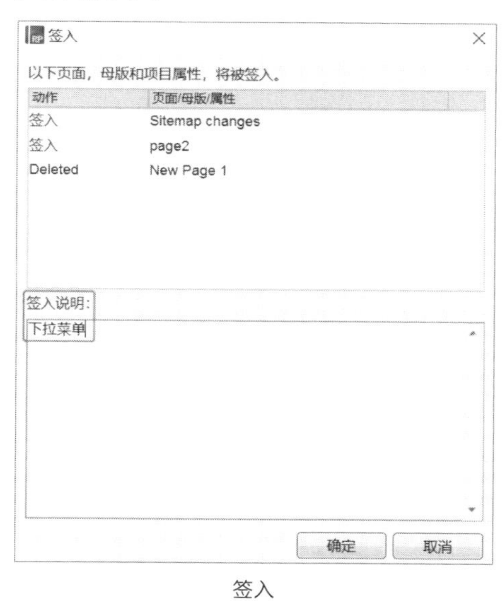

签入

Chapter

08 百度案例介绍

纸上得来终觉浅，在本教程的最后两个章节，我们以日常生活中经常使用的百度和微信为例，来进行Axure的实际操作演示，其中元件库、母版的使用，交互事件的建立、Axure的使用技巧等都会频繁使用到。其实一个产品的高保真原型图设计之前，要经过竞品分析、产品功能规划、完成BRD文档、产品功能列表、页面结构图、核心流程图等一系列文档和图标的产出，确保考虑到了每一个条件判断的分支，不重复、不遗漏。本章主要是制作百度的首页及登录页面，需要考虑到百度检测到登录与否后会有不同的显示页面，且登录页面有很多的复杂情况，这些细节问题都需要一一确定。接下来，我们演示具体的制作流程。

8.1 进入百度

本案例以百度网页版的首页为例，主要制作搜索栏、菜单栏以及登录页面。其中登录页面会出现用户名、密码输入错误、未注册等特殊情况，以及菜单栏会出现下拉菜单等。

在案例制作开始前往往会低估工作量以及制作难度，只有动手操作才会发现其中的每一个细节都对展示效果有至关重要的影响，且每一个部分都有牵一发而动全身的作用。通过实际案例的制作， 大家一定会在全局性上有很大提升，如下图所示。

百度首页效果

8.1.1 百度首页

不考虑右上角的菜单栏，百度首页的主要制作内容包括：

（1）搜索栏默认为灰色，当文本框获取焦点时搜索栏边框变为蓝色。

（2）搜索栏的相机icon默认为灰色，鼠标悬停时为蓝色。

❶ 基础元件准备

首先在网上下载百度的logo图片，放在页面中间并设置，如下图所示。

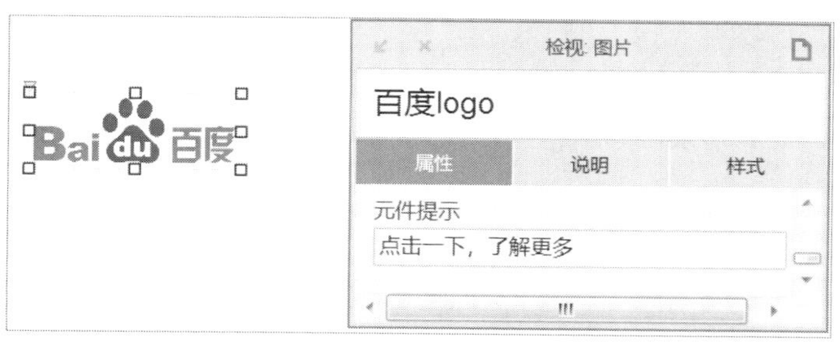

设置百度logo

为了保证页面的百度logo以及搜索栏等放置在页面正中间，需要在页面中间增加一条辅助线，拖入其他元件时以这条辅助线为中心线作为参考。这条辅助线以百度的logo作为参考，位于logo的正中间，如下图所示。

在中间位置添加辅助线

为了简化操作，将百度首页下方的声明、下载百度App二维码等截图添加在Axure设计区域中，截图以辅助线为中线，如下左图所示。

执行“项目”>“页面样式编辑”命令，打开“页面样式管理”对话框，设置在浏览器中显示时页面排列居中，这样预览以及生成的HTML文件都会居中显示该页面，如下右图所示。

百度首页其他信息

页面样式设置

❷搜索框

绘制搜索框的案例已经在第五章中讲解过，按照相同方法设置即可。添加一个矩形和一个按钮，以辅助线为中心，矩形和按钮的圆角半径设置为0。修改按钮上的文字为“百度一下”，颜色为#3388FF，如下图所示。

搜索框搭建

在矩形边框内添加文本框，设置文本框隐藏边框，如下图所示。

添加搜索文本框

在文本框与按钮之间添加一个相机icon，如下图所示。

添加相机搜索图标

选中相机icon，设置当鼠标悬停时图标的颜色与按钮颜色一致，如下左图所示。

还需设置当焦点进入输入框时，输入框边框与内部图标变为蓝色；失去焦点时，恢复为灰色。首先，当矩形边框选中时交互样式为淡蓝色边框，如下右图所示。

设置相机图标搜索鼠标悬停样式

设置搜索边框选中样式

再为文本框获得焦点添加用例，此时矩形边框的状态为选中，如下图所示。

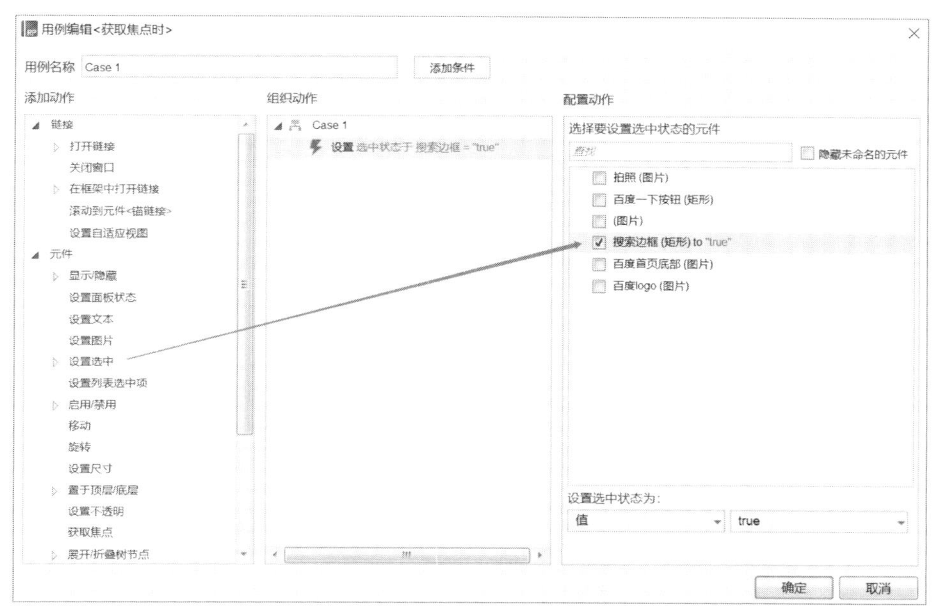

设置文本框获取焦点交互事件

当文本框失去焦点时，取消矩形边框的选中状态，如下图所示。

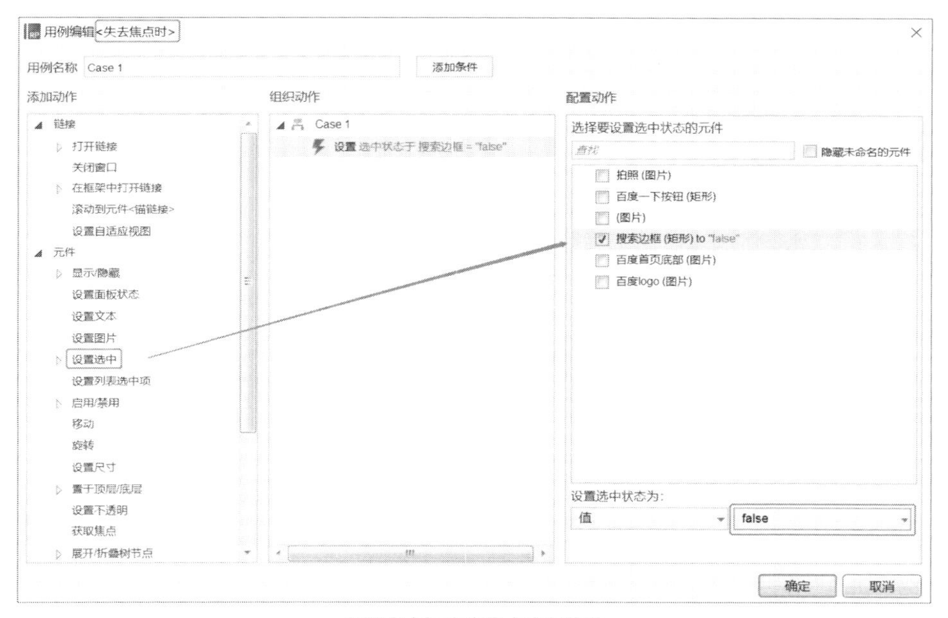

设置文本框失去焦点交互事件

8.1.2 登录百度账号

登录页面有很多交互事件，为了便于后续制作，新建一个页面，在新页面中完成登录百度账号。

❶元件准备

先在网上下载百度的logo、QQ和微博的icon，并将这些元素作为元件拖入新页面中，经过移动和组合完成组建，如下左图所示。

用户名和密码的文本框提示文字分别为“手机/邮箱/用户名”“密码”，且两个文本框的边框都需要隐藏，如下右图所示。

登录页元件组成

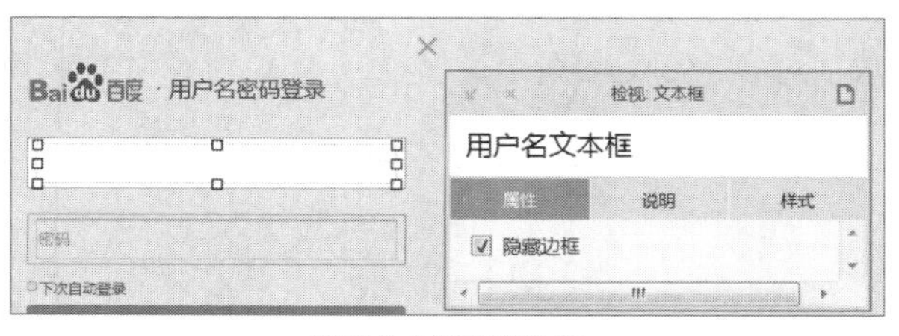

设置文本框隐藏边框

密码文本框的文本类型选择为“密码”，这样输入的密码文字都会以加密的形式展示，符合用户使用习惯，如下左图所示。

与搜索栏一样，用户名和密码的边框默认为灰色，当其中的文本框获取焦点时，边框变为蓝色。设置用户名和密码边框的选中状态表现为边框颜色为蓝色，如下右图所示。

设置密码文本框

设置边框选中交互样式

❷设置交互

为两个文本框设置交互事件，当获取焦点时选中边框，失去焦点时取消选中状态，如下图所示。

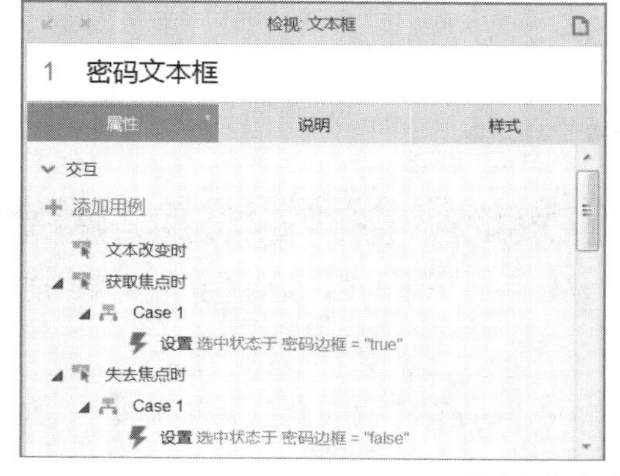

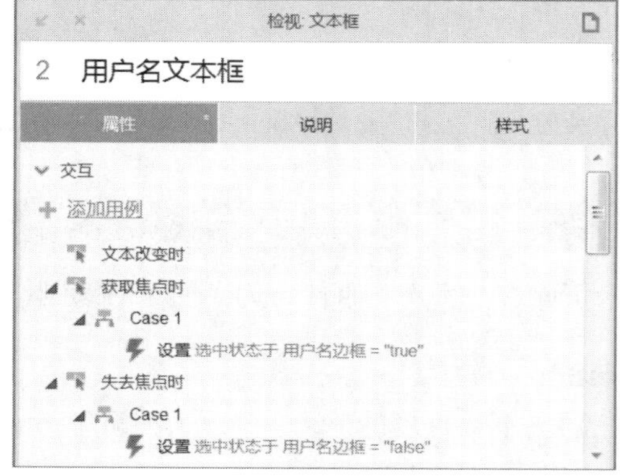

设置密码和用户名文本框用例

至此，百度账号登录窗口初步制作完成。

8.1.3 设置下拉菜单和更多产品下拉菜单

百度首页以及百度账号登录页面完成后，我们着手制作下拉菜单以及更多产品下拉菜单。关于下拉菜单的按钮制作，在第七章的课后练习中已经学习过。

❶元件准备

首先在百度首页的右上角添加几个文本标签以及一个按钮，并输入文字，然后选择上下居中、水平对齐，如下图所示。

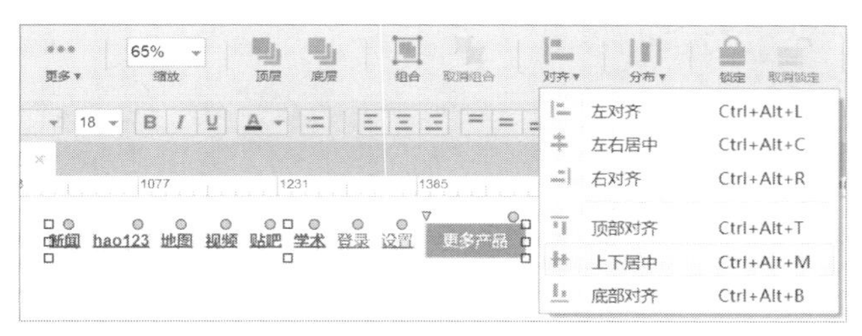

百度首页菜单

❷普通菜单交互设置

除按钮外的其他文本标签都需设置其在鼠标悬停时的样式，此时文字变为蓝色，如下左图所示。

❸下拉菜单设置

当鼠标悬停在设置文本标签上时，出现下拉菜单，当鼠标移出时，下拉菜单消失。首先，在设置下方添加一个动态面板，并为动态面板添加两个状态，如下右图所示。

文本标签鼠标悬停交互设置

“设置”的动态面板

状态面板中的State1为空白，State2如下图所示。需要注意的是，矩形和菱形的填充颜色为白色，外部阴影为灰色，菱形位于底层。四个文本标签的对齐方式为左右居中、垂直分布。

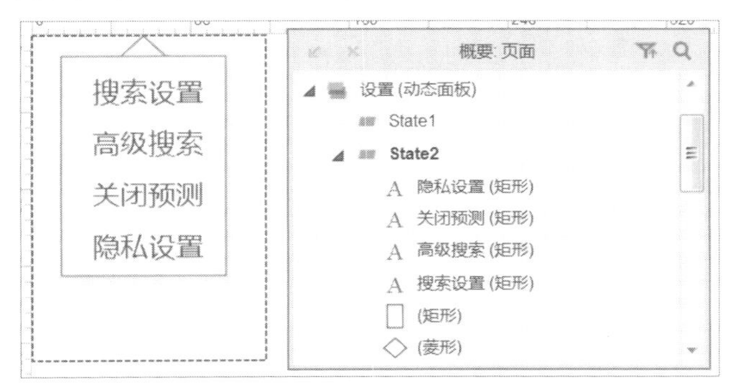

“设置”的动态面板组成

元件组建完成后，为百度首页的“设置”添加交互用例。当鼠标移入时，登录的动态面板为State2，鼠标移出时显示为空白，即State1，如下图所示。

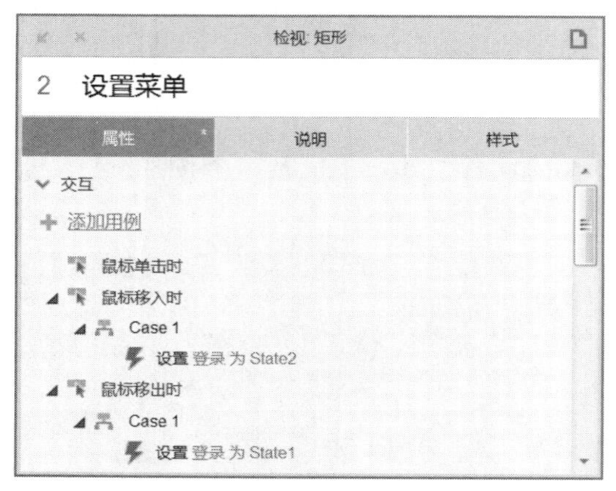

设置下拉菜单

❹更多产品下拉菜单

“更多产品”的下拉菜单与设置略有不同，当鼠标移入更多产品按钮时，显示更多产品的图片，图片遮盖住了按钮。当鼠标移出图片时，图片消失。

先在按钮处添加一个动态面板，面板宽度与按钮一致，但是高度贯穿整个页面。同样为动态面板添加两个状态，State1为空，State2中是一个百度其他产品的图片。此处需注意将按钮置于顶层，否则鼠标将始终在动态面板上进行动作，如下面两图所示。

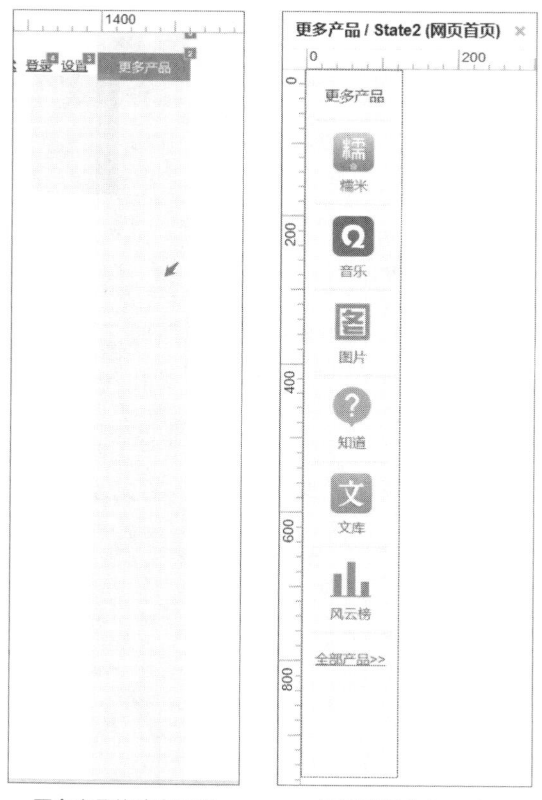

更多产品的动态面板　　更多产品的State2

当鼠标移入更多产品按钮时，将动态面板置于顶层，并设置为State2，如下图所示。

鼠标移入更多产品用例编辑

此时动态面板State2的图片置于顶层，当鼠标移开此动态面板时，将动态面板置于底层，并处于State1，如下图所示。

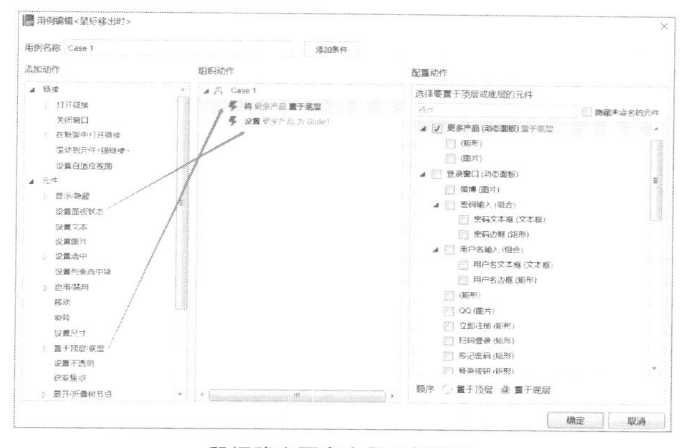

鼠标移出更多产品用例编辑

至此，下拉菜单制作完成。

8.1.4 为百度主页添加交互事件

我们还需注意到菜单内含有“登录”，当单击“登录”时需弹出登录页面窗口，其余部分页面置灰。

先将8.1.2小节中制作的登录百度账号转换为动态面板，如下图所示。

登录页面转换为动态面板

复制到百度首页正中间，并设置隐藏，如下图所示。

隐藏登录页面

当鼠标单击时，页面置灰，添加灯箱效果的用例，如下图所示。

添加灯箱效果

显示登录窗口的动态面板，即取消隐藏效果，实现单击按钮后弹出登录页面的效果，如下图所示。

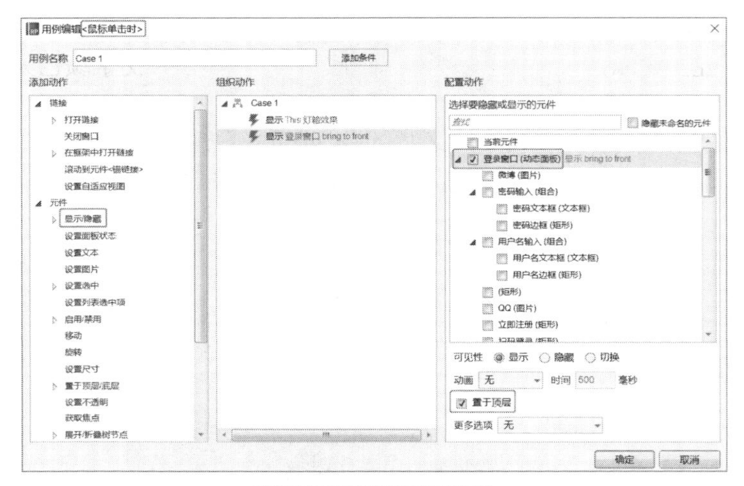

设置单击登录按钮交互事件

当登录窗口显示在正中间时，单击登录页面右上角的“×”按钮隐藏该动态面板，用例编辑如下图所示。

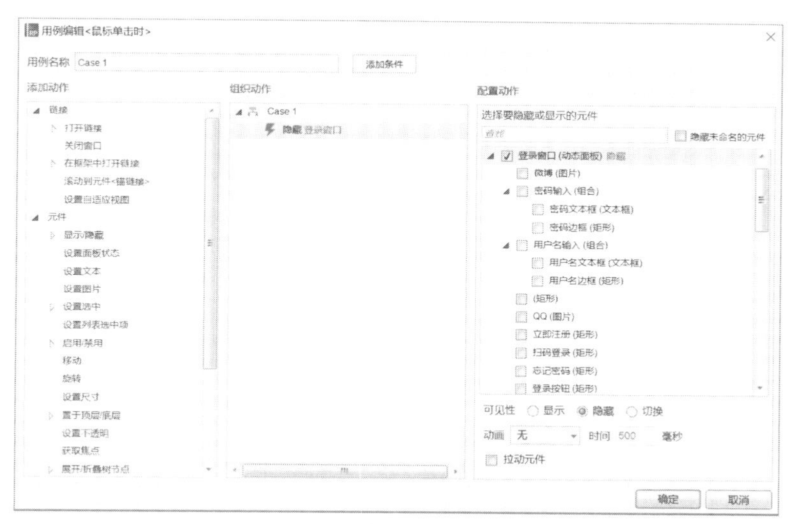

取消登录设置

百度首页的基本内容制作完成，接下来会考虑到登录过程中更多复杂的情况，让我们的案例更加全面，并符合实际情况。

8.2 登录

登录部分需要检查用户输入的用户名和密码是否匹配且正确，常与数据库联合使用。本节主要制作登录页面的各种情况处理以及登录成功后的页面。一些操作步骤在前几章中已经通过案例的形式介绍过，大家在实际制作过程中也会发现有多种解决方案，只要没有纰漏，能达到想要的效果，那么这些步骤就都是正确的。

8.2.1 登录验证

使用Axure实现用户登录时，需要对用户名和密码进行校验。校验内容主要包括以下三种情况。

（1）如果输入为空，则提示用户名密码为空。

在用户名文本框左上方添加一个矩形框控件，设置为没有边框，文字颜色为红色，用于之后的提示，命名为“提示”，默认隐藏，如下图所示。

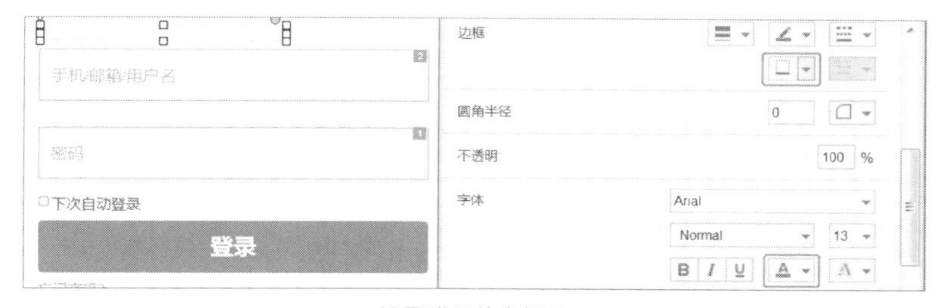

设置登录信息提示

然后为“登录”按钮添加“鼠标单击时”的用例，设立用户名文本框为空或密码文本框为空的条件，如下图所示。

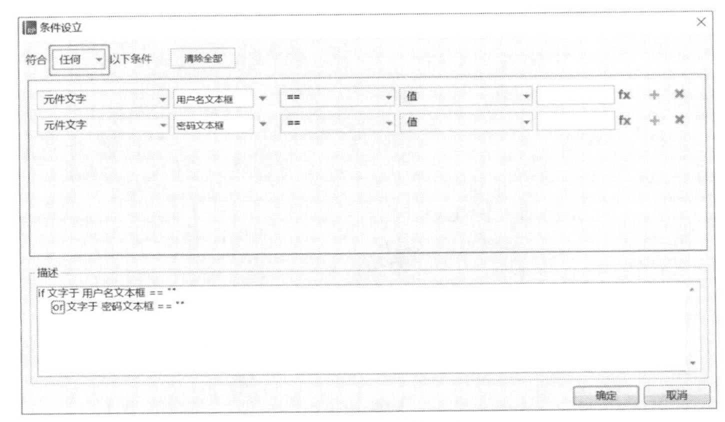

未输入内容的条件设立

此时提示矩形取消隐藏状态，并显示“请您输入用户名和密码”。需要注意的是，这里的提示矩形设置的文本为“富文本”，富文本中可处理有格式的文本，还可以显示字体、颜色、链接、嵌入的图像，这里的字体颜色都为红色，如下图所示。

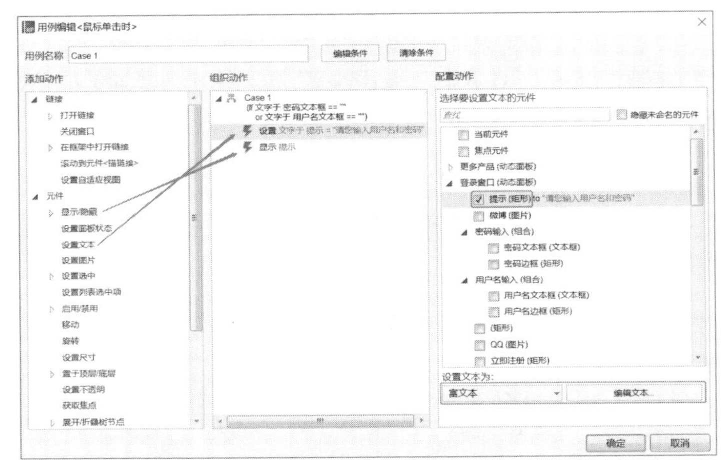

提示未输入信息

当用户名和密码文本框获取焦点时会隐藏提示文本框，以防提示一直存在于登录界面上，如下图所示。

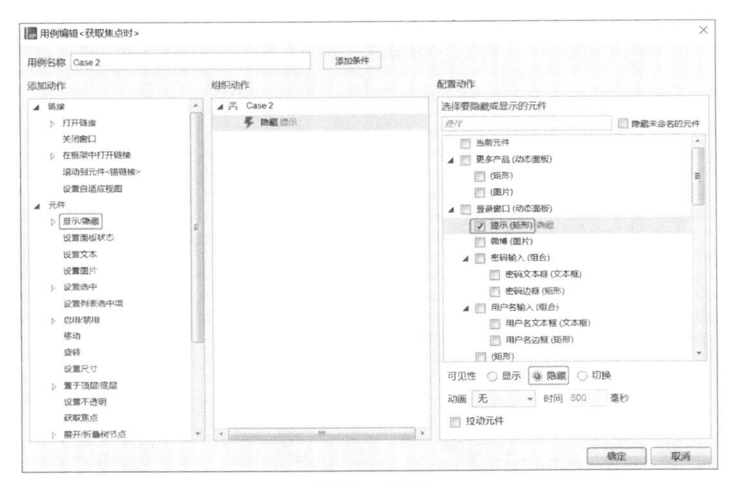

隐藏提示信息

这样当单击“登录”按钮时，如果其中任意一个为空或者都为空时就会显示提示文本。

（2）如果用户账户或密码输入错误，则提示该用户的用户名或密码有误。

先定义两个全局变量，username和password，并设置默认值，如下左图所示。

然后给“登录”按钮添加另一个单击事件，单击 “编辑条件”，将用户名文本框中输入的文字赋值给局部变量1，密码文本框中的值赋值给局部变量2，如下右图所示。

全局变量

创建全局变量用于浏览器中页面切换时存储数据。如果在IE浏览器浏览原型，推荐使用25个或更少的变量。

变量名必须是字母数字，少于25个字符，并且不能包含空格。

变量名称	默认值
username	user
password	123456

确定

定义用户信息全局变量

编辑文本

在下方编辑区输入文本，变量名称或表达式要写在 "[[""]]" 中。例如：插入变量[[OnLoadVariable]]返回值为变量"OnLoadVariable"的当前值；插入表达式[[VarA + VarB]]返回值为"VarA + VarB"的和；插入 [[PageName]] 返回值为当前页面名称。

插入变量或函数

[[LVAR1]]

局部变量

在下方创建用于插入fx的局部变量，局部变量名称必须是字母、数字，不允许包含空格。

添加局部变量

LVAR1 = 元件文字 用户名文本框

确定 取消

输入信息设为局部变量

为单击“登录”按钮增加条件，用户名和密码文本框中输入的任一值与其全局变量的默认值不同就触发事件，如下图所示。

输入信息有误的条件设立

此时，显示提示矩形，提示信息同样用富文本进行编辑，提示内容为“用户名或密码错误，请重新输入”。当用户名和密码文本框获得焦点时，提示消失，如下图所示。

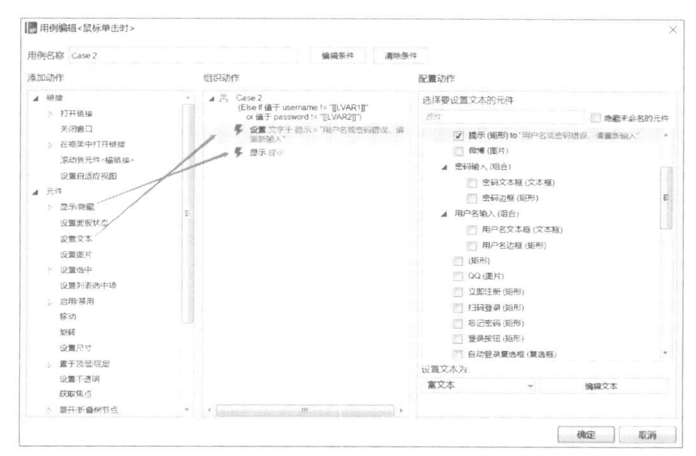

输入错误的提示设置

（3）如果用户名和密码均输入正确，则跳转到登录后的百度首页。

再次利用设立的用户名和密码的全局变量，为单击“登录”按钮时增加条件。当输入的用户名和密码与对应的全局变量一致时触发条件，如下图所示。

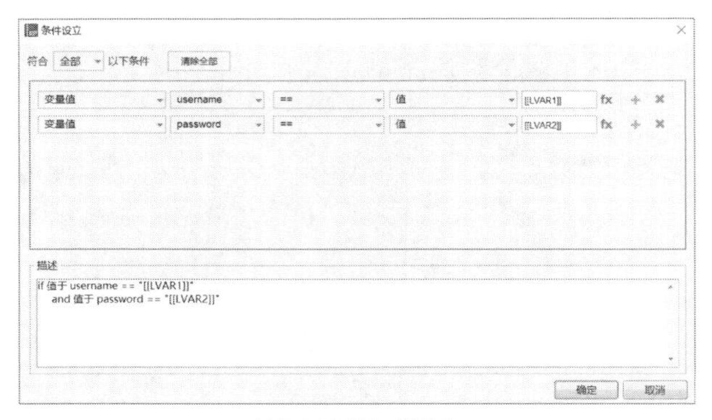

输入正确的条件设立

新建一个登录后的百度首页页面，当用户名和密码正确时，跳转到登录后的百度首页，如下图所示。

登录跳转

8.2.2 登录后的页面内容

登录完成后，再次回到百度首页。与未登录页面不同的是，页面右上角的登录按钮换成了用户名，并可显示用户个人管理的下拉菜单。左上角显示用户常居城市的天气情况，以及个性化设置，如下图所示。

登录后的百度首页

先在页面上方添加一个矩形框，矩形框边界线为灰色，只显示下边的边框，如下图所示。

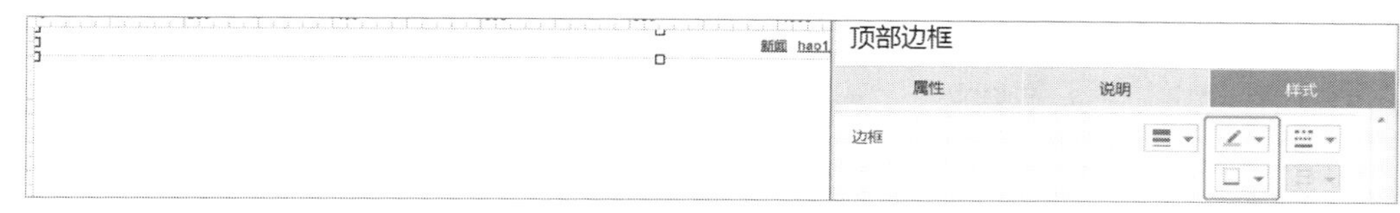

顶部导航栏

取消右上角的新闻、地图、视频、学术等的鼠标悬浮效果，如下左图所示。

在矩形左侧内添加图片和文本标签，并进行相应设置，完成后如下右图所示。

菜单信息的鼠标悬停设置

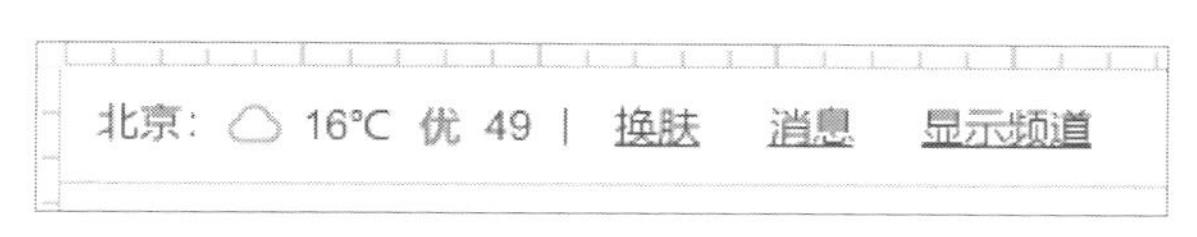

天气及个性化设置

在用户名下方添加动态面板，设置两个状态，State1为空白，如下左图所示。

State2内的图形与设置类似，之前我们采用了矩形和菱形结合，这次用自定义形状的方式来完成设计，如下右图所示。

个人管理动态面板

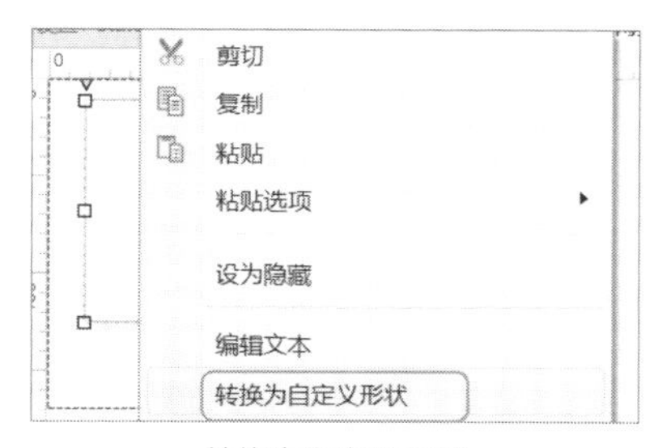

转换为自定义形状

在矩形边框上边界中间添加三个锚点，将最中间的锚点往上拉，如下左图所示。

在完成的图形内添加四个矩形，矩形内的文字分别为“个人中心”“账号设置”“意见反馈”和“退出”。当鼠标悬停时，矩形填充颜色为蓝色，字体颜色为白色，如下右图所示。

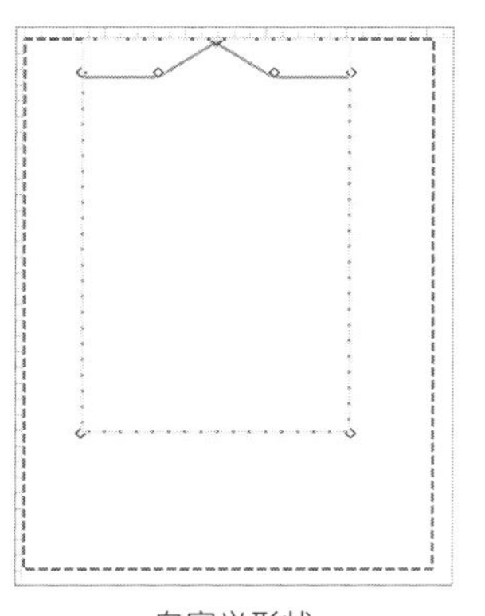

自定义形状

下拉菜单鼠标悬停设置

当鼠标移入右上角的用户名时，个人管理的动态面板显示State2，如下图所示。

个人管理下拉菜单显示

当鼠标从个人管理动态面板上移开时，动态面板重新变回State1，如下图所示。

个人管理下拉菜单消失

8.2.3 为登录后的页面添加交互

除上面介绍的内容外，登录后的页面交互与未登录的部分大体一致，主要包括：

（1）搜索栏默认为灰色，当文本框获取焦点时搜索栏边框变为蓝色。

（2）搜索栏的相机icon默认为灰色，鼠标悬停时为蓝色。

（3）“设置”、“更多产品”、“个人管理”下拉菜单。

除此之外，还需注意，当单击个人管理动态面板中的“退出”时，在当前页面打开未登录的百度首页，如下图所示。

取消登录

至此，登录与退出登录页面全部完成。

8.3 注册

虽然网页的首页具备登录功能，但并不是所有人都是注册过的用户，还需要提供一个窗口给初次使用的人。一般情况下，App是在下载后的首次打开指引用户注册。但对于网页来说，需要在登录页面为用户注册留下窗口，帮助新用户成为注册用户，开始运营的第一步。

8.3.1 制作注册页面

首先应明确登录和注册的业务流程。当用户单击“登录”后，弹出登录窗口，再单击窗口下方的“注册”按钮，打开用户注册的新页面。我们首先完成新页面的原型制作，然后添加交互事件。百度的注册页面左上角是百度的logo以及注册百度账号的标志，如下左图所示。

然后添加用户名、手机号、密码、验证码的输入窗口，与登录页面的用户名和密码制作相同，由文本标签、没有边框的文本框以及无填充的矩形组成，如下右图所示。

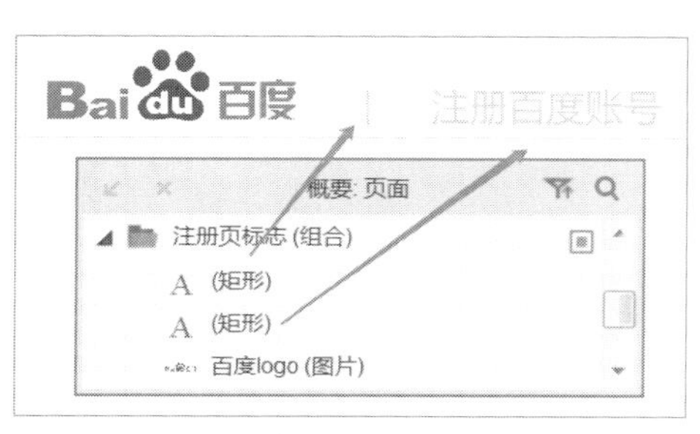

注册页面标识

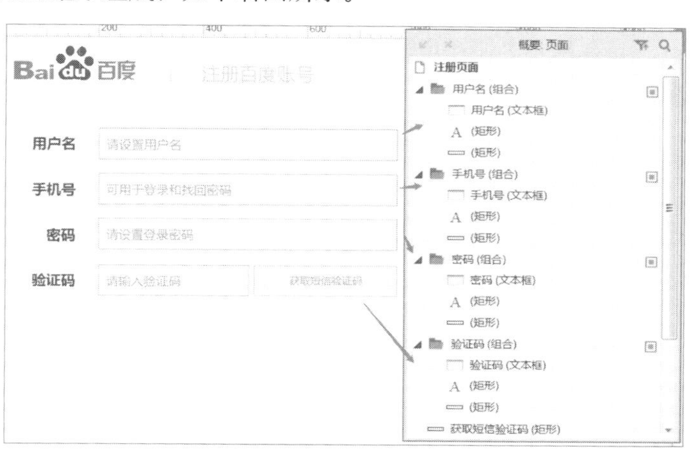

注册页面信息元件组建

其中，用户名的文本框要求最大长度为14个字符，提示文字为“请设置用户名”，如下左图所示。

手机号的文本框文字类型为电话号码，提示文字为“可用于登录和找回密码”，最大长度即为手机号的长度，如下右图所示。

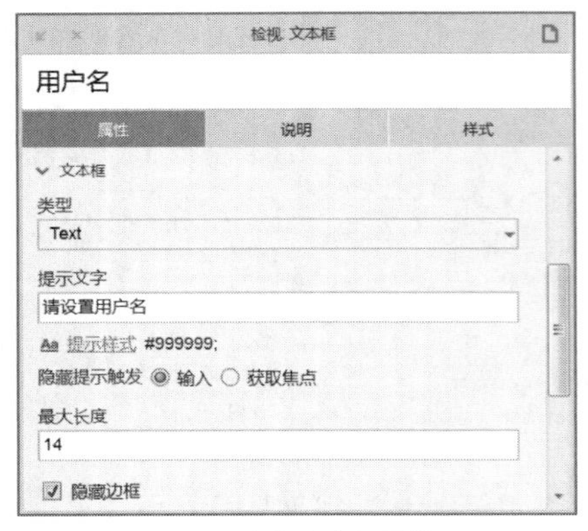

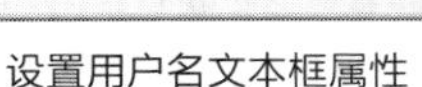
设置用户名文本框属性

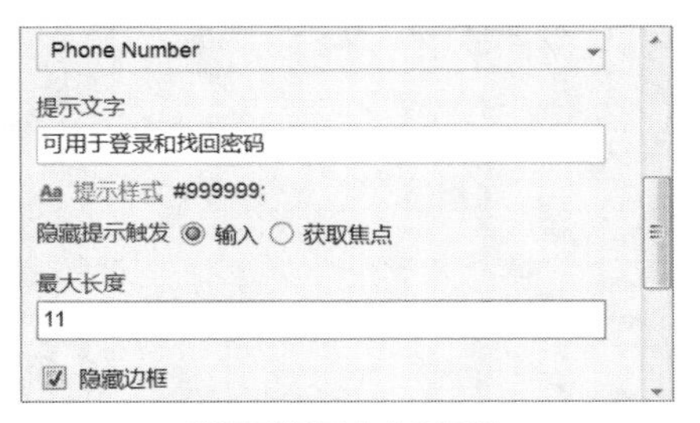

设置手机号文本框属性

密码文本框的文本类型为密码，可以进行加密显示，提示信息为“请设置登录密码”，如下左图所示。

一般情况下验证码为6位数字，但也有4位的，根据实际情况决定。需要注意的是，在未单击“获取短信验证码”时，输入验证码的文本框为禁用状态，如下右图所示。

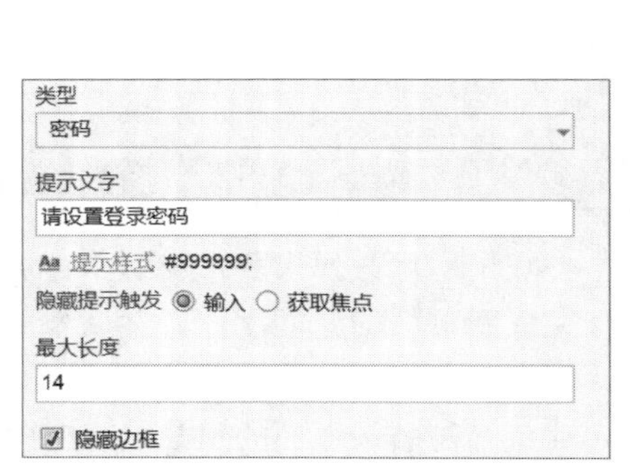

设置密码文本框属性

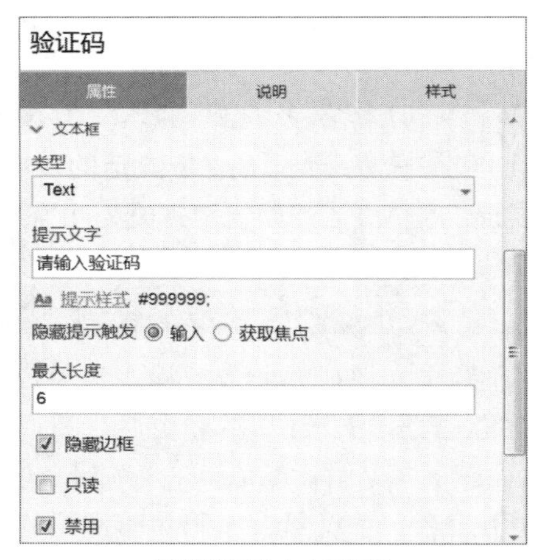

设置验证码文本框属性

而在用户名、手机号、密码未输入时，获取验证码的按钮也是禁用状态。只有当都输入完成时才启用。

在信息输入下面添加同意用户协议复选框以及“注册”按钮，如下图所示。

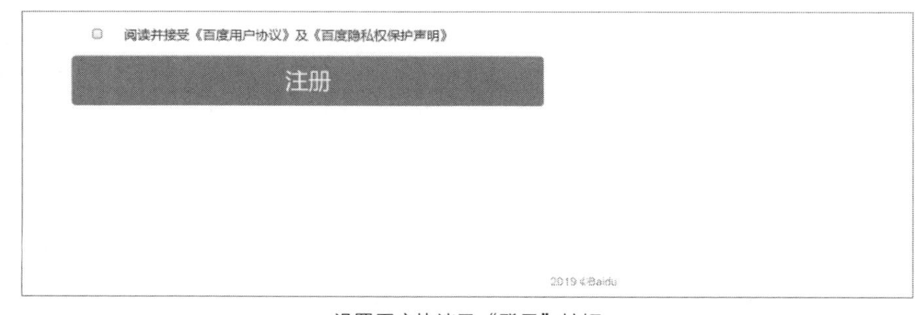

设置用户协议及“登录”按钮

此外，用户输入的信息需要给出填写要求提示，用户名和手机号的提示如下图所示。

用户名　请设置用户名

手机号

用户名及手机号限制说明

提示信息默认隐藏，当对应的文本框获取焦点时，显示提示信息，如下图所示。

显示提示信息

当对应的内容文本框失去焦点时，提示信息恢复隐藏，如下图所示。

隐藏提示信息

密码的提示信息较多，采用动态面板的形式，与设置下拉菜单一样，为动态面板添加两个状态，其中State1为空白，如下左图所示。

State2内输入文本，如下右图所示。

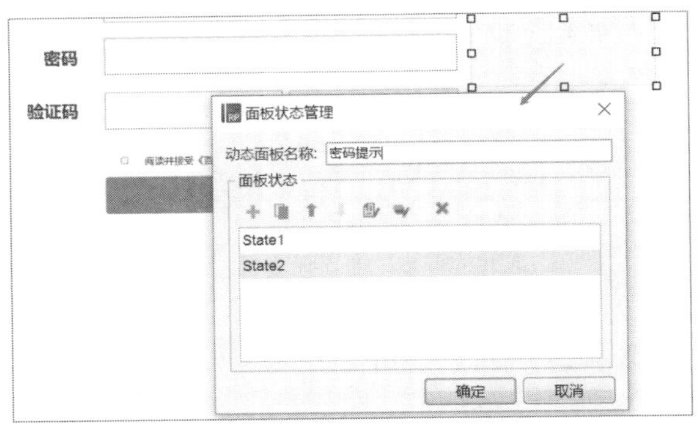

密码提示动态面板管理

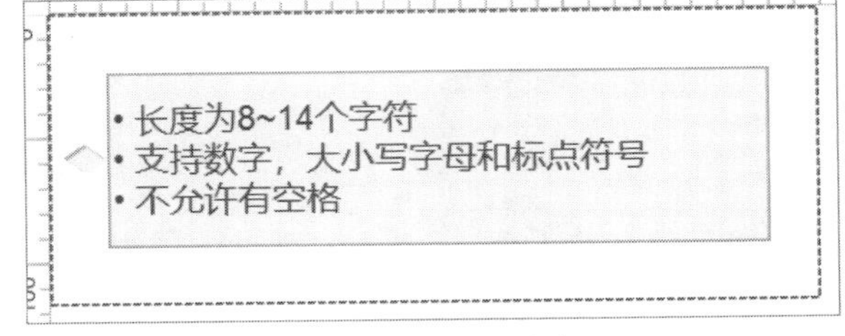

密码提示动态面板内容

同样地，当文本框获取焦点时显示有提示信息的State2，当失去焦点时，不显示任何信息，如下左图所示。

当用户把用户名、手机号、密码都输入完成后，获取验证码的矩形由灰色变为蓝色。首先为矩形设置选中状态，文本颜色和填充颜色有所改变，如下右图所示。

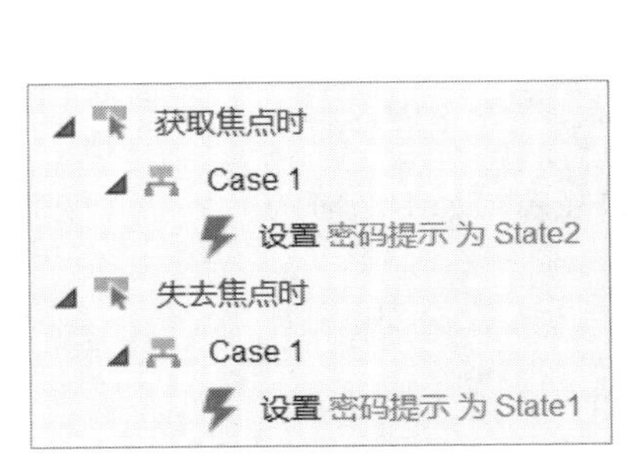

密码提示交互用例

获取短信验证码选中状态

为选中状态设立如下条件，用户名、手机号、密码的元件文字都不为空，如下图所示。

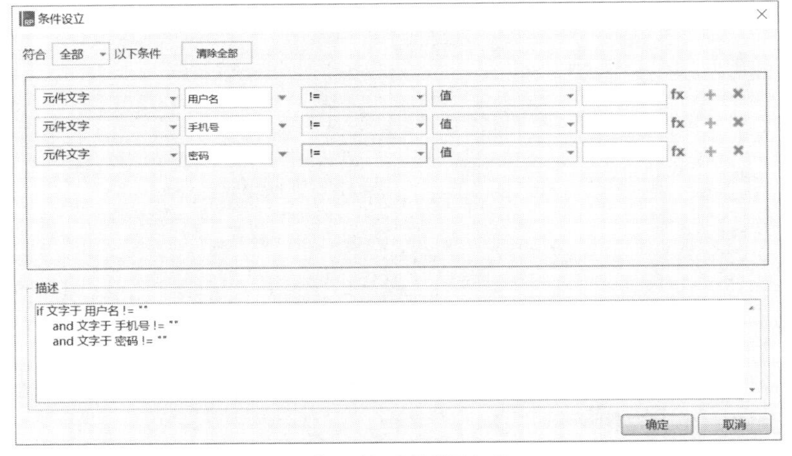

可获取验证码的前置条件

满足条件时，启用获取验证码按钮，且按钮自动变为选中状态，如下图所示。

启动验证码获取

当单击“获取验证码”按钮后，“重新发送”验证码的按钮置于顶层，并开始倒计时，如下图所示。

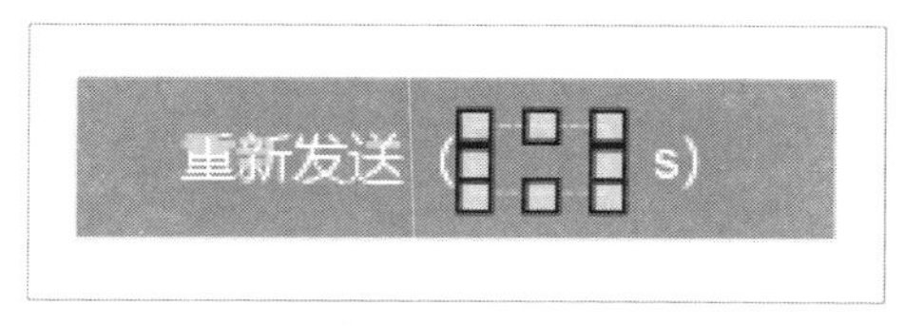

再次获取验证码的倒计时

倒计时按钮内的时间为一文本框，文本框内的数字初始为60，按照一般60s后可重新获取验证码来进行设计，如下图所示。

设置倒计时总时长

此时，输入验证码的文本框也转化为启用模式，如下图所示。

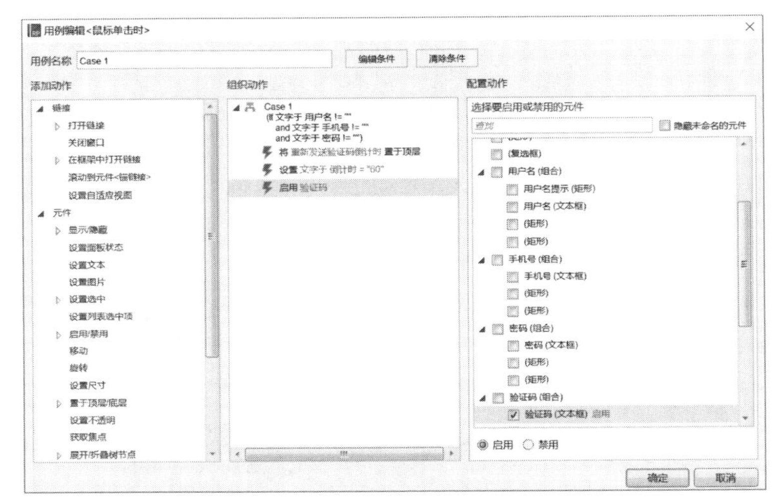

启用验证码

倒计时文本框的“文本改变时”的动作有两个条件。其中，条件1为当倒计时文本框的值大于等于1时，如下图所示。

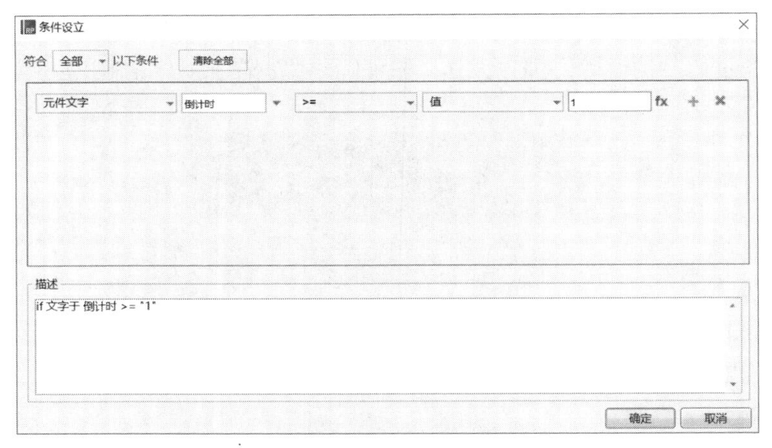

倒计时未结束的条件设立

此时，等待1s后文本框的数字减1，随时间递减，如下图所示。

设置倒计时

当倒计时的值等于0时，条件设置如下图所示。

倒计时结束的条件设立

将再次获取验证码的倒计时按钮置于底层，并修改“获取验证码”按钮上的文字为“再次获取验证码”，如下图所示。

设置再次获取验证码

至此，验证页面基本制作完成，如下图所示。

注册页面预览

8.3.2 为注册页面添加交互事件

当单击首页的登录窗口内的“立即注册”时，在新窗口打开注册页面，设置如下图所示。

设置打开注册页面

包括验证码在内的信息输入完成，勾选同意用户协议，单击“注册”按钮即注册完成。此时，自动关闭此页面，回到弹出登录窗口的页面，或在本页面进入未登录的百度首页，设置如下左图所示。

此外，还可能存在用户已经注册过，那么单击注册页面的“登录”按钮，如下右图所示。

设置返回未登录页面进行登录

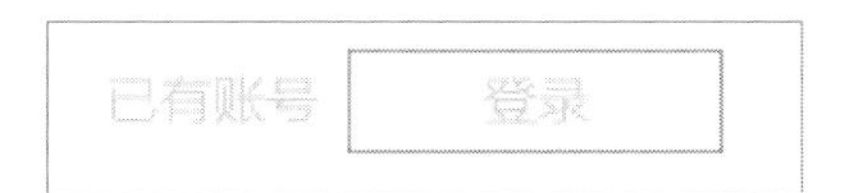

注册页面的“登录”按钮

单击后，在当前窗口打开未登录的网页首页进行登录，设置如下图所示。

设置返回未登录的百度首页

Chapter 09 微信案例介绍

第八章我们完成了百度首页的网页原型制作，本章我们来实际操作移动设备上微信App的原型。App与网页的原型最大区别在于，网页上可以打开新的页面或者在当前页面显示新的内容。但是App由于手机边框要一直显示在当前页面，当发生页面切换时，不能打开新页面或者全部刷新显示新页面，此时需要多次用到动态面板。下面我们开始微信案例的制作。

9.1 微信App

微信作为全国用户量最大的App，已经成为我们日常生活中难以或缺的社交工具。常使用的微信功能主要包括聊天、朋友圈、扫一扫等，由于本教程篇幅的限制，我们主要介绍聊天、搜索、添加朋友、扫一扫这些原型的制作，在正式开始之前，需要先做一些准备工作。

❶新建一个iPhone母版

App的原型设计一般都需要放在手机外框内，这些我们在应用商店的页面预览中也可以看到。一般手机操作系统是使用安卓或iOS，但平面设计师们为了统一一般都采用苹果的页面进行原型设计和展示。首先，我们新建一个iPhone的母版，从网上下载不同版本的iPhone原型界面，粘贴在母版中，本教程使用的是如下图所示的界面。

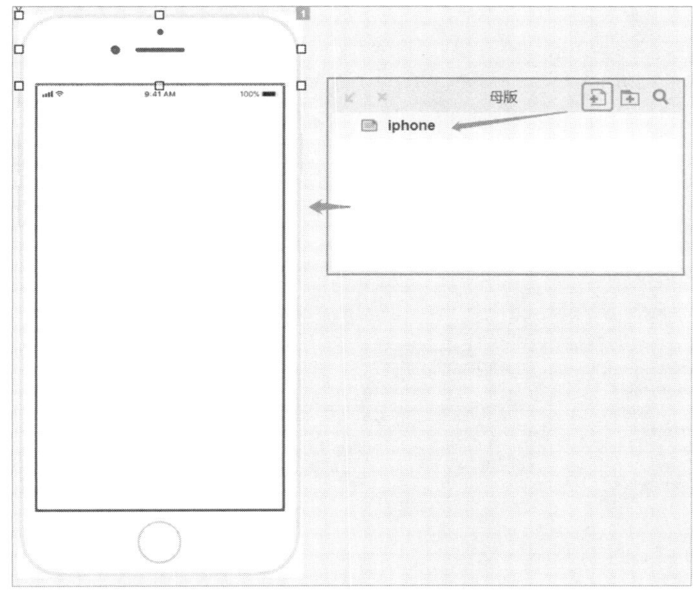

iPhone母版

❷设置底部导航栏

微信的底部导航栏也是固定的，包括四个部分，“微信”“通讯录”“发现”以及“我”，四部分上下居中、水平分布，将每部分的icon和文字合并成一个组合，如下左图所示。

底部导航栏的四部分同时只能点击一个，因此将这四个组合设置为一个选项组，命名为“微信状态”，如下右图所示。

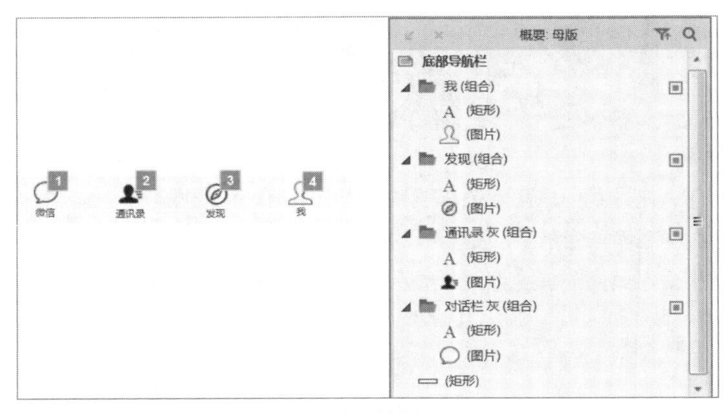

底部导航栏

微信状态选项组

当单击其中一个状态时，该状态的icon变为微信主色调，如下图所示。

状态切换更改icon

此时对应的其他状态的icon都是默认状态，如下图所示。

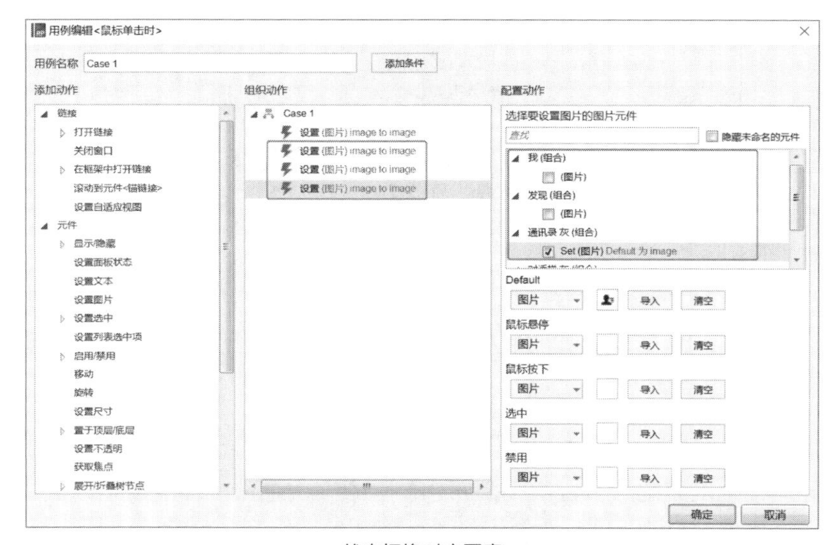

状态切换对应图案

这样就完成了微信底部导航栏的设置。

9.2 进入手机微信界面

制作微信首页前，在首页中拖入iPhone母版的内容，拖入内部框架，设置自动显示滚动条和隐藏边框，并链接到主页页面，如下图所示。

内联框架设置

打开微信后，直接进入底部状态为“微信”的部分，也就是聊天列表。列表上方是搜索栏，右上角为更多功能的按钮，元件组成如下左图所示。

在底部状态栏下拖入一个中继器，为中继器命名为聊天列表，如下右图所示。

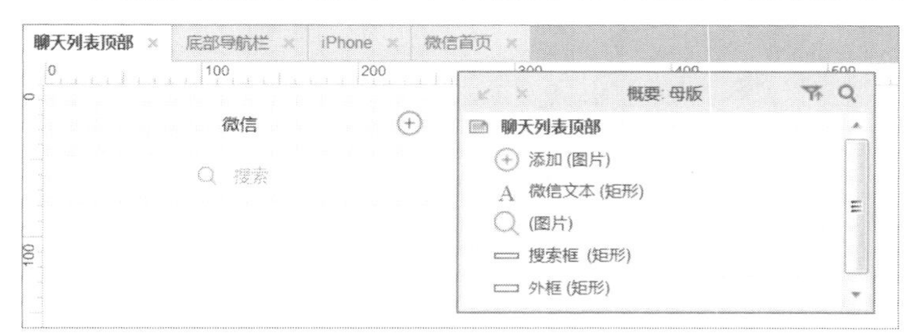

聊天列表顶部元件组成

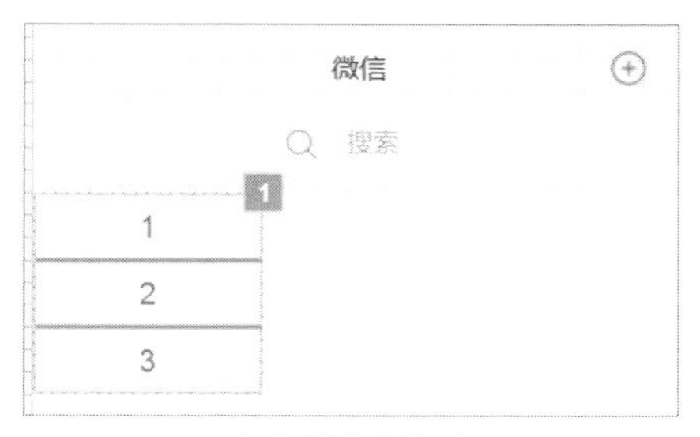

聊天列表中继器

双击中继器，进入中继器设置，矩形标签名称设置为聊天item，在样式中设置边框，设置为仅下边框，边框颜色为灰色，如下图所示。

编辑聊天item边框

在中继器内插入图片作为头像，以及三个文本标签，分别是姓名、最后的聊天内容以及聊天的最终时间，如下图所示。

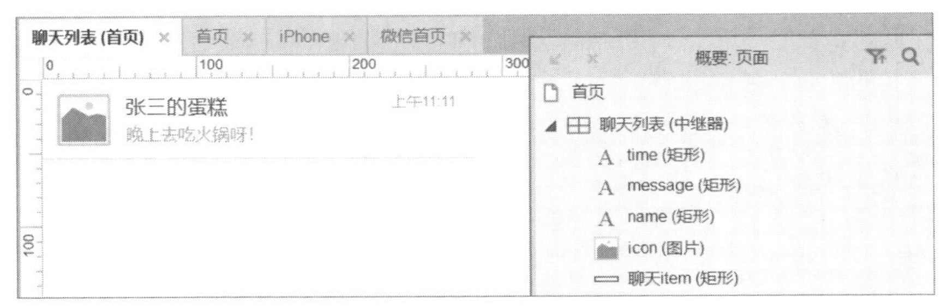

聊天列表中继器内元件搭建

设置聊天item交互属性，当鼠标按下时，矩形框的填充颜色更改为深灰色，如下左图所示。

在中继器的属性中，添加一些文字字段，包括聊天对象的姓名、时间、内容，如下右图所示。

聊天item鼠标按下交互设置

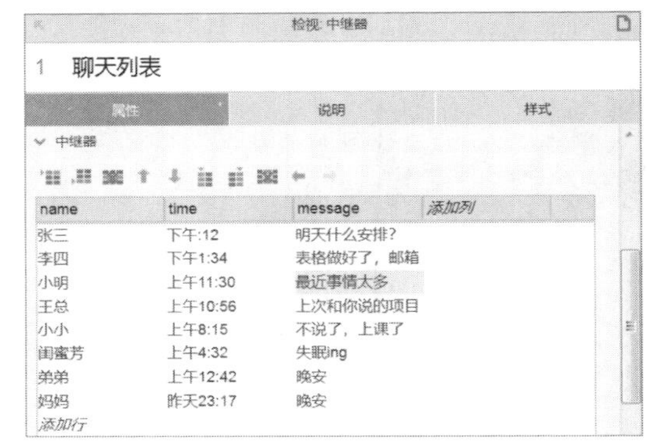

name	time	message	添加列
张三	下午:12	明天什么安排?	
李四	下午1:34	表格做好了，邮箱	
小明	上午11:30	最近事情太多	
王总	上午10:56	上次和你说的项目	
小小	上午8:15	不说了，上课了	
闺蜜芳	上午4:32	失眠ing	
弟弟	上午12:42	晚安	
妈妈	昨天23:17	晚安	
添加行			

中继器添加字段

每项载入时，将上一步中设置的相关控件文本初始化为属性中配置的字段内容，姓名、消息内容、时间一一对应，如下图所示。

中继器每项加载时用例编辑

头像是图片类型，在中继器属性中无法直接输入，需要单击右键，选择导入图片，如下左图所示。

同样地，在中继器载入时，头像部分初始化为属性中配置的icon图片，如下右图所示。

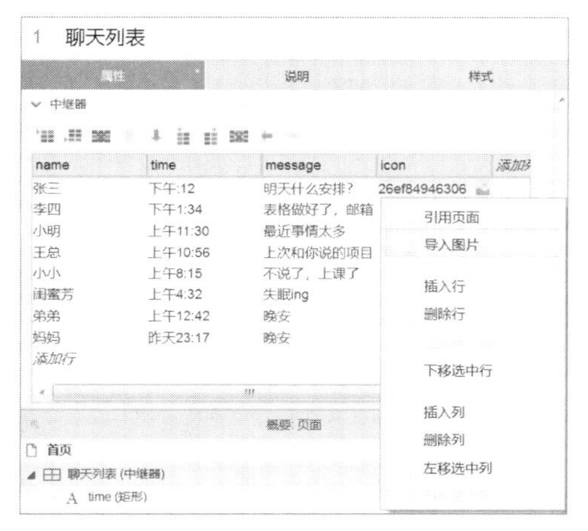
在中继器中导入图片

设置中继器图片加载动作

配置完成后，中继器显示如下左图所示。

单击“预览”按钮预览，可以拖动内联框架查看中继器的全部内容。此处需注意，因为进入手机微信后默认直接进入聊天页，所以底部导航栏中“微信”是绿色的，当单击其他状态时会切换为默认的黑色icon，如下右图所示。

中继器加载后效果

聊天列表主页

9.3 微信小功能

进入微信后，首页除了聊天列表内容还有右上角的“更多功能”入口。单击⊕按钮显示小功能界面，在图标下方拖入一个动态面板，如下左图所示。

将此动态面板命名为“小功能”，添加两个状态，其中State1为空白，如下右图所示。

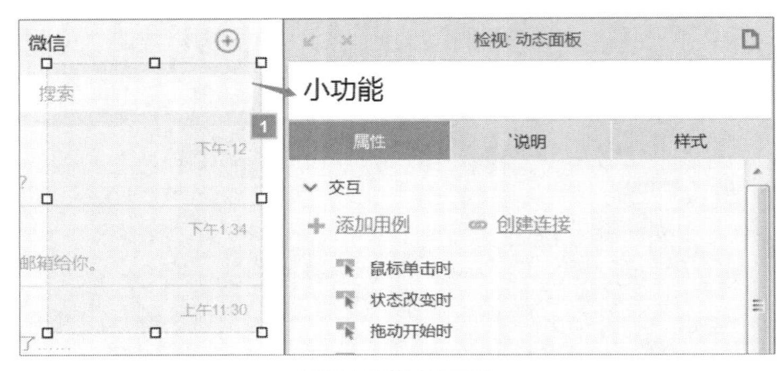

添加小功能动态面板

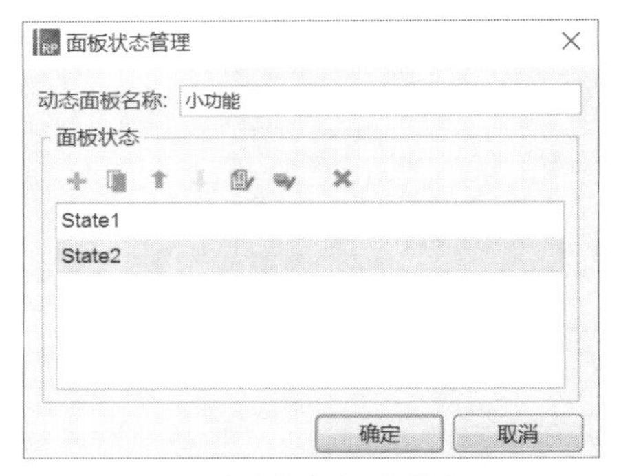

设置小功能动态面板状态

在State2的编辑栏中拖入四个icon，并用文本标签对应给出命名，三条水平线进行分隔，如下图所示。矩形边框的设置在上一章中介绍了两种方式，此处不赘述。

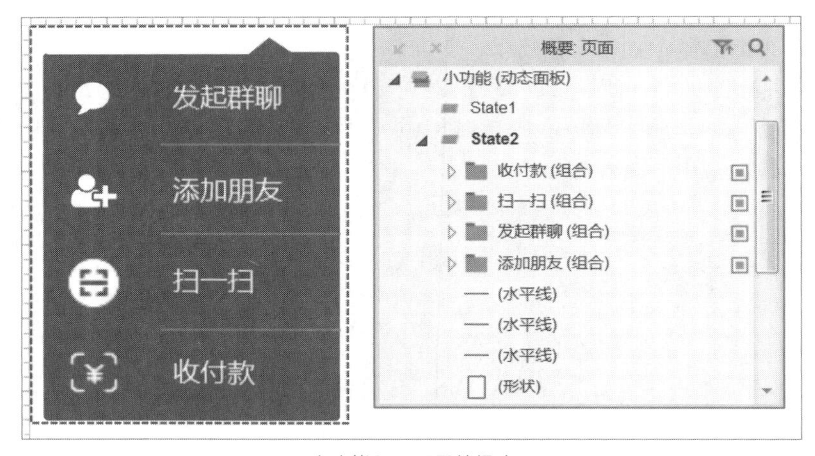

小功能State2元件组建

再为小功能添加交互用例，默认显示为空白，当单击图标时切换为State2，如下图所示。

小功能用例编辑

当鼠标移出时，恢复为空白面板，如下图所示。

鼠标移出用例编辑

9.3.1 设置“搜索”功能

微信的小功能除了右上角中“更多功能”的几个外，还有聊天首页顶部的搜索栏，单击搜索跳转入搜索界面。首先新建一个页面，在其中拖入以下元件，如下图所示。

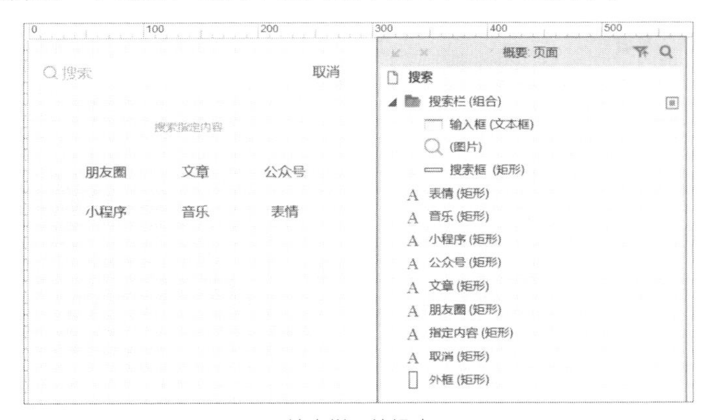

搜索栏元件组建

需要注意的是，输入文本部分由无边框的文本框和矩形外边框构成，文本框的提示文字为“搜索”，如下图所示。

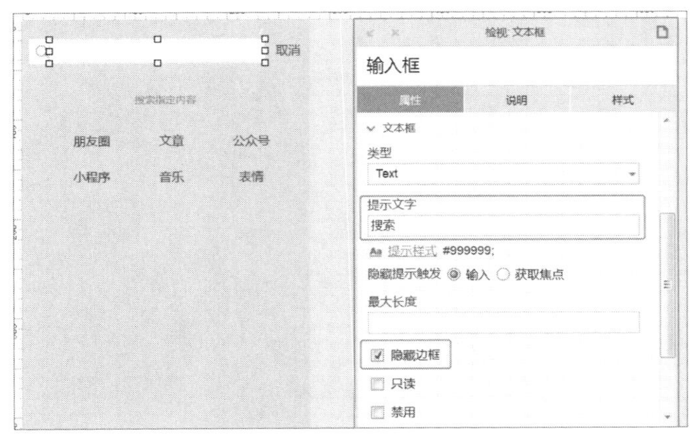

设置文本框提示文字

当发生页面跳转时，不能像网页一样打开新页面，所以采用动态面板切换的方式实现页面跳转。将微信首页的全部元件全选，单击右键，转换为动态面板，将此动态面板命名为状态切换，State1即为微信首页，如下左图所示。

新建一个状态“搜索”，并将搜索页的全部内容粘贴进来，如下右图所示。

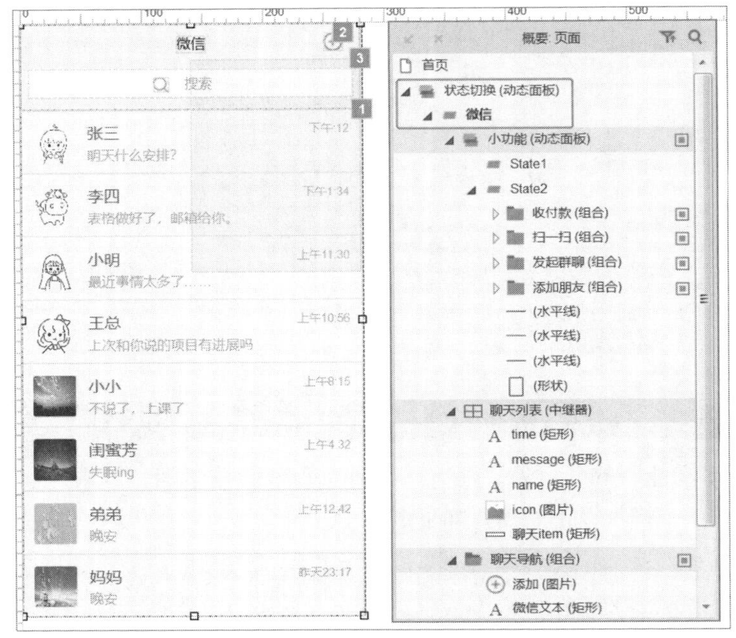

微信首页转换为动态面板

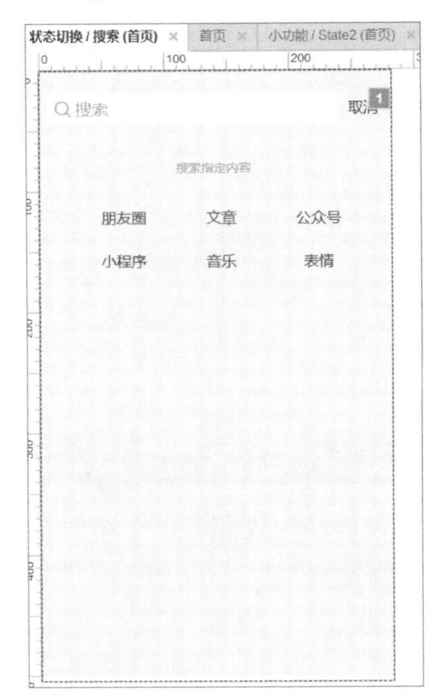

搜索状态

然后就可以添加页面跳转及返回的交互事件。当单击微信首页顶部的搜索栏时，状态切换到搜索状态，如下图所示。

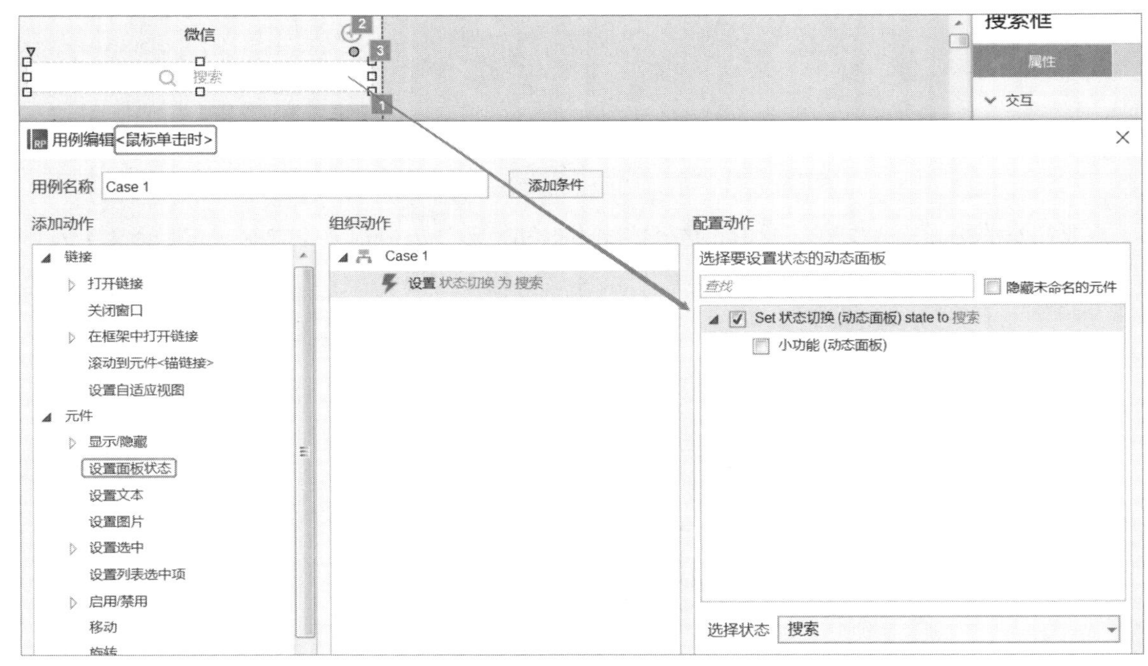

切换到搜索状态

单击搜索状态页面的“取消”，返回微信首页状态，如下图所示。

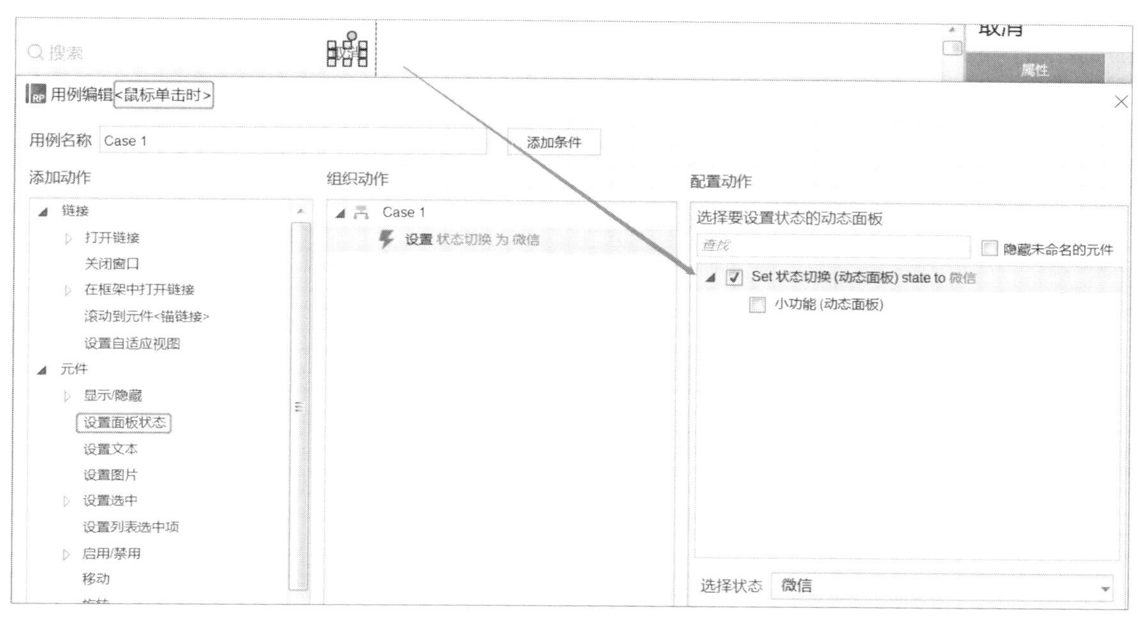

返回微信首页

9.3.2 “扫一扫”功能的应用

二维码的“扫一扫”功能也经常用到。首先新建一个“扫一扫”的页面，拖入一个黑底黑框矩形，不透明度为20%，命名为“背景框”。再拖入一个白底白框矩形，不透明度为70%，命名为“扫描框”，放在“背景框”的中上方。还有一些固有的文本标签等，如下图所示。

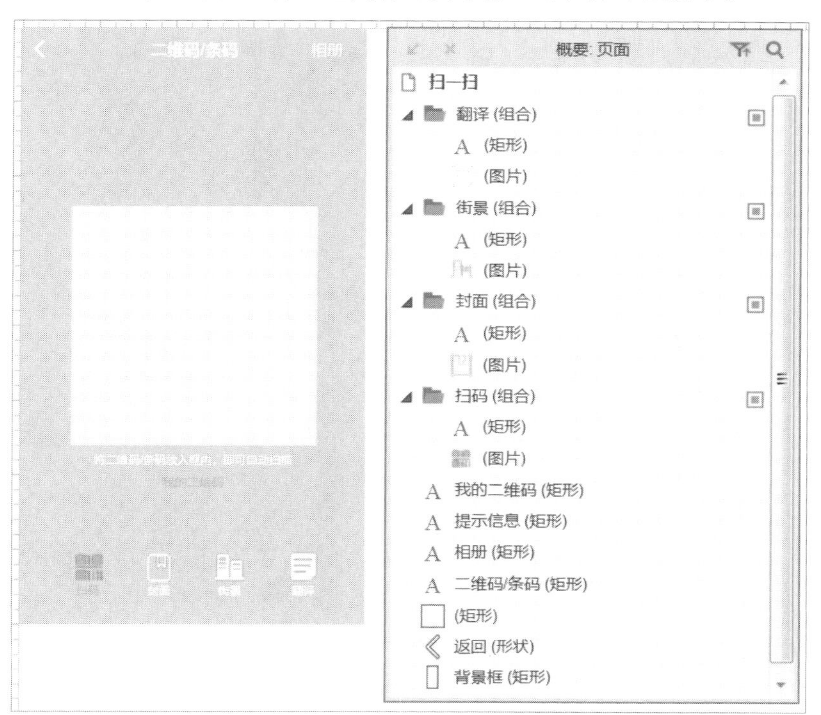

“扫一扫”页面

再拖入4条短的垂直线和4条短的水平线，均为绿色，分别将“扫描框”的四个角围起来，如下图所示。

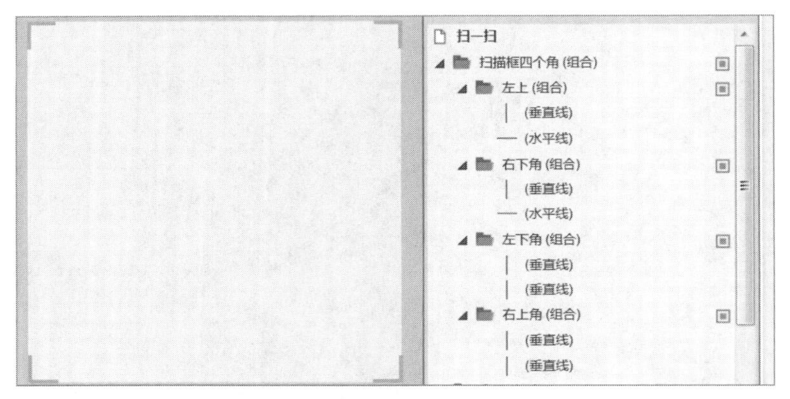

设置扫描框边界

在扫描框顶部拖入一条绿色水平线，不透明度为30%，命名为“扫描条”，初始状态设置为隐藏，放在“扫描框”的顶部，如下图所示。

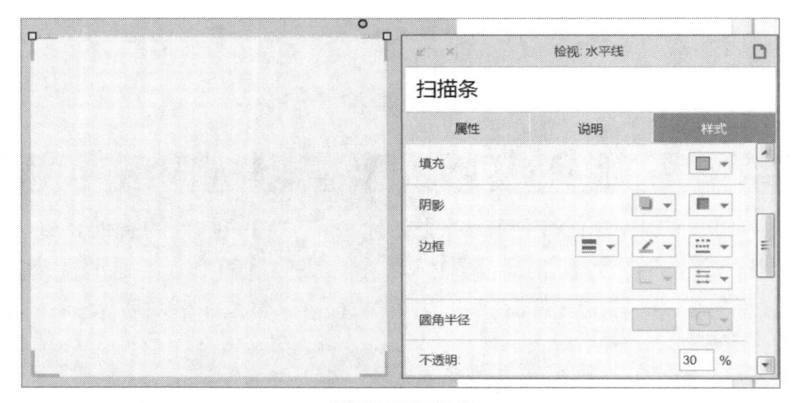

设置扫描条样式

当页面载入时，扫描条从隐藏状态变为显示状态，如下图所示。

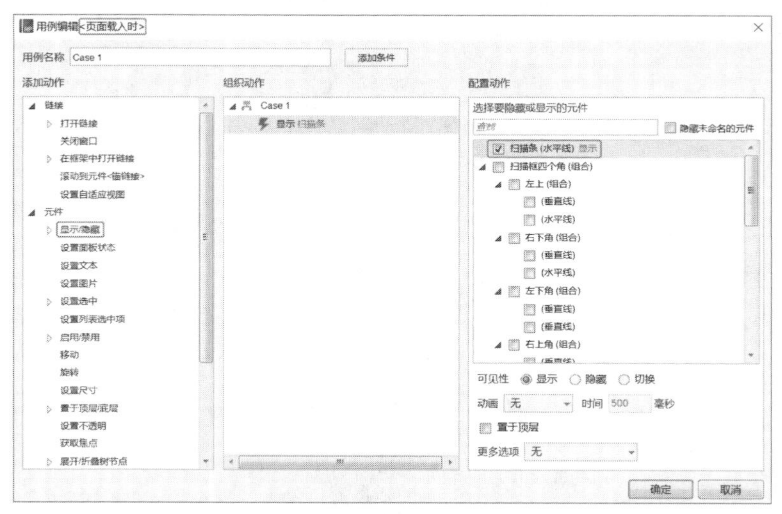

显示扫描条

要实现扫描条的来回滚动，需为“扫描条”添加显示时用例，如下左图所示。

并添加5个动作，动作1：相对移动当前元件150（此处数值为扫描框y轴的长度），动画为线性，时间为3000毫秒，如下右图所示。

设置事件“显示时”

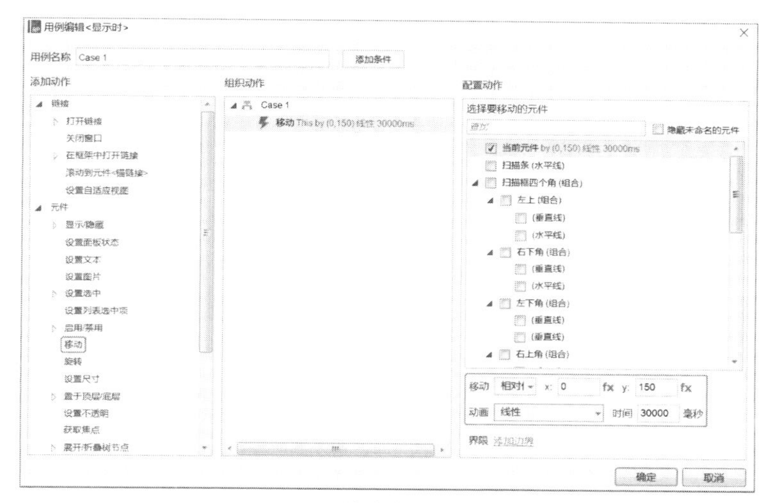

设置扫描条动作1

动作2：等待0毫秒，如下图所示。

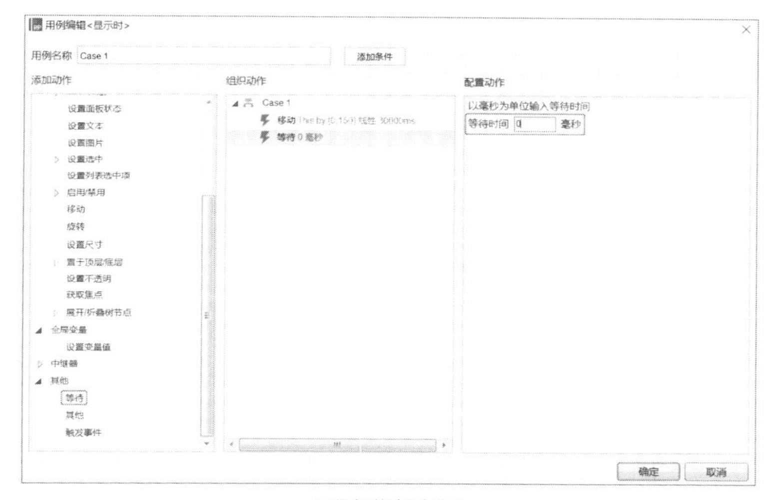

设置扫描条动作2

动作3：隐藏当前元件，即到达扫描框底部时隐藏扫描条，如下图所示。

设置扫描条动作3

动作4：相对移动当前元件y轴-150的距离，没有动画，即扫描条再次返回到扫描框顶部位置，如下图所示。

设置扫描条动作4

动作5：显示当前元件，也就是扫描条回到顶部时再次显示，如下图所示。

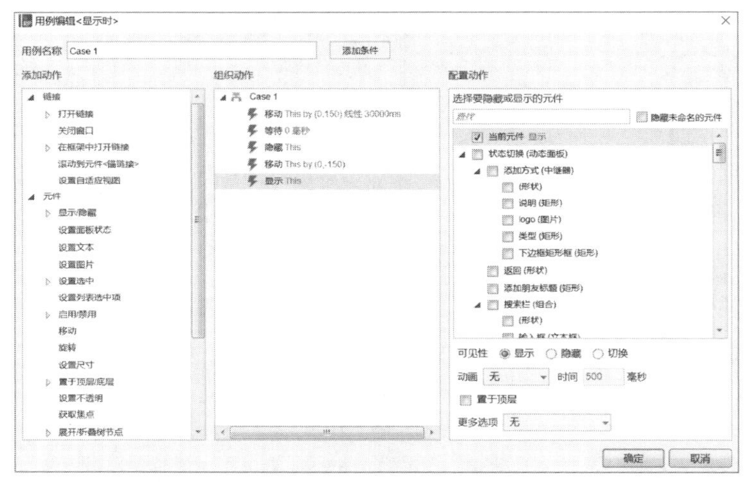

设置扫描条动作5

单击“预览”按钮，即可看到绿色透明的“扫描条”在循环地扫描。

同样地，要实现状态切换，需在首页动态面板上添加扫一扫状态，并将之前页面上的所有内容粘贴到此状态中，如下图所示。

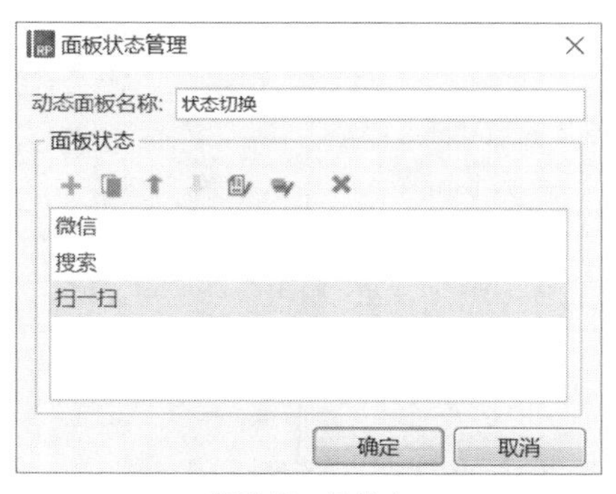

新建扫一扫状态

当单击小功能中的“扫一扫”部分时，状态切换到“扫一扫”部分，如下图所示。

状态切换到“扫一扫”

单击“扫一扫”页面上的返回按钮，回到微信首页状态，如下图所示。

返回微信首页

9.3.3 设置“好友聊天”功能

好友聊天功能主要分为点击聊天列表进入聊天页面，发送信息显示输入的文字和本人的头像，以及实现与好友的互动。与上述功能一致，首先添加聊天的动态面板，如下图所示。

添加聊天动态面板

当点击某一个人的消息时，进入聊天界面，如下图所示。

切换到聊天状态

聊天页面顶部如下左图所示。

聊天页面头部标题显示此人的名字，需要使用全局变量。首先创建一个全局变量，如下右图所示。

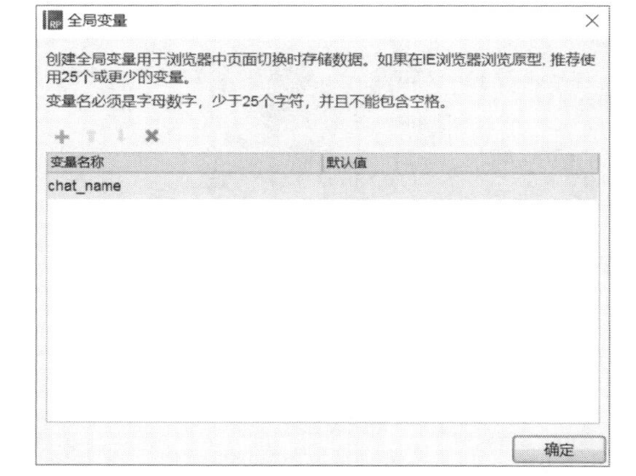

聊天页面顶部

创建全局变量

设置当单击中继器的聊天item时，令全局变量的值和对应的“name”值相同，如下图所示。

设置全局变量的值

再设置顶部标题的文字为全局变量的内容，如下图所示。

设置聊天对象的姓名

单击聊天页顶部左侧返回按钮，动态面板切换为微信首页，如下图所示。

返回微信首页

聊天页面下方是输入信息部分，元件构建如下图所示，此处文本框无边框和提示。

聊天页面底部元件组建

当输入信息时，应该在聊天页面右侧显示信息文本以及本人头像。首先创建一个中继器，命名为chat，用来显示自己说的话，如下左图所示。

双击进入中继器编辑，具体布局如下右图所示。

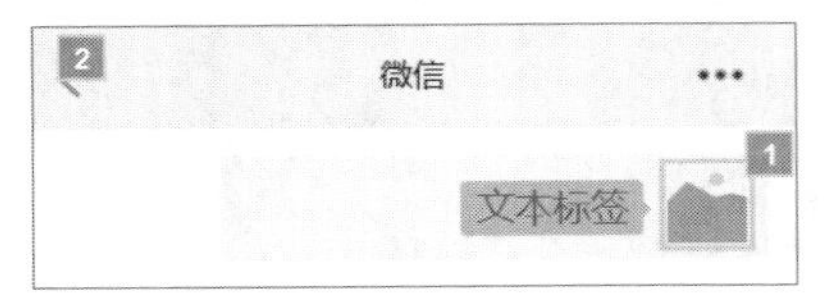

创建聊天页面中继器

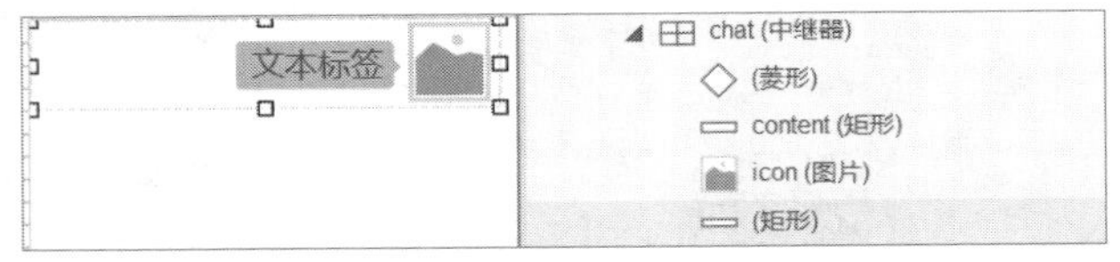

中继器元件组建

这里的文字标签填充颜色为微信主色调，文字与标签中间有一定的间距，并且无边框，如下左图所示。

为中继器的信息和头像分别命名为content和icon_img，中继器中默认不添加任何内容，如下右图所示。

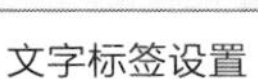

文字标签设置

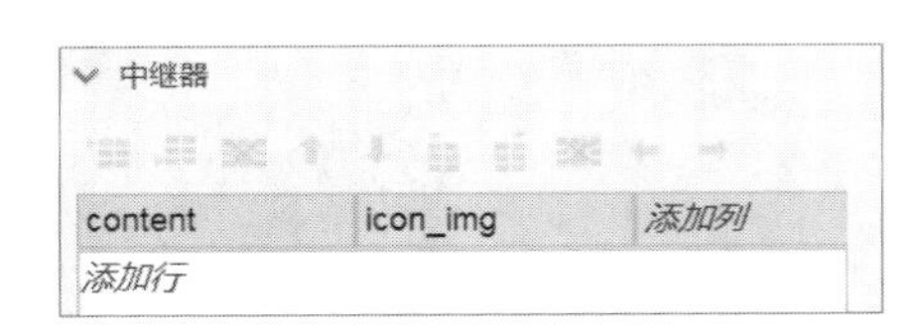

中继器内容设置

当每项载入时，头像即为本人头像，文字内容为新添加的行的content文本，如下图所示。

中继器内容设置

当单击“发送”按钮时，添加行到chat中继器中，如下图所示。

中继器添加行

其中content内容文本为文本框中的文字，要用到局部变量，如下左图所示。

即将“输入聊天内容”文本框中的文字转换为局部变量，再赋值给content，如下右图所示。

添加行的内容

编辑值

在下方编辑区输入文本，变量名称或表达式要写在“[[”“]]”中。例如：插入变量[[OnLoadVariable]]返回值为变量“OnLoadVariable”的当前值；插入表达式[[VarA + VarB]]返回值为“VarA + VarB”的和；插入[[PageName]]返回值为当前页面名称。

[[LVAR1]]

局部变量

在下方创建用于插入fx的局部变量，局部变量名称必须是字母、数字，不允许包含空格。

LVAR1 = 元件文字 输入聊天内容

确定 取消

局部变量设置

这样，当在文本框输入信息时，信息展示在中继器中，预览页面如下图所示。

聊天页面效果预览

如果要实现即时通讯效果，需要再拖入一个聊天面板，其他具体设置与之前类似，在聊天页面左侧设置显示聊天对象的信息内容。

9.3.4 设置“添加朋友”功能

添加朋友功能的原型设计与搜索部分类似，同样新建一个添加朋友的页面，拖入元件，如下图所示。

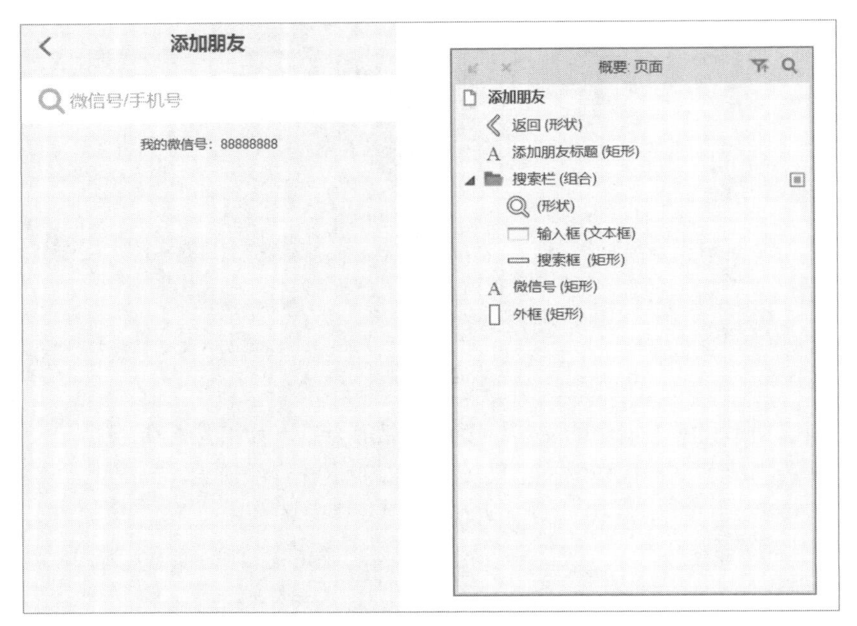

添加朋友页面

在添加朋友页面下方拖入一个中继器，双击进入中继器的编辑，元件组建如下图所示。其中两个文本标签分别指代添加朋友的类型及操作说明，图片为添加方式的logo。此处中继器的边框只有下边框，且边框颜色为浅灰色。

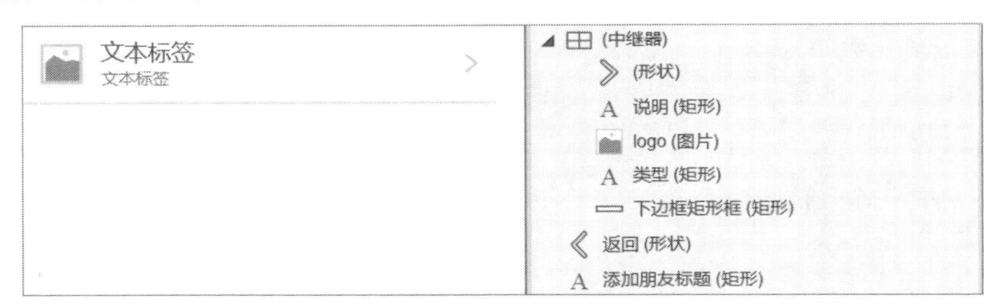

添加朋友页面中继器设置

中继器内的内容编辑完成后，为添加朋友的页面选择中继器，在其属性栏中添加一些内容，如下图所示。

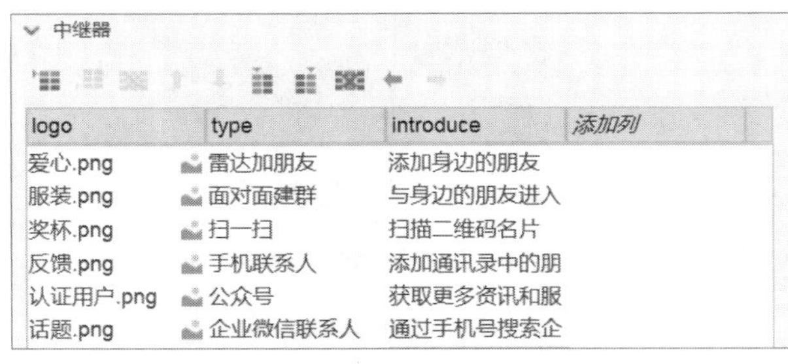

logo	type	introduce	添加列
爱心.png	雷达加朋友	添加身边的朋友	
服装.png	面对面建群	与身边的朋友进入	
奖杯.png	扫一扫	扫描二维码名片	
反馈.png	手机联系人	添加通讯录中的朋	
认证用户.png	公众号	获取更多资讯和服	
话题.png	企业微信联系人	通过手机号搜索企	

中继器内文本添加

设置中继器每项加载时，添加朋友的类型和说明文字与内容部分一一对应，如下图所示。

设置中继器加载时文本对应

Logo也设置为属性栏中导入的图片，如下图所示。

中继器图片设置

完成每项加载的用例编辑后，中继器显示如下左图所示，“添加朋友”页面完成。

同样地，在首页状态切换动态面板上新建一个添加朋友的状态，双击进入并将“添加朋友”页面上的全部内容及交互都粘贴进入，如下右图所示。

添加朋友页面中继器效果　　添加朋友动态面板状态

当单击小功能中的“添加朋友”时，状态切换到“添加朋友”状态，如下图所示。

添加朋友状态切换

当单击“添加朋友”状态页面上左上角的返回标志时，切换到微信首页，如下图所示。

返回微信首页

9.4 多种界面进行切换

前面小节完成后，可以实现微信首页的状态切换，但因为首页底部导航栏没有设置在动态面板中，如果从最开始进入微信进行页面载入时，切换过程中会出现以下情形，如下左图所示。

此时需要我们对进入手机微信页面，以及状态切换的微信首页进行修改。先删掉手机微信首页的底部导航栏，只留下内联框架，如下右图所示。

底部导航栏显示错误

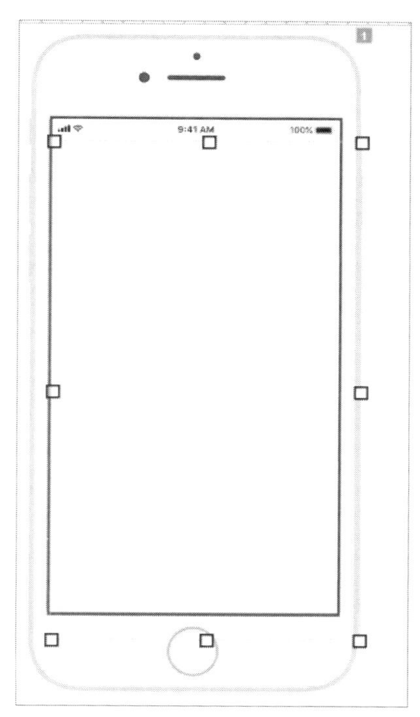

修改微信首页

在聊天列表内容较少时可直接在状态转换动态面板上的微信首页状态内添加底部导航栏，如下左图所示。

修改后效果如下右图所示。

修改动态面板状态

修改后效果

当聊天列表较长时，需要重新建立动态面板，并对其中的页面跳转触发进行修改，流程较为复杂，此处不再详细介绍，有兴趣的同学可以尝试操作一下。

9.5 微信的四个状态页

微信除了首页的“微信”聊天页和一些小的扩展功能外，还有三大模块，分别是“通讯录”“发现”和“我”，这也是底部导航栏除了“微信”以外的其他部分。当点击这几部分时需要跳转到对应的页面，同样是采用动态面板的形式进行原型建立。首先在状态切换的动态面板中加入以上三个部分，如下图所示。

微信其他状态的动态面板

在微信首页点击“通讯录”icon或文字时，跳转到通讯录状态；点击“发现”和“我”时跳转到对应页面，如下图所示。

底部导航状态切换

❶通讯录

双击动态面板进入通讯录状态的编辑中，此状态由底部导航栏和内联框架组成。此时，底部导航栏里的“通讯录”icon为绿色，其余为默认状态，如下图所示。

底部导航icon变化

设置内联框架在载入时链接到新建立的“通讯录”列表中，如下左图所示。

在通讯录列表页中插入一长图，需要注意的是长图的宽度与iPhone页面的宽度一致，如下右图所示。

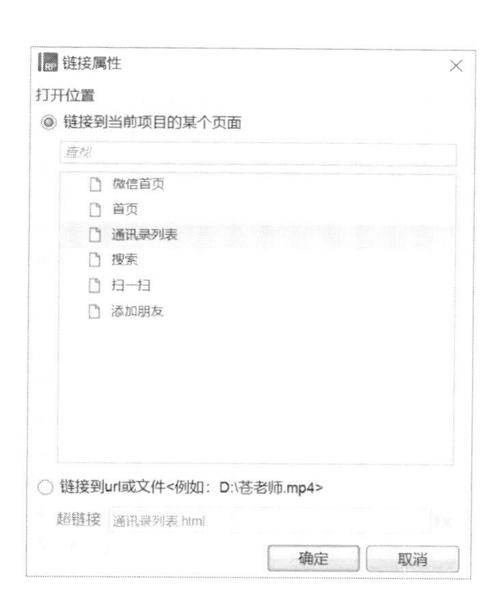

通讯录内联框架

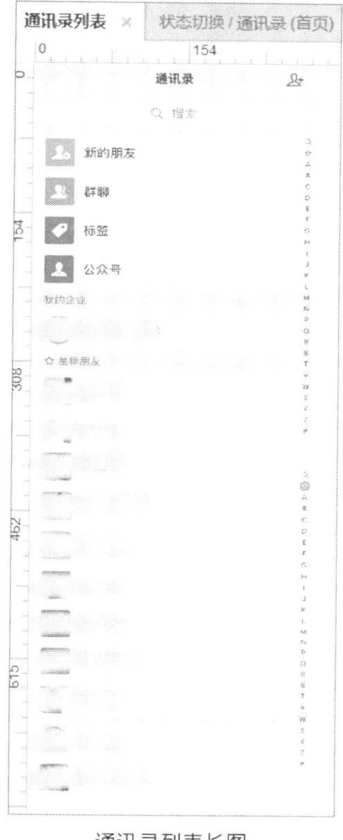

通讯录列表长图

同样需要设置底部导航栏点击到其他部分时跳转到对应的状态。效果预览如下图所示。

“通讯录”页面预览效果

❷发现

双击“发现”的状态，进入动态面板编辑中，此处在编辑栏中插入“发现”页面的图片以及底部导航栏。将底部导航栏的“发现”icon更改为绿色图案，其余为默认状态，如下面两图所示。

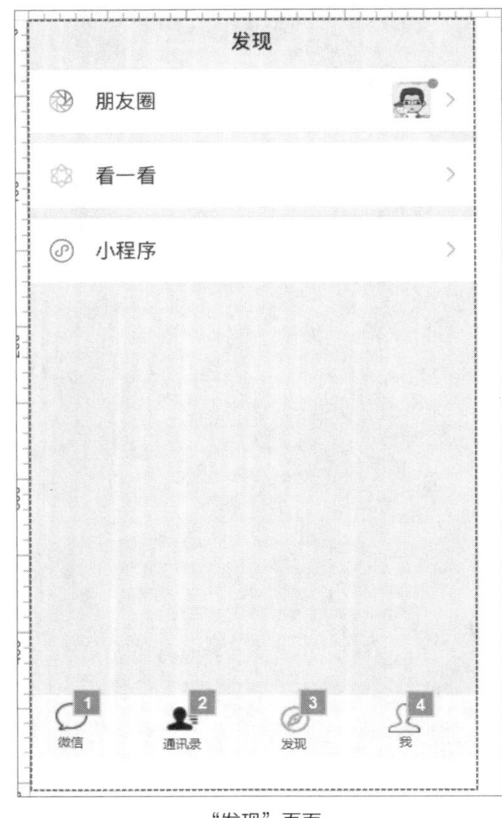

“发现”页面

“我”页面

不要忘记添加底部导航栏的鼠标单击动作，单击到对应模块时需要更改动态面板的状态。

❸我

与“通讯录”和“发现”页面类似，首先编辑我状态的面板，插入图片及底部状态栏。修改状态栏的icon并添加单击其他部分时的状态更改动作。

至此，微信案例就制作完成了。大家可以感受到我们所完成的这些页面只是微信所有功能的冰山一角，要真正实现一个产品从0到1所有原型的制作是一项非常庞大的工程，所以我们需要根据不同的目的进行选择制作的页面，以及制作的颗粒和精细程度。原型毕竟不是真实地结合了数据库、前端、服务器等的真正的产品，能够满足目的即可。

在制作过程中，每个细节都很重要，不重视的后果就是无休止地返工和修改，会给自己及整个团队带来很多麻烦及损失。大家在制作过程中需本着先理清思路、确定整个流程和业务线之后再进行制作，制作过程中遇到不清楚的问题多查询资料并和他人进行讨论，讨论过程中也一定会有新的收获，甚至新的灵感。